政策环境影响评价
理论方法与实践

生态环境部环境工程评估中心　编

U0343916

中国环境出版集团·北京

图书在版编目（CIP）数据

政策环境影响评价理论方法与实践/生态环境部环境
工程评估中心编. —北京：中国环境出版集团，2022.12
　　ISBN 978-7-5111-5230-5

　　Ⅰ．①政… Ⅱ．①生… Ⅲ．①环境影响—环境质量
评价—中国 Ⅳ．①X820.3

　　中国版本图书馆 CIP 数据核字（2022）第 138234 号

出 版 人　武德凯
责任编辑　谭嫣辞
封面设计　岳　帅

出版发行　**中国环境出版集团**
　　　　　（100062　北京市东城区广渠门内大街 16 号）
　　　　　网　　　址：http://www.cesp.com.cn
　　　　　电子邮箱：bjgl@cesp.com.cn
　　　　　联系电话：010-67112765（编辑管理部）
　　　　　　　　　　010-67112735（第一分社）
　　　　　发行热线：010-67125803，010-67113405（传真）
印　　刷　北京中科印刷有限公司
经　　销　各地新华书店
版　　次　2022 年 12 月第 1 版
印　　次　2022 年 12 月第 1 次印刷
开　　本　787×1092　1/16
印　　张　17
字　　数　190 千字
定　　价　136.00 元

编写委员会

政策环境影响评价是对政策实施可能造成的重大生态、环境和资源影响开展的预断性评价，是环境影响评价序列中的高级形态，目的是从决策源头预防环境风险，减轻不良环境影响。20 世纪 90 年代中期以来，党中央、国务院多次发文要求对环境有重大影响的决策开展环境影响论证。2014 年修订的《中华人民共和国环境保护法》和 2019 年国务院颁布的《重大行政决策程序暂行条例》都为政策环评工作开展提供了法律依据。

在实践和探索方面，生态环境部在 2014—2019 年设立了"重大经济政策环境评价"项目，由生态环境部环境工程评估中心牵头，联合南开大学、清华大学等单位，在新型城镇化和经济发展转型两个领域开展了多个示范案例研究。随后，2021 年生态环境部在全国组织开展了重大经济、技术政策生态环境影响分析试点，首批包括 12 个正式试点项目和 5 个储备试点项目。基于试点工作，各技术单位在评价模式、组织机制、技术方法等多个方面开展了探索，形成了一批具有一定推广价值的案例。此外，近年来我国部分科研院所、高校等也对政策环评理论方法和案例等进行了研究，形成了一些认识和成果。这些研究和探索，为构建适合我国国情的政策环评理论方法体系积累了经验，为建立健全政策环评管理体制提供了支撑。

本书是我国政策环评研究的重要成果之一，特别是重点收录了生态环境部政策环评试点工作相关成果，反映了我国政策环评研究领域的最新进展和动态。本书共收录论文 27 篇，涉及政策环评理论、技术方法、管理机制、案例研究、国际经验等方面，对我国环境保护领域的研究人员、管理人员和技术人员，特别是直接从事环境影响评价工作的从业人员有一定参考价值。

在我国推进和开展政策环评工作，不仅对决策科学化、民主化、法治化具有重要的现实意义，而且能够显著提升环境治理体系和治理能力的现代化水平。然而，该项工作目前仍处于起步和探索阶段，距离理论体系完善和管理体制建立都有相当差距，还需要社会各界共同努力，持之以恒，久久为功，通过实践和探索不断优化完善。

编　者

2022 年 7 月

目录

上篇 政策环评理论方法探讨

下篇　政策环评试点案例研究

上 篇

政策环评理论方法探讨

我国政策环境影响评价实践、方法与制度完善建议

尚浩冉　黄德生　刘智超　陈　煌　郭林青　朱　磊　韩文亚

（生态环境部环境与经济政策研究中心，北京 100029）

摘　要：政策环境影响评价是加强生态环境保护参与宏观经济治理，防范化解重大环境风险的重要工具。本研究从完善政策环境影响评价制度和框架出发，总结了政策环境影响评价国际经验和实践，提出适用于我国决策流程的政策环境影响评价技术方法。遵循我国重大决策影响评估中科学、快速、便捷的现实要求，提出政策环境影响评价的"两个阶段"和"四步流程"分析框架，系统介绍了专家打分法、影响树分析法、清单和矩阵法、产排污系数法、生命周期分析法等定性和定量方法在政策环境影响评价中的应用，并提出了优化完善我国政策环境影响评价制度的建议。

关键词：政策环境影响评价；实践进展；技术方法

Practices，Methods and System Improvement Suggestions of Policy Environmental Impact Assessment in China

Abstract：Policy environmental impact assessment is an important tool to strengthen the participation of ecological and environmental protection in macroeconomic governance，and to prevent and resolve environmental risks. Starting from the improvement of the policy EIA system and framework，this study summarizes the international experience and practical progress of the policy EIA，and proposes a policy EIA technical method suitable for China's policy-making process. In order to fit the scientific，rapid and convenient realistic requirements in the impact assessment of major decisions，this study proposes a "two-stage" and "four-step" analysis framework，and systematically introduces the application of expert scoring，impact tree analysis，inventory and matrix，pollutant discharge coefficient，life cycle analysis and other methods in policy EIA，and puts forward suggestions for optimizing and improving China's policy EIA system.

Keywords：Policy EIA；Practical Progresses；Technical Method

作者简介：尚浩冉（1991—），男，硕士研究生，生态环境部环境与经济政策研究中心生态环境经济政策研究部助理研究员，主要从事政策环境影响评价、环境经济政策、产业绿色低碳发展等相关领域的研究。E-mail：shang.haoran@prcee.org。

1 引 言

党的十九届四中全会提出"健全决策机制，加强重大决策的调查研究、科学论证、风险评估，强化决策执行、评估、监督。"党的十九届五中全会提出"健全重大政策事前评估和事后评价制度，畅通参与政策制定的渠道，提高决策科学化、民主化、法治化水平。"开展重大行政决策的环境影响评价工作，是贯彻落实党中央推进建设国家治理体系和治理能力现代化、构建现代环境治理体系的要求，对健全完善"源头预防、过程控制、损害赔偿、责任追究"的生态环境保护体系具有重大意义。我国不同领域的政策分别由不同主管部门制定，受制于部门之间的独立性和利益诉求的差异，政策制定与实施的过程中难以实现环境与经济效益相协调。在重大产业布局、行业发展政策制定环节开展环境影响分析评估，可以起到防范重大环境风险、补齐重点领域环境保护制度短板、支持保障绿色低碳高质量发展的作用，有利于实现政策措施的最优化和减污降碳成效的最大化。

2 政策环境影响评价的国内外实践进展

2.1 基本概念

政策的本质是政府等公共社会权威为实现社会目标、解决社会问题而制定的公共行动计划、方案和准则，具体表现为一系列法令、策略、条例、措施等。政策环境影响评价（Policy SEA）（以下简称政策环评）的目的是对实现特定公共目的的政策进行预测分析与科学评估，对其可能造成的不利环境影响进行论证，以确保在决策的初始阶段，就与社会经济发展一起考虑，确保环境、经济、社会发展协同推进。政策环评的结果，可用于对政策进行调整、提出预防措施和替代方案，避免或减缓对环境的不利影响。在国际上，一般认为战略环评（Strategic Environmental Assessment，SEA）制度中的"战略"包含政策、规划和计划 3 个不同层次，而政策环评就是战略环评制度在政策层次的开展。与建设项目和规划相比，重大政策的环境影响范围更大、程度更深、延续性更强，评价难度也更大。2014 年修订的《中华人民共和国环境保护法》第十四条规定："国务院有关部门和省、自治区、直辖市人民政府组织制定经济、技术政策，应当充分考虑对环境的影响，听取有关方面和专家的意见"，是政策环评工作的主要法律依据。2020 年 11月，生态环境部印发《经济、技术政策生态环境影响分析技术指南（试行）》，为经济、技术政策制定部门组织开展生态环境影响分析提供可操作的技术路径。然而，目前我国政策环评仍尚未形成完整的评价技术体系，缺乏足够的案例研究支撑，对于政策环评应用的对象、范围、内容、技术方法的选择等方面仍存在争议。

2.2　国内外实践进展

由于不同国家和地区对政策的理解存在差异，国际社会对政策环评的开展至今并没有形成公认模式。从实践来看，比较典型的有欧盟的"影响评价"、美国的"管制影响分析"、荷兰的"环境测试"等。与西方国家管理公共事务主要依靠法律不同，政策在我国的社会经济活动中一直发挥着重要作用，因而开展政策环评尤为必要。然而，我国的政治体制和决策形式与西方国家明显不同，开展政策环评不能照搬西方模式，必须在借鉴国外政策环评理论和实践的基础上，提出适合自身国情的政策环评理论框架[1]。

美国的政策战略环境影响评价始于1970年实施的《国家环境政策法案》，该法案的第102条要求对严重影响环境质量的主要联邦行动进行详细的环境影响评价，包括联邦机构的法律草案、政策、计划、规划和项目，并成立了环境质量委员会负责监督实施。美国的环境影响评价体系并没有将规划、计划、政策等决策与建设项目区别对待，因此针对政策的环境影响评价其实就是建设项目环境影响评价模式在政策层次的应用。加拿大在1990年的环评立法中对已有的环评制度进行增补，明确了对新政策、新规划进行环评的程序。这一规定出台后的3年间就约有90个提交给内阁的政策做了环境影响评价[2]。2010年发布的《政策、规划和计划草案的环境评价内阁指令》和《执行内阁指令的导则》，进一步形成了政策制定部门为评价责任主体，加拿大环境部及环境评价署为协调机构的政策环境影响评价制度。欧盟在政策出台前，对不同方案可能产生的环境、经济、社会影响进行前瞻性评价，称其为"影响评价"。欧盟在2001年发布的《战略环境评价指令》（2001/42/EC）中将农业、林业、渔业、能源、工业、运输、废物管理、水管理、电信、旅游、城乡规划或土地使用等领域的规划、计划和项目均纳入影响评价对象。2009年欧盟出台了《影响评价导则》，规定了欧盟委员会的内部机构（如环境总司、农业总司等）在提出法律或政策草案时，必须按照导则要求进行社会、经济和环境影响评价，并形成报告辅助决策[3]。影响评价必须开展充分的公众参与，保证不低于12周的公众参与期。对于宽泛的、不涉及行业、没有具体措施和目标的指南和指导性文件不需要开展政策环评，但上升为立法行为开始实施时则必须开展。

目前，我国政策环评还处于学术研究和试点探索阶段。2021年生态环境部组织开展国家和省级层面的政策环评试点，选择能源、交通、资源开发、区域开发、绿色消费等领域，探讨适用于各类政策的技术方法。国内学者基于对农业、水资源、贸易等领域的政策环评研究，总结经验模式。李天威等对我国政策环评模式与框架进行了初步研究，指出了政策环评在政策过程中的主要作用，提出了基于"预警+保障"的政策环境影响评价框架[4]。任景明等对我国农业政策的环境影响进行了初步分析，指出我国农业政策通过改变用户生产结构、生产方式和生产技术等多方面对农业环境产生影响[5]。徐鹤等提出了政策环境影响评价的管理程序和技术程序，以天津市污水资源化政策草案为案例进行了模拟研究[6]。在我国贸易政策领域，学者做了大量研究工作，采用经济计量方法、生态模型、生物模型、局部均衡经济模型、一般均衡经济模型等多种方法和模型开展环境影响分析。

2.3 我国开展政策环评的特点和流程

"十四五"时期，我国生态文明建设进入以降碳为重点战略方向、推动减污降碳协同增效、促进经济社会发展全面绿色转型、实现生态环境质量改善由量变到质变的关键时期。经济发展领域的各项决策科学化、规范化和系统化将成为国家治理体系和治理能力现代化的重要体现，也成为协同推进生态环境高水平保护和经济高质量发展的必然要求。因此，涉及重点产业和重大生产力布局的经济、技术政策必须在制定阶段就贯彻绿色低碳发展的理念，充分考虑防范化解重大环境风险，完善各领域环境保护制度，强化落实各部门和地方政府环境保护的主体责任。

从我国生态环境治理科学决策的现实需求来看，政策环评应具有以下特点。一是评价对象广泛多元。不同于规划环评和项目环境评价的微观性，政策的环境影响范围广泛，囊括了全国到地域范围内的宽泛主体、丰富客体，涵盖的环境要素内容丰富。因此，所评价的政策对象具有多元性，狭义上应包括政府部门的规范性文件、规章和行政法规，广义上应涉及地方性法规、部门规章、自治条例和单行条例以及部分规划等。二是评价内容具有前瞻性。政策环评的根本功能是"预防为主，源头控制"，在决策发生前期就对未来可能产生的环境影响进行预测、研判和预防。从理论上来讲，政策战略环评应先行之，区域与行业的规划环评次之，而建设项目的环评则再次之。因此，政策环评应贯穿政策制定的全过程，做到前置性介入，具备前瞻性[7]。三是评价过程具有时效性。我国许多政策从制定到发布实施通常周期较短，政策环评具有较强的时效性，这也决定了开展政策环境影响预测分析的方法不宜过于复杂、评价的周期不能过长。四是评价方法应突出便捷性。我国大部分政策以问题为导向，与此相适应，政策环评应聚焦主要问题，在评价方法上突出专业化和快速化的特点，应以定性和半定性评价为主，定量评价为辅。

借鉴国际经验，我国开展政策环评的框架可采用"两个阶段"和"四步流程"。"两个阶段"包括"初步识别"阶段和"影响评价"阶段。"初步识别"阶段是筛选识别核心作用政策，即政策中可能产生环境影响的关键措施，初步判断核心政策是否对生态环境要素产生影响；"影响评价"阶段重点预测政策环境影响程度和范围，识别环境风险。具体针对某一领域的政策开展环境影响评价时，可以采用"四步流程"。第一步是行业和政策现状分析，获取用于影响预测的基础信息和数据，作为后续评价指标和方法体系建立的依据；第二步是要素识别，采用影响树和清单法，建立"政策措施—行业（生产）行为—环境影响"的影响链条，筛选评价重点生态环境要素；第三步是影响预测，采用定量为主、定性为辅的方法，将政策要素和环境要素相关联，并将预测结果以矩阵方式表达，做到一目了然、多元比较；第四步是政策制度建议，根据环境影响预测结果，结合现有环保制度短板，提出有针对性的政策建议。在此基础上，开发完善政策环评的技术方法，做好相关技术和行业数据储备。

3　政策环评技术方法概述

3.1　影响树分析法

影响树（或流程图、网络分析法）能够表明不同经济社会要素和环境要素的因果关系。在政策环评的政策分析、要素识别流程中可以重点使用该方法，分析拟评价政策生态环境影响作用方式，确定评价范围和影响要素，作为下一步定性或定量评价的基础。该方法通过影响树建立"政策措施—行业（生产）行为—环境影响"的逻辑，揭示政策环境影响因果链并识别经济社会行为和环境要素变化的关系，以初步识别政策实施后可能带来的社会行为和环境影响。例如，在分析化肥行业转型政策的环境影响时，运用影响树分析法来初步识别该政策的八大措施实施后可能会对生态环境要素（水、气、土、生态等）产生哪些影响，根据对政策目标、措施的解析，用影响树建立政策影响生态环境的路径（图1）。图中，树的左侧为政策，中间分级列出政策措施、行业活动变化、生产要素变化，最后落脚到对生态环境要素的影响。

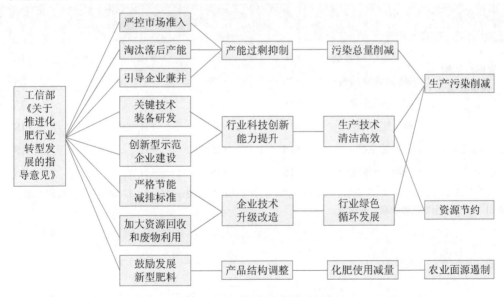

图 1　化肥行业转型政策环境影响树

3.2 专家打分法

专家打分法是一种将政策的影响定性判断后定量化描述的方法。根据评价目的和评价对象特征制定出相应评价标准，邀请若干代表性专家凭借自己在该领域的专业经验按此评价标准给出评价分值，最终对专家意见进行统计、处理、分析和归纳后定量描述用于辅助决策。在要素识别流程中通常采用此方法，用于对政策环境影响要素变化趋势的初步判断。该方法一般采用研讨会、专题访谈、问卷调查等形式进行，通过邀请政策相关领域的技术专家、利益相关者和一般公众进行评价，具有过程便捷、信息交换快速有效的特点。专家打分法是在我国复杂的决策体系下前期介入政策评价的一种重要手段，有助于政策各利益相关方更好地理解政策制定背景、初衷和受众，帮助决策者准确把握政策影响未来可能的发展，及时采取措施，规避政策的不利影响。

专家打分法适用于政策实施存在诸多不确定因素，政策影响难以采用其他方法进行量化评估的情形。该方法可以针对特定政策目标和作用对象，设计恰当的评价指标和计算方法，并将专家评判的结果用影响分级的形式直观展现，具有评价流程简便、计算方法简单、可操作性强的优点，适用于政策目标和措施难以用指标量化描述的通知、指导意见、管理规章、实施方案等类型政策的评价。例如，在对我国化肥施用政策进行环境影响评价时，将专家对某一政策的环境影响判断，通过打分表的形式展示，可以使其清晰易懂，便于决策（表1）。

表 1　化肥施用政策生态环境影响识别

政策类型		水环境	大气环境	土壤环境重金属输入	生态	气候变化
规模与结构调整政策	作物种植结构调整	+1L	+1L	+1L	—	+1L
	优化氮磷钾结构	+2S	+2S	—	—	+2S
	有机肥替代	+3S	+3S	−3L	—	+3S
技术改进措施	测土配方施肥	+1S	+1S	+1L	—	+1S
	机械施肥	+1S	+1S	+1L	—	+1S
	水肥一体化	+1S	+1S	+1L	—	+1S

注："+"表示有利影响；"−"表示不利影响；"—"表示不产生影响；"1、2、3"表示影响程度的加深；"S"和"L"分别表示短期影响和长期影响。

3.3 清单法和矩阵法

清单法又称核查表法，是将可能受政策影响的经济、社会要素和影响性质，通过在清单表上一一列出的识别方法，又称"列表清单法"或"一览表"法，可以用于在政策要素识别流程中的生态环境影响描述。该法在 1971 年发展起来，至今仍广泛用于项目环评，并有简单型、描述型、分级型多种表现形式。在国际上各类战略环评中，清单法常被用于筛查某项法规或行动的阈值、范围或需要监控的方面。在政策环境影响识别中通常使用描述型清单，即先对受影响的环境因素做简单的划分，以突出有价值的环境因子，再通过环境影响识别，将具有显著性影响的环境因子作为后续评价的主要内容。世界银行《环境评价资源手册》中，将描述型清单按工业类、能源类、水利工程类、交通类、森林资源、市政工程等编制成主要环境影响识别表，供查阅参考。另一类描述型清单是传统的问卷式清单，在清单中仔细地列出有关"政策/计划/行动—环境影响"要询问的问题，针对项目的各项活动和环境影响进行询问，答案可以是有或没有。如果回答为有影响，则在表中的注解栏中说明影响的程度、发生影响的条件以及影响的方式，而不是简单地回答某项活动将产生某种影响。该方法有形式多样、操作灵活、清晰易懂的特点，可以将初步筛选出的环境影响要素直观地呈现出来。

矩阵法由清单法发展而来，不仅具有影响识别功能，还有影响综合分析评价功能，可以用于要素识别后的简化处理。国际上一些战略环评体系在很大程度上以"矩阵法"为基础开展影响评价。它将清单中所列内容系统地加以排列，把政策相关的各项活动和受影响的环境要素组成一个矩阵，在活动和环境影响之间建立起直接的因果关系，以定性和半定量的方式说明政策的环境影响。例如，在英国的土地利用发展规划制定时，利用目标实现矩阵对拟议行动的环境影响进行判断（表 2）[8]。该矩阵展示了城市复兴政策的有关发展目标（如城市更新、棕地使用）对环境、经济、社会指标可能产生的影响（如运输的能源效率）。如果认为某项活动可能对某一环境要素产生影响，则在矩阵相应交叉的格点将环境影响标注出来，可以将各项活动对环境要素的影响程度，划分为若干等级。为了反映各个环境要素在环境中重要性的不同，通常还采用加权的方法，对不同的环境要素赋予不同的权重，可以通过各种符号来表示环境影响的各种属性。

表 2　英国战略环评中目标实现的矩阵分析

标准	拟议政策/行动	城市更新	电车改进	棕地使用
全球可持续性	运输能源效率	√	√	—
	交通出行	√	√	—
	住宅能源效率	√	?	—
	可再生能源潜力	√	√?	√?
	固碳	√	√	√

标准	拟议政策/行动	城市更新	电车改进	棕地使用
自然资源	野生动物栖息地	√	—	×？
	空气质量	√	√	—
	节水	√	—	—
	土壤质量	×？	—	×？
	矿产保护	—	—	√
当地环境质量	景观	√	—	√
	乡村环境	—	—	？
	文化遗产	√	√	√
	公园	√？	？	√
	建筑物质量	√	√	√

注："—"表示没有关系或影响无足轻重；"√"表示显著有利影响；"√？"表示可能有但无法预测的有利影响；"×？"表示可能有但无法预测的不利影响；"×"表示显著不利影响。

3.4 产排污系数法

污染物排放系数是指生产单位在设备齐全，技术和经济都趋于正常的状态下，生产单位产品所排放的污染物数量的统计平均值，在项目环评中也称为"排放因子"[9]。产排污系数法是一种定量预测政策可能带来环境影响的方法，通过进行情景分析预测政策目标和关键措施实施后可能带来行业生产要素的变化，结合重点行业资源消耗和排污系数，估算出政策实施后带来的行业污染物排放的变化，在政策环评的影响预测流程中，可以采用此方法。2021 年 6 月生态环境部发布了《排放源统计调查产排污核算方法和系数手册》，进一步规范排放源产排量核算方法，统一产排污系数，可以作为政策环评量化开展的重要依据。因此，该方法适用于对生产要素影响显著的重点行业技术政策，尤其是具有明确量化目标的行业发展、转型等政策。

3.5 生命周期评价

生命周期评价（Life Cycle Assessment，LCA）是量化、评估、比较和开发商品和服务潜在环境影响的有力工具，其通过对产品"从摇篮到坟墓"的全过程所涉及的环境问题进行分析和评价，从而帮助决策者做出更优的选择，可以在影响预测阶段采用。LCA可以根据酸化效应、全球变暖、资源耗竭等不同的类型来量化生产系统的全生命周期环境影响，被广泛应用于绿色产品开发、能源优化、农业生产、废弃物管理、污染预防等公共政策制定和效益评估领域。生命周期分析以物质和能源流动链条为基础，提供一种更全面系统的视角进行政策环境分析，该方法已发展出成熟的模型软件和数据库可供选择，界面快捷灵活，评价周期较短。但在实际应用中存在边界确定、一手参数获取以及评估结果的普适性问题。在政策环评应用中，可以将调查研究的方法与 LCA 模型相结合，通过调查研究快速有效地获取一手物料生产及排放数据，通过软件和模型进行量化计算，做到科学性与便捷性两者兼顾。图 2 描述了基本的工业生命周期体系，指明在涉及工业的政策环境影响评价中，应该重点考虑哪些投入和产出要素。在国际上，由于进行全生命周期分析需要获取大量产业链基础数据，这些数据主要通过调研特定企业或购买相关数据库获得，成本较高，因而无法在战略环评中对其频繁使用。

图 2　工业生命周期体系

3.6　成本效益分析

成本效益分析（Cost-Benefit Analysis，CBA）是对政策实施后对经济社会发展和生态环境等方面所产生的费用及效益进行科学评判的一种政策分析方法，可以在影响预测流程中使用，不仅能够量化生态环境影响，还能兼顾经济考量。CBA 可以提高政策的可实施性，常用于影响评价中基于货币或非货币因素下不同替代方案的比较，可以是政策实施后的事后分析，也可以是政策实施前的事前分析预测。成本效益分析通常可以与多标准分析结合使用，两者都频繁地被应用于政策环评中，可以用 CBA 来衡量货币因素，以多标准分析来衡量非货币因素，形成互补[10]。两者在货币因素上的适用情况类似，可以简单理解为总收益减去总成本得到净效益。CBA 被使用在各个行业政策中，可用于确定政策或行动规划内需要优先得到资助的项目。例如，在制订运输规划时，采用成本效益分析，要考虑的成本包括建设、维护和运营，收益则包括较高水平的安全性、便捷的交通和区域的经济效应。

3.7　SWOT 分析

SWOT（Strengths，Weakness，Opportunities，Threats）分析可用于政策环评中的第四步——政策建议提出，也可以用于第一步——行业调查和政策情景分析。SWOT 分析旨在确定当前情景下的优势和弱点，以及描述政策实施后未来发展的机会和威胁。SWOT

分析法常被企业用于制定集团发展战略和分析竞争对手情况,后来延伸到战略环评中得以应用。例如,芬兰的战略环评中频繁使用 SWOT 分析,特别是在监测和分析阶段,作为对政策未来设想分析的基础。在政策环评的第一阶段,可以结合情景分析,判断现状与趋势,识别不同政策情景下政策执行的阻碍与威胁,以及政策实施后可能引发的环境风险,并构建出 SWOT 分析矩阵辅助决策。在政策环评中使用 SWOT 分析的方法能很大程度上在政策制定阶段评价环境风险,向决策者提供有关预见性的新技术或新发展对环境造成不利影响的信息。SWOT 分析也可以与风险评估的方法结合使用,以充分发挥该方法的优势。

4　完善我国政策环评制度的建议

4.1　建立与政策制定单位的协作机制,加快推动技术指南的应用

健全生态环境部与政策制定单位的政策协调与工作协同机制,拓宽生态环境部门参与经济、社会发展重大决策的途径,加强利用政策环评工具促进生态环境保护参与宏观经济治理能力。美国和欧盟十分注重环境治理协调与合作的制度化建设,建立了一整套科学有效的政策统筹和影响分析流程,并制定了《规制影响指南》《经济分析指南》等一系列标准化、规范化的操作指南,为相关部门和人员开展工作提供了重要的参考和便利。借鉴国际经验,建章立制推动政策环境影响评价在重大决策程序的早期介入,加快推动《经济、技术政策生态环境影响分析技术指南(试行)》的应用,畅通部门间协作进行系统化决策的机制,推进部门决策从根本上重视环境考量。

4.2　加强政策执行的后评价,防范化解重大环境风险

政策环评实施后,应继续遵循"过程控制"的原则,在可能产生重大环境影响的经济领域政策实施一段时间后开展后评价,对政策执行情况、政策有效性、环境影响、制度保障等方面进行检验评价,并将环境影响后评价机制化、常态化。密切跟踪行业形势变化,并基于新形势变化重新评估政策带来的不利环境影响,优化调整环境管理保障措施。后评价的主要范围应锁定在对经济、技术政策产生的非预期影响,关注建立完善有效的环境保障制度,以防范化解重大环境风险。

4.3　总结政策环评试点成果,做好案例和技术方法储备

在国家和地方层面政策环评第一批试点研究的基础上,下一步应加强对试点成果的总结,形成针对技术、经济、产业等不同类型政策的技术方法库,并出台政策环评方法的技术指南。同时,在重点行业开展政策环境影响基础研究,持续跟踪政策、行业和市场最新动态,提高政策环评的时效性和前瞻性。分领域建立政策环评专家库,加强与重

点行业的信息沟通，深入调研政策背景，找准政策环评着力点。充分发挥政策环评防范环境风险、促进科学决策、推进绿色发展的重要作用。从提高决策效率出发，探索政策环评的"基础研究—专家论证—风险识别—定量评价"的快速评价模式。

4.4 加强政策环评人才培养和队伍建设

基于重点领域政策环评试点研究，加快建设一批专业能力强的政策环评技术团队。政策环评往往涉及部门范围广、利益相关方多，技术评估审查专业性强，特别需要加强人才培养和队伍力量，确保政策环评各项工作高效运转、有序衔接。美国国家环境保护局（EPA）政策办公室下设一支技术力量——国家环境经济中心（NCEE），专门负责对涉及环境的政策、法律法规进行成本效益分析，开展经济和风险评估，保证政策的科学性和一致性，提高影响分析方法、模型、信息的质量和可靠性。

建议在我国生态环境系统内培养技术力量，开展重点行业信息、数据积累，储备适用于环境管理的技术方法，保证重点领域政策制定充分纳入环境考量，降低重大决策的环境和社会风险，提高生态环境主管部门主动参与支持和服务其他部门政策环评事务的能力和水平。

参考文献

[1] 耿海清，李天威，徐鹤. 我国开展政策环评的必要性及其基本框架研究[J]. 中国环境管理，2019，11（6）：23-27.

[2] Hell，Quebec. Flowchart for Policy and Program Assessments[R]. Federal Environmental Assessment Review Office，Canada，1991.

[3] 朱源. 政策环境评价的国际经验与借鉴[J]. 生态经济，2015，31（4）：125-128，180.

[4] 李天威，耿海清. 我国政策环境评价模式与框架初探[J]. 环境影响评价，2016，38（5）：1-4.

[5] 任景明，喻元秀，张海涛，等. 政策环境评价理论与实践探索[M]. 北京：中国环境出版集团，2018.

[6] 徐鹤，朱坦，吴婧. 天津市污水资源化政策的战略环境评价[J]. 上海环境科学，2003，22（04）：241-245.

[7] 高吉喜，吕世海，姜昀. 战略环境影响评价方法探讨与应用实践[J]. 环境影响评价，2016，38（2）：48-52.

[8] 王玉振，金辰欣. 战略环评——从国际经验到中国的实践 第二章 战略环评的过程、方法和技术[J]. 中国环境管理，2011（Z1）：12-21.

[9] 余蕾蕾，李翠莲. 环评污染源核算中的产排污系数法应用[J]. 资源节约与环保，2019（3）：22.

[10] 蓝艳，刘婷，彭宁. 欧盟环境政策成本效益分析实践及启示[J]. 环境保护，2017，45（Z1）：99-103.

经济技术政策环境影响评价模式探究

侯天民[1] 马园园[1] 李 媛[2] 张明博[2]

（1. 青海省生态环境厅，青海 810007；2. 生态环境部环境发展中心，北京 100029）

摘 要：2014 年修订的《中华人民共和国环境保护法》第十四条，被广泛认为是政策环评的"雏形"规定。为有效推动经济、技术政策环境影响评价工作，本文在对国内外相关工作实践经验总结的基础上，结合政策环境影响的特点，探讨了应开展政策环评的政策类型，提出了全程介入、重点突出、快捷有效的基本原则，并探讨了基于"底线+引导"的评价模式，以期对经济、技术政策生态环境影响评价工作提供参考。

关键词：经济技术政策；政策环评；评价模式

Exploring Evaluation Methods for Environmental Assessment of Economic and Technological Policy

Abstract：Article 14 of the "Environmental Protection Law of the People's Republic of China" revised in 2014，is widely regarded as the "prototype" of Policy Strategic Environmental Assessment. In order to address the environmental assessment of economic and technological policies effectively，this study summarized the relevant domestic and international working practice in combination with the characteristics of PSEA. The classes of policies that should be carried out for SEA have been discussed and the principles of whole-process intervention， focused highlighting and fast and effective response has been proposed. A "bottom line + guidance" evaluation methodhas been developedto inspire future work considering environmental assessment of economic and technological policy.

Keywords：Economic and Technological Policy；Policy Strategic Environmental Assessment；Assessment Mode

目前我国针对规划和建设项目的环境影响评价体系已日趋成熟和完善，针对位于决策链条更前端的政策开展环境影响评价，可以更好地发挥源头预防作用。2014 年修订的

作者简介：侯天民（1976—），男，大学本科。主要从事环境影响评价、排污许可管理工作。E-mail: qhshpc@163.com。

《中华人民共和国环境保护法》第十四条明确规定："国务院有关部门和省、自治区、直辖市人民政府组织制定经济、技术政策，应当充分考虑对环境的影响，听取有关方面和专家的意见"，虽没有明确提出政策环境影响评价（以下简称政策环评）的概念，但为经济、技术政策开展环境影响评价打开了窗口[1]。政策环评在国际上缺乏公认、成熟的模式，在我国也缺乏具体的技术方法和实践经验，本文在总结国内外相关研究和实践的基础上，对政策环评的开展范围、基本原则和评价模式等方面提出了相关建议。

1 国内外政策环评开展现状

1.1 国外政策环评特点

美国、欧盟、加拿大及世界银行等国家、地区和国际组织均开展过一些政策环评的实践工作[2-4]。美国 1969 年的《国家环境政策法》提出，联邦机构所有可能产生重要环境影响的法规和重大行动建议均需在正式决策前开展环境影响评价；加拿大 1990 年制定的《关于对政策、规划和计划提案开展环境评价的内阁指令》要求所有可能导致重大环境影响和需要提交部长或内阁审批的政策、规划、计划均需开展环境影响评价；欧盟 2009 年更新的《影响评价导则》提出所有政策决策均应基于合理的分析，并应有确切的数据支持。国外政策环境影响评价为我国提供了经验，主要有以下几个特点。

第一，政策环评的评价对象主要聚焦于国家的政府决策。例如美国为"联邦机构所有可能产生重要环境影响的法规和重大行动"，加拿大为"能导致重大环境影响和需要提交部长或内阁审批的政策、规划、计划"。评价的类型主要分为两类：一类是以环境影响为核心的评价，主要代表为美国与加拿大，均提出了可能会导致重大环境影响的前提；另一类是以制度为核心的评价，主要代表为世界银行等国际组织，强调政策环评的过程属性，重视利益相关者之间对话机制的建立，并把有利于环境保护的制度体系建设作为重要内容。

第二，在介入时机上均提倡早期介入。加拿大主张在刚形成拟议决策之时介入，通过在制定政策、计划和方案建议时解决潜在的环境问题，并规定需考虑潜在的累积环境影响，以确保利益相关者和公众在做出决策时已经适当考虑了环境因素；欧盟委员会也提倡尽早介入，通过环境影响评价系统帮助欧盟机构设计更好的政策和法规，贯穿整个立法过程以促进决策的明智性。

第三，在介入方式方面略有不同。美国是面向利益相关者征求意见以形成替代方案，公众参与始终贯穿其中。欧盟政策环评是通过不同政策替代方案的成本有效性与收益分析，以提高政策建议的质量，而政策环评的过程事实上就是政策的制定过程，在评价步骤中重视多个合理方案的对比与选择。

第四，高度重视公众参与。都比较重视通过书面征求、沟通协调等方式听取有关部门、专家和公众的意见，通过公众参与为利益相关方搭建讨论平台，促使利益相关方相互协商和妥协，在吸纳公众意见的同时，使决策的背景、必要性和决策逻辑被公众了解，为政策的执行过程提供便利和保障。

1.2　我国政策环评现状

在《中华人民共和国环境保护法》修订后，2014—2019 年，生态环境部组织开展了重大经济政策环境评价研究，初步形成了政策环评"预警+保障"的模型经验[5]，通过开展重大资源、生态、环境影响评估，预警政策实施后可能引发的资源环境风险，分析现有环境管理制度对重大不利影响的防控能力，提出相关保障制度建设的建议。2021年，生态环境部印发《经济、技术政策生态环境影响分析技术指南（试行）》，明确了经济、技术政策的工作流程、政策分析、影响识别和分析、保障措施及制度等相关内容，并再次组织开展了相关试点工作。但目前试点工作多数未能早期介入政策制定的过程，事后评估对决策的影响力非常有限，同时存在政策多样性不足，和政策制定部门联动不够，公众参与和专家论证环节略显不足等问题。

2　政策环评相关问题与讨论

2.1　政策环评开展范围

目前，《中华人民共和国环境保护法》就开展环境影响分析的政策范围仅概要性地提出"国务院有关部门和省、自治区、直辖市人民政府组织制定的经济、技术政策"，这与国际上的开展范围基本一致，但指向性和指导性相对较弱，且缺乏对环境影响的界定。对此，建议在内容上，可将涉及新增大量污染物、改变区域生态结构或功能、资源和能源消耗较高的政策性文件列为优先对象；在时序上，可选择已颁布实施，对资源生态环境已产生较大影响的政策开展回顾性评价，在此基础上总结经验教训，在指导后续政策实施或制定新的政策时进行参考；在体系上，不应仅仅局限于经济、技术政策，还应将产业发展、投资、土地、贸易等可能引发生产结构、规模重大调整的政策纳入其中。

2.2　政策环评开展原则

政策的决策、制定实施和具体项目不同，一般都面临政治、经济、社会和生活等各类因素的叠加影响，不确定性较强，无法准确预测分析其生态环境影响。因此，政策环评可充分借鉴现有的环境影响评价思路，以资源环境承载力为基础，分析、判断政策的生态环境影响，针对影响提出政策的优化调整建议，提出减缓生态环境影响的对策和措施，切实发挥源头预防的作用，但又不能机械、简单地搬用这些方法，建议坚持以下原则。

（1）全程介入。政策环评作为评价和监控决策科学性、民主性的工具，应贯穿整个政策的生命周期。首先，应在政策的决策初期介入，分析、预测政策实施可能带来的环境影响，在政策制定过程中系统地、有效地考虑环境问题。如果失去早期介入的机会，在政策即将或已发布实施时，再从生态环境保护角度提出一些优化调整建议，可能会导致工作被动，政策实施难度大、阻力多，也易引起政策制定部门的"抵触"。其次，在政策执行过程中，应加强监测，及时发现非预期不良影响，提出改进建议供政策制定部门和执行部门参考。最后，在政策周期结束后，形成系统的政策环境影响跟踪评价报告，供决策者制定下一轮政策时参考。

（2）重点突出。政策环评应区别于规划环评和项目环评，重点关注规划和项目环评无法或有效解决的问题，聚焦政策所涉及的区域或产业定位、规模、布局、结构等重大问题和关键问题；在评价内容上，应重点关注政策实施的累积影响、长期影响、人群健康影响、是否会导致生态系统结构和功能的损失、对生态安全的影响，以及与国家主要战略意图的协调性等关键内容。

（3）快捷有效。政策一般是针对一定时空条件下的特定问题而制定的，随着时空条件的变化，政策会失去效力。同时，政策目标的多元，实施环境的多变，政策实施过程中的每个环节都有可能产生偏差。上述因素表明政策具有不确定性和较强的时效性。因此，对政策的环境影响难以准确量化，其评价过程需要借鉴模糊数学思想，以定性和半定量评价为主，定量评价为辅，尽量采用快捷有效的方法，与政策制定实施的时效性相适应。

2.3　政策环评模式

基于国家、地方、行业的方针政策及区域生态、资源、环境特点，提出政策制定和执行过程中必须坚持的生态环境底线，根据政策的内容和特点，分析对生态、环境和资源产生的可能影响，提出相应的优化调整建议或执行过程中的生态环境影响对策措施，建立"底线+引导"的评价模式。

（1）坚持底线思维。政策在决策、制定和实施过程中，会面临各类因素的叠加影响，不确定性强，政策环评可不拘泥于政策的具体影响，而是从国家环境保护大政方针，政策上位的法律法规及相关要求，政策涉及区域的资源生态环境的结构、功能、承载力等要素和目前区域的"三线一单"（生态保护红线、资源利用上线、环境质量底线和生态环境准入清单）生态环境分区管控要求紧密衔接，提出政策实施的环境底线和原则，进而减少政策在生态环境方面的盲动性，避免社会资源浪费，减轻政策环评的工作阻力。

（2）发挥引导作用。政策环评的目标是指导政策制定部门将生态环境影响作为一项考虑因素，介入政策的制定和实施过程，而不是过分强调在政策决策中的主导地位，也不是"一票否决""前置审批"等相关要求。政策环评应按照"谁制定谁负责"的原则，由政策制定部门在制定过程中主导开展，生态环境部门可在坚持环境保护底线的基础上，提出相应的优化调整建议或执行过程中的生态环境影响对策措施，供政策制定部门参考，切实发挥咨询和引导作用。

2.4　典型案例

国家能源局和青海省人民政府于 2021 年 7 月联合印发了《青海打造国家清洁能源产业高地行动方案（2021—2030 年）》（以下简称《方案》）。《方案》是深入落实习近平总书记"使青海成为国家重要的新型能源产业基地"和"打造国家清洁能源产业高地"重要指示精神的关键举措。

（1）政策基本情况。《方案》明确提出水电、光伏、风电、光热等新能源总装机由 2020 年的 8 226 万 kW 增至 2030 年的 14 524 万 kW，总发电量由 2020 年的 948 亿 kW·h 增至 2030 年的 2 460 亿 kW·h，清洁能源发电量由 89.3%升至 100%，存量煤电转调相机或紧急备用电源，实现煤电电量清零。同时，跨省外输电量由 2020 年的 273 亿 kW·h 增至 2030 年的 1 450 亿 kW·h。以"双主导"（能源生产清洁主导、能源消费电能主导）推动"双脱钩"（能源发展与碳脱钩、经济发展与碳排放脱钩），为服务全国"碳达峰、碳中和"目标做出青海贡献。

（2）政策环境影响识别与分析。《方案》提出对煤电等进行替代，清洁能源发电占比和外送电比例大幅提升，具有显著的减污降碳作用及巨大的环境效益，可促进区域经济社会绿色低碳转型。但青海省生态环境敏感，是国家生态保护与建设的战略要地、我国乃至全球重要的水源地和生态屏障、高原生物多样性基因资源的宝库，生态保护红线和一般生态空间占全省土地面积的 71.44%。《方案》提出深度挖掘黄河上游水电开发潜力，不同程度地存在侵占生态空间、切割生境、隔断河流廊道系统的连通性等问题；提出的"打造国家级光伏发电和风电基地，推进光热发电多元布局、壮大新能源发电成套设备"中，光伏、风电属于低密度能源，开发建设国家级光伏发电和风电基地，对区域的生态空间将产生较大压力，新能源配套上游矿产开采，相关设备制造、回收及配套外输电力通道建设等对区域的生态环境、大气、水、土壤等均产生一定的生态环境影响。

（3）政策环评。按照"底线+引导"的评价模式，结合《方案》的生态环境影响分析探究，在《方案》实施过程中应严守"底线"，坚持"生态优先、绿色发展"基本原则，根据国家新能源发展政策、区域"三线一单"生态环境分区管控和黄河流域高质量发展等相关要求提出《方案》实施中必须严守的生态红线和环境质量底线。同时，《方案》需加强生态环境的引导措施，从强化生态环境准入、严格规划环评制度、加强行业环境管理、强化生态环境监管、推动信息公开等方面引导新能源及配套行业集聚、绿色高质量发展，并在《方案》实施过程中，加强实施跟踪，及时发现非预期不良影响，提出改进建议供政策制定部门和执行部门参考。

3　讨　论

虽然不同国家和国际组织对政策环评工作进行了一些探索，我国也开展了一些具体实践，形成了一些经验，但目前政策环评仍处于试点和待推广阶段。在当前阶段，建议生态环境主管部门联合政策制定部门组织开展更多试点工作，以发挥其示范效应，同时为后续相关规范、指南和导则出台奠定基础。

参考文献

[1]　李天威，耿海清. 我国政策环境影响评价模式与框架初探[J]. 环境影响评价，2016，38（5）：1-4.

[2]　李樱. 论我国政策环境影响评价制度的构建[J]. 福建法学，2020，2：21-28.

[3]　耿海清，李天威，徐鹤. 我国开展政策环评的必要性及其基本框架研究[J]. 中国环境管理，2019，6：23-27.

[4]　向小林. 论我国政策环评的制度构建[D]. 武汉：华中科技大学，2015.

[5]　李天威. 政策环境影响评价理论方法与试点研究[M]. 北京：中国环境出版社，2017.

浅谈我国开展产业政策环评的关键问题及对策建议

蒋文明[1] 寇思勇[1] 翟文献[2] 王家强[1] 宋志远[1]

（1. 河北省众联能源环保科技有限公司，石家庄 050051；

2. 河北省生态环境厅，石家庄 050051）

摘 要：产业政策环评是战略环评在产业政策层面的应用，是我国现行环评体系中继项目环评和规划环评之后下一阶段的重点评价领域，现实意义十分重大。本文总结了国内产业政策环评开展现状和存在的不足，重点针对产业政策环评开展过程中的关键问题进行了探讨，并提出了下一步工作对策和建议。

关键词：产业政策环评；关键问题；对策建议

Key Problems and Countermeasures of Environmental Impact Assessment of Industrial Policy in China

Abstract：Industrial policy EIA is the application of strategic EIA at the level of industrial policy，and is the key evaluation field in the next stage after project EIA and planning EIA of China's current EIA system，which has great practical significance. This paper summarizes the current situation and shortcomings of domestic industrial policy EIA，focuses on the key issues in the process of industrial policy EIA，and puts forward countermeasures and suggestions for the next step.

Keywords：Industrial Policy EIA；Key issue；Suggestions

战略环评是指对拟议的计划、规划、政策乃至立法等高层次决策开展环境影响评价的过程或行为[1]，产业政策环评是战略环评在产业政策层面的应用，也是政策环评的重要评价领域。按照我国环评体系分类，完整的环评体系自下而上主要包括项目环评、规划环评和政策环评。从决策链来说，当前处于决策链末端的项目环评和决策链中端的规划环评早已明确纳入《中华人民共和国环境影响评价法》中，成为目前我国环评体系的中流砥柱，而处于决策链源头的政策环评，由于通常涉及的决策问题较敏感，至今未被

作者简介：蒋文明（1987—），男，中级工程师，硕士研究生，主要从事环境影响评价及污染防治技术研究等工作。E-mail：905655476@qq.com。

正式纳入立法体系中。

产业政策由于研究角度不同，目前尚无统一定义，一般性理解是指政府为实现经济和社会目标而对产业形成和发展进行干预的各类政策总和，在调整产业结构、优化资源配置和弥补市场缺陷等方面发挥着重要作用。从实践上看，产业政策主要分为选择性产业政策和功能性产业政策两类[2]，两者的主要区别在于前者是政府发挥主导作用，而后者则由市场主导。本次探讨的产业政策环评对象为选择性产业政策，在我国行政决策体系中对应的是各类行政主体制定的行政法规、规章和规范性文件，与项目环评和规划环评相比，政策层面的决策失误可能导致的环境影响远大于项目环评和规划环评，因此，及时开展产业政策环评具有重大现实意义。

1 国内产业政策环评开展现状

国内对于产业政策环评的关注和研究最早可追溯到 20 世纪 90 年代，以美国、欧盟、加拿大等西方发达国家和地区为代表的战略环评实践，但在向国内引入的过程中主要侧重于西方的政策环评理论和方法方面的介绍，并没有与国内的具体决策形式结合，在政策环评对象、开展模式和评价程序等具体操作方面缺少实践，加上目前政策环评在法律体系上的缺位，学术界主要集中在政策环评法理研究和试点案例探索方面[3,4]。

杨宜霖[5]主要研究了农业产业政策环评的制度理性；何颖莹[6]主要研究了我国政策环评制度功能保障，并以石化产业为例，探索了政策决策改革可行性；刘经纬[7]主要研究了我国政策环评制度的证成过程；向小林[8]主要研究了构建政策环评制度面临的主要问题和解决方法；周欣[9]主要研究了政策环境影响作用机理、评价指标体系框架构建和动态评价方法。

在产业政策环评案例探索方面[1]，国内主要在国家层面开展了部分领域的政策环评研究试点课题，在产业政策方面主要涉及钢铁产业、汽车产业、新能源产业等领域，在实践过程中主要侧重于政策识别与分析、政策环境风险、绩效评估及保障制度等方面的评价，并提出了"预警+保障"的评价模式。在地方层面的产业政策环评目前尚未真正开展起来。

总之，目前国内无论是在环评法理研究还是在试点案例探索方面，存在的主要问题包含三个方面：一是产业政策环评相关理论研究相对较多，而在涉及实践操作层面的研究和探索较少，尤其是在涉及与政策制定主体之间的互动过程、开展模式、利益相关方意见征求和处理方面；二是政策环评介入时机普遍滞后，现有试点研究案例主要基于已发布执行的既定政策开展分析，对于政策本身的约束力有限，只能针对政策分析和评估过程中存在的不足提出优化调整建议，在下一轮政策修订过程中予以修正；三是未能较好地处理定性评价与定量评价相结合的问题，产业政策环评从评价要素上来说涉及资源环境、社会、经济和上下游关联产业等多个维度，各要素评价尺度不一，尤其产业政策对生态环境和社会环境影响等方面较难做到定量评价。

2　开展产业政策环评关键问题探讨

我国产业政策环评工作推行受阻，一方面固然与政策环评缺少法律支撑有重大关系，另一方面也与实践操作过程中存在的一些关键问题尚未解决有关。主要体现在三个方面：一是如何确定产业政策环评对象问题；二是产业政策环评模式选择问题；三是在程序方面如何开展的问题。

2.1　产业政策环评对象

《中华人民共和国环境保护法》第十四条对于需考虑环境影响的政策对象定义较模糊，对于哪些政策需要考虑环境影响并未明确，而在政策环评实践中往往需要明确具体的环评对象。首先是哪些领域范畴需要开展，其次是评价侧重点和深度如何把握。另外，针对已出台正在执行的政策是否还需要开展产业政策环评。

首先，在我国现行的行政决策体系中，产业政策主要涉及行政法规、规章、规范性文件等决策层次[10]，涉及的决策主体和层级不一，种类和内容繁杂，是否有必要都纳入评估范围？评价对象应当如何进行筛选？从我国环评体系开展顺序上来说是自下而上进行的，先项目环评后规划环评。考虑到产业政策环评目前在理论和实践方面均不成熟，也应同样遵循从具体到抽象、由易到难、循序渐进的模式开展。就目前来说，产业政策环评对象应重点在规范性文件层次上，主要是各级政府和部门发布的公告、通知、办法和意见等，该层次的政策文件通常是指导具体产业政策发展的重要工具，对于社会、经济和资源环境的影响往往更直接，应作为产业政策环评的优选项。同时在产业选择上应聚焦中央或地方政府五年计划中的重点产业，这类产业政策代表着政府在当下和未来一段时间内的社会经济活动发展方向，同时也往往对经济、社会及生态环境的影响更为显著，应作为产业政策环评的重点评价对象。

其次，产业政策环评应考虑评价侧重点和深度的问题，在我国现行环评体系下，项目环评侧重于单个项目选址选线的合理性，环保治理措施、风险防控措施可行性及对周边各环境要素影响的可接受水平；规划环评则侧重于规划方案合理性、不同规划情景下资源环境承载力和区域各环境要素环境影响的可接受水平，重点是解决区域发展规模和空间布局的问题。在评价深度上，项目环评和规划环评主要按照或参照各环境要素评价技术导则要求，通过判定各环境要素评价等级来确定评价深度，而产业政策环评由于评价内容更为宏观，往往涉及社会、经济和资源环境等多个维度的评价，且各维度在影响范围、大小程度和时间长短等方面也不尽一致，其评价侧重点和深度应跳出现有项目环评和规划环评框架的束缚，根据产业政策影响识别结果来确定评价侧重点，应着重关注区域性、长期性、累积性、资源环境风险等方面，对于明显利好环境的产业政策，应多侧重于社会、经济等方面的影响评价。在评价深度方面，可借鉴目前在部分产业领域已开展的政策环评探索经验，应突出评价的目标导向性，满足对政策的预警和保障作用，而不是过于追求定量预测的精准性。

最后，针对现阶段正在执行的政策已经不仅仅是考虑是否是纳入的评估对象的问题，而是政策评估方式的问题，尤其是在政策出台前期并未考量环境影响因素的情况下，如不能及时对其纠偏调整，可能会继续对生态环境产生不利影响。这类产业政策很明显还是产业政策评估重点，但在评估方式上已不能从产业政策制定程序源头上进行干预，而更多的是通过政策执行后的影响评估，及时向政策制定部门提出优化调整建议，并将优化结果作为下一阶段政策调整过程中的重要参考。

2.2　产业政策环评模式

产业政策环评属于政策环评的范畴，不同于项目环评和规划环评，政策环评并无固定评价模式。从国内外的政策环评实践模式来看，政策环评模式主要是在影响评价和制度评价两个评价方向上各有侧重。前者一般是充分借鉴了项目环评和规划环评的评价方法，将传统各生态环境要素作为评价侧重点；而后者主要是将评价侧重点放在了完善制度层面，强调通过建立利益相关方之间的沟通对话机制，完善可持续发展制度体系。对于产业政策环评而言，要注意在影响评价和制度评价两个评价方向侧重点上应如何把握，产业政策环评与一般政策环评有何区别，对于正在执行的产业政策在评价模式上还应考虑哪些方面。

首先，产业政策环评在内容上综合了环境影响评价和政策分析，两者相互交叉融合，既有影响评价方面的内容，也有制度评价方面的内容。在模式侧重点的选择上主要考虑三个因素：一是产业政策的决策层次；二是产业政策目标属性；三是产业政策对资源环境的影响效益。从决策层次来说，产业政策决策层次越低（如规范性文件），政策内容在工作目标、重点任务和保障措施等方面就相对具体，采用以影响评价为侧重点的评价模式适用性就越好；而政策层次越高（如涉及行政法规层面），则更适用于以制度评价为侧重点的模式，重点在完善政策制定的程序性方面，应充分考量环境因素的影响，并提出改进和完善制度、体制和机制的建议。从产业政策目标属性来说，政策目标越明确、单一，产业政策相关影响也越容易开展定量或半定量评价，更适用于以影响评价为侧重点的模式；反之政策目标模糊、多元，则以影响评价为侧重点的模式适用性就越差。从对资源环境的影响效益来说，对于明显利好资源环境的产业政策，更适用于采用以制度评价为侧重点的评价模式，同时评价内容上还应重点关注政策利益相关方意见和加强政策措施保障等方面。

其次，与一般的政策环评有所不同，产业政策环评更多侧重产业的规模控制、结构调整、布局优化和各类生产要素的合理调配等，对于经济、社会和生态环境等方面的影响是全方位的，作用方式更直接，影响也更深远，尤其在涉及企业经营和社会民生等方面，在评价模式上还应高度重视与利益相关方的对话机制和意见采纳。

最后，对于正在执行的产业政策，由于不能在政策制定程序过程中介入，从开展产业政策环评的初衷而言，已失去了产业政策环评源头防控的作用，建议在评价模式上还应考虑其特殊性，一是增加回顾性评价，重点追踪政策执行期间存在的资源环境、社会、经济等方面的影响，发现当前执行过程存在的问题；二是要开展预测性评价，按照政策继续执行情景，预测可能继续产生的不利资源环境影响，并提出优化调整建议，将评估结果尽快纳入后续政策修订调整过程。

2.3 产业政策环评程序

产业政策环评程序的缺失是制约国内产业政策环评开展的重要因素，完整的产业政策环评程序应包含哪些程序，各程序阶段的政策环评如何开展？从充分发挥政策环评的源头防控作用而言，产业政策环评应及早介入政策制定程序。从产业政策环评全生命周期来看，完整的产业政策环评程序主要包括政策调研及问题研究阶段、解决方案提出及征求意见阶段、政策初步制定及分析阶段、政策执行阶段和政策退出阶段 5 个阶段。

（1）政策调研及问题研究阶段

该阶段主要工作和任务是根据产业发展思路和目标，详细调研和初步掌握产业发展现状、产业政策要解决的具体问题，以便快速识别政策可能带来生态环境影响的具体方面。政策环评工作小组在此阶段介入有利于获取较为完整的前期资料，及时了解和研究当前产业发展存在的主要生态环境问题，缩短政策环评分析周期。

（2）解决方案提出及征求意见阶段

该阶段主要工作和任务是寻找问题解决方案，政策环评工作小组根据第一阶段梳理的产业现状存在的主要生态环境问题，通过讨论提出初步的解决方案后，再向利益相关方征求意见。主要利益相关方包括政府及与产业相关的各职能部门、企业和公众等，根据意见反馈情况进一步修改和完善解决方案。

（3）政策初步制定及分析阶段

该阶段是充分发挥环境保护参与综合决策作用的核心阶段，其主要工作和任务是分析产业政策是否存在重大不利生态环境影响，并提出调整建议。根据第二阶段形成的问题解决方案，政策制定主体首先开展产业政策初稿编制，编制过程中政策环评工作小组同步开展政策环境影响分析，判断产业政策是否存在重大不利生态环境影响，如存在重大不利生态环境影响，则提出政策调整意见和建议，并将意见反馈至第二阶段，进一步研究解决方案。

（4）政策执行阶段

该阶段主要工作和任务是政策内容的具体执行，由政策制定主体跟踪政策落实过程中存在的具体环境问题。产业政策经过前三个阶段的修改和制定后，由政策制定部门出台和发布执行，政策执行过程也是一个实践检验过程，存在执行管理层面、配套政策措施和行业技术革新等方面的不确定性因素，可能会带来新的环境问题。因此还需要对整个产业政策执行过程进行跟踪，及时查漏补缺，并针对跟踪中存在的环境问题提出解决方案和建议，及时纳入政策修订工作中。

（5）政策退出阶段

该阶段主要是产业政策目的已达预期或产业政策方向发生重大调整，现有政策已明显不适用于经济和社会发展需要而退出。而产业政策退出后，其引起的资源环境和社会经济影响并不会立即消除，尤其是利好资源环境的产业政策，可能再次面临生态环境恶化、环境风险加大的处境，因此在政策退出阶段还应评估政策退出后的生态环境影响，并提出避免或减缓政策不利影响的调整建议。

3 产业政策环评实施工作建议

3.1 明确法律地位

产业政策环评未能在国内大范围开展，最重要的原因之一就是缺乏其应有的法律地位，可以说没有法律层面的保驾护航，政策环评就很难真正落地。因此，应加强法律法规建设，建议尽快修订《中华人民共和国环境影响评价法》，将政策环评纳入环评法律体系中，配套出台政策环评实施细则，对政策中涉及的评估主体和对象、时限、标准和程序等做出明确规定，同时做好法律释义。

3.2 规范评价流程

在产业政策环评流程方面，一是要研究具体组织架构问题，应站在客观、公平、公正的角度上，解决组织、评估、审批、监管等方面的主体对象和工作机制问题，评价过程要公开、透明和规范，避免落入"走流程""走过场"等形式主义，确保政策环评的作用得以真正贯彻落实；二是规范政策环评介入时机、评估阶段和各阶段的内容，明确必需的程序和根据政策内容可选择的程序，避免评价流程缺乏统一引导，引起评估阶段不完整，评估内容缺失，评估深度不一等问题。

3.3　加强技术方法研究和案例示范

在产业政策环评实践过程中，技术方法层面也存在诸多难点，如评价指标体系和评价方法的合理选取和应用，政策内容评价兼顾了社会、经济和环境等多重维度，很难用同一价值尺度衡量其影响，尤其是对社会和环境影响量化评价。目前已有的产业政策环评示范案例更多侧重运用经济学的方法核算投入-产出经济效益和环境效益，而在区域性、长期性、累积性和应对气候变化等方面的环境影响评价有所欠缺，因此，建议当前还应加强产业政策环评方面的技术方法研究和案例示范，突破理论和实践方面的阻碍，为产业政策环评的全面推广奠定理论技术和实践应用基础。

3.4　重视公众参与

公众参与是开展产业政策环评的重要环节，也是在政策环评制度建设上需要解决的重要方面，开展公众参与有利于促进决策民主化和环境问题主流化，壮大环境保护支持群体，同时对政策的执行可以起到良好的监督作用。要做好产业政策环评的公众参与工作，一是在制度建设上要搭建开放透明、公平公正的利益磋商平台和渠道，充分汲取各利益相关方的诉求，并将公众参与意见的反馈、采纳和落实情况纳入产业政策环评过程的法定程序；二是对公众参与方式和信息公开方面要进行创新，应充分利用互联网及其他新媒体在信息传递和沟通方面的优势，通过政策制定部门官网公示、微信小程序等新媒体推送方式增加公众参与受众面，提高信息获取的便利性和沟通效率。

3.5　完善监督机制

产业政策环评执行监督机制的不完善、不成熟，会导致政策环评流于形式，在执行环节可能出现表面化、局部化、停滞化现象。因此，还应建立健全多层次、上下结合、内外沟通的立体监督体系，加强决策和评价过程公开力度，并形成长效监督机制，确保产业政策环评成果落实到位。

4　结语

从我国环评体系的发展历程来看，已先后开展了项目环评和规划环评，产业政策环评无疑是下一阶段完善环评体系的重点，但在全面推行产业政策环评之前，还需重点在明确政策环评法律地位、规范评价流程、加大技术方法研究和案例示范力度、加强公众参与等方面打好前期工作基础，真正发挥产业政策环评对完善决策机制、提高决策水平以及从产业决策源头避免或减缓决策失误可能导致的重大资源环境不利影响的作用，从而进一步推动生态文明建设，促进社会、经济和资源环境协调发展。

参考文献

[1] 李天威. 政策环境评价理论方法与试点研究[M]. 北京：中国环境出版社，2017.

[2] Sanjaya Lall. Comparing National Competitiveness Performance：An Economic Analysis of World Economic Forum's Competitiveness Index[J]. QEH Working Papers，2001，8（5）：61.

[3] 耿海清. 关于在重大行政决策事项中纳入环境考量的建议[J]. 环境保护，2020，48（9）：42-45.

[4] 耿海清，李天威，徐鹤. 我国开展政策环评的必要性及其基本框架研究[J]. 中国环境管理，2019，11（6）：23-27.

[5] 杨宣霖. 政策的环境影响评价研究[D]. 杭州：浙江农林大学，2018.

[6] 何颖莹. 我国政策环评制度功能保障研究[D]. 北京：中国政法大学，2016.

[7] 刘经纬. 我国政策环境影响评价制度的证成与展开[D]. 泉州：华侨大学，2019.

[8] 向小林. 论我国政策环评的制度构建[D]. 武汉：华中科技大学，2015.

[9] 周欣. 产业政策的环境影响评价研究[D]. 沈阳：沈阳工业大学，2012.

[10] 耿海清. 决策中的环境考量——制度与实践[M]. 北京：中国环境出版社，2017.

基于生态环境分区管控的政策环评实施机制完善研究

陈海嵩　　唐丽云

（武汉大学环境法研究所，武汉 430072）

摘　要：在政策环评试点基础上，我国初步建立了以政策制定机关为主体、利益相关者参与的政策环评机制以及技术框架体系，但政策环评制度仍存在实施机制不健全的问题。为推动政策环评的本土化建设，探索适合我国国情的政策环评模式，本文提出了推动以"三线一单"为基础的生态环境分区管控制度在空间管控方面的政策环评实施中的应用建议。

关键词：政策环评；生态环境分区管控；实施机制

Under Eco-environmental Zoning Management and Control System Research on Improvement of China's Policy Strategic Environmental Assessment

Abstract：On the basis of the pilot project of policy environmental impact assessment，a policy environmental assessment mechanism and technical framework have been established in China，in which the policy-making authorities play a main role and the stakeholders serve as participants. However，the implementation mechanism of the policy environmental assessment system is imperfect. Through exploring the mode of policy strategic environmental assessment that is suitable to China's current situation，we put forward the application of "Three Lines One Permit" in the process of implementation，which may promote the localization of policy strategic environmental assessment.

Keywords：Policy Strategic Environmental Assessment；Eco-environmental Zoning Management and Control System；Implementation Mechanism

　　政策环评是以政策作为对象的战略环评，是一个从政策源头预防环境污染和生态破坏，对政策及其替代方案的环境影响进行正式、系统和综合评价的过程。而生态环境分

作者简介：陈海嵩（1982—），男，法学博士，武汉大学环境法研究所教授、博士生导师。主要研究方向环境法基础理论、生态文明制度建设、风险治理与政府规制。E-mail：chsongai@126.com。

区管控制度是一项以生态保护红线、环境质量底线、资源利用上线和生态环境准入清单为基础，有效推动环境质量改善、生态环境保护以及优化产业结构布局的制度。由于政策环评制度与生态环境分区管控制度目标一致、评价对象相关联、评价体系相对应，因此，在规划编制、政策评估阶段，应当强化生态环境分区管控的成果应用，加强政策环评与"三线一单"制度衔接，这对提高决策的科学化水平，推动生态文明建设具有重要作用和深远意义。

1 我国政策环评的现状

1.1 我国政策环评的总体情况

目前我国的环评制度是以项目环评、规划环评为重要抓手，而政策环评有待进一步完善。为推动政策环评的实施与应用，我国开展了政策环评的研究以及相关试点工作，在试点中形成了"预警+保障"的政策环评框架[1]。自 2021 年起，生态环境部在全国开展了十余个政策环评试点项目。

2014 年修订的《中华人民共和国环境保护法》中第十四条规定，国务院有关部门以及省级政府制定重大经济、技术政策时，应当充分考虑对环境的影响，这一规定推动了政策环评的开展。在 2019 年国务院发布的《重大行政决策程序暂行条例》中，也对政策环评有所涉及，如第十二条就规定涉及资源消耗、环境影响的决策事项应当进行成本和经济、社会、环境效益分析预测，表明政策制定主体应将生态环境影响分析工作融入政策制定过程，这也进一步增强了政策环评的法律效力[2]。而后，2020 年中共中央办公厅、国务院办公厅发布的《关于构建现代环境治理体系的指导意见》则为我国开展政策环评提供了总体指导。同年，生态环境部在其所编制的《经济、技术政策生态环境影响分析技术指南（试行）》中提出有关经济、技术政策生态环境影响分析的技术要求和步骤，为我国政策环评的应用提供了技术指导。为稳步推进政策环评，生态环境部于 2022 年发布的《"十四五"环境影响评价与排污许可工作实施方案》中提出了有关政策环评的工作要点，涉及区域和行业发展、资源开发利用、产业结构调整和生产力布局，以及可能对生产和消费行为产生重大影响的经济、技术政策，不仅需要组织开展生态环境影响分析试点，还应当探索构建以绿色低碳为导向的指标体系和技术方法。由此可见，政策环评逐步在我国得到关注与重视，相关试点和立法工作也在稳步推进，但在实施过程中仍有需要进一步完善的地方。

1.2 我国政策环评存在的主要问题

一般而言，政策的制定过程包含政策问题界定、政策目标确立、政策方案设计、政策方案比选、政策方案确定以及政策方案执行[3]。其中，政策方案比选阶段最为关键，政策方案的比选主要从环境风险预警和制度保障两个方面入手，由此在试点过程中形成"预警+保障"的评价框架。虽然"预警+保障"的评价框架在政策环评试点中得到了具体运用，但也存在一定问题，尤其体现在钢铁、能源等行业的政策环评的试点过程中。

第一，在环境风险预警中未将环境、生态与资源要素进行分析评估。环境风险预警是指重点预测和分析拟议政策实施可能导致的中长期生态风险，以及因污染物排放突发环境事件等原因而造成的污染风险，以此为政策方案选择和优化提供预警。在钢铁行业转型的政策环评中[4]，主要对基于技术选择的环境风险不确定性和钢铁行业布局的环境风险进行研究，而在行业布局性的环境风险研究中只采用钢铁的经济发展现状的相关数据进行说明，对于经济与环境的协同性并没有进行具体阐述。同时在环境风险评估中也未形成一套科学合理的方法。

第二，制度保障评估并未体系化。制度保障评估主要对政策缺陷和制度缺陷两个方面进行分析，在钢铁行业转型政策试点中所提出的保障措施着重分析政策制定者与实施者之间存在激励是否相容、政策控制标准复杂程度、政策的传导机制以及政策实施是否过于依赖行政控制手段等问题。在分析有关能源转型保障制度体制机制中，分析人员所提出的障碍体现为煤炭行业管理体制与市场经济运行机制严重脱节、管理体系不健全、多头管理权责不匹配、法律法规及政策不健全以及没有专门的能源税收体系等问题。制度保障评估并未形成一个完整和系统的分析体系。

综上所述，可以发现试点中的政策环评实施机制主要是对政策本身进行梳理，环境风险评估更多是采用技术模型。为推动环境目标、生态保护指标融入政策环评进行分析，需要引入以"三线一单"为基础的生态环境分区管控制度，将其作为分析的切入点。

2 生态环境分区管控制度与政策环评的契合点

以"三线一单"为基础的生态环境分区管控制度能够成为政策环评应用的重要抓手在于"三线一单"制度与政策环评具有契合点，体现在二者目标一致、评价对象相关联、评价体系相对应。

2.1 "三线一单"制度与政策环评的目标一致

"三线一单"制度与政策环评具有相同的目标。我国政策环评的目标为促进环境公平和提升公众环保意识[5]，并把生态文明价值观和保障公众的基本环境权益作为重要抓手，发挥从源头预防环境问题的作用。同样地，"三线一单"制度要求强化生态环境源头防控，以生态功能不降低、环境质量不下降、资源环境承载能力不突破为底线。因此，

"三线一单"制度与政策环评制度具有内在价值的契合性。

2.2 　"三线一单"制度应用领域与政策环评的对象相关联

政策环评的对象具体包括国民经济和社会发展规划、跨省级行政区的发展战略和规划、涉及具有国家意义的生态环境保护和经济发展的区域政策以及具有经济、社会和环境综合影响的法律法规等[6]。而"三线一单"制度在政策制定、战略实施和规划编制中发挥着重要作用。例如,生态环境部在 2021 年发布的《关于实施"三线一单"生态环境分区管控的指导意见(试行)》中就明确指出需要加强生态环境分区管控制度在政策制定方面的作用,同时还要强化生态环境分区管控制度成果在国家重大发展战略中应用的实施跟踪。另外,生态环境分区管控制度在部分省(区、市)的"十四五"规划中也得到体现,各省(区、市)在其"十四五"规划中强调"三线一单"生态环境分区管控要求应当作为城市发展定位、规模体量、产业结构的基本依据。因此,"三线一单"制度能够通过对政策、战略和规划的指导,在源头上预防环境污染和在布局上降低环境风险。

2.3 　"三线一单"制度与政策环评分析体系相对应

政策环评的分析体系体现在生态环境部于 2020 年发布的《经济、技术政策生态环境影响分析技术指南(试行)》中,经济、技术政策生态环境影响分析技术流程主要包括政策分析、生态环境影响初步识别、生态环境影响分析、保障措施及制度分析以及结论与建议 5 个方面。生态环境影响初步识别和生态环境影响分析两个流程中均涉及生态环境分区管控制度,表现在环境质量、生态保护、资源消耗、应对气候变化 4 个方面。环境质量、生态保护、资源消耗、应对气候变化不仅可以作为识别政策可能存在的生态环境影响以及在判断是否存在重大不利生态环境影响的指标,还可以作为生态环境影响分析中分析政策对受影响区域的影响及其影响范围和程度的重要参考。此外,政策环评中的环境质量、生态保护、资源消耗指标还可以与"三线一单"制度中的"三线"相对应。

2.4 　"三线一单"制度为政策环评提供制度保障和技术支撑

当前以"三线一单"为基础的生态环境分区管控制度已经在全国 31 个省(区、市)以及新疆生产建设兵团中逐步落实,各省(区、市)不仅发布了"三线一单"的管控方案,相关立法中也融合了"三线一单"制度的要求。此外,各省(区、市)还积极搭建"三线一单"信息平台,推动形成全国"一张图、一套清单、一个平台"[7],有效提升了生态环境分区管控的信息化水平,也为环评监管方式的创新提供了全方位支撑。

由此可见，"三线一单"是目前政策环评最明确和最稳定的限制条件，政策环评工作的落实离不开"三线一单"制度，"三线一单"制度能够推动空间管控领域的政策环评的应用。

3 通过生态环境分区管控制度完善政策环评的对策建议

3.1 加快政策环评立法工作，明确生态环境分区管控制度在政策环评中的强制性效力

第一，建议加快推动将"三线一单"生态环境分区管控要求纳入国家环境影响评价相关法律法规制度修订中。一方面，应当加快政策环评的相关立法工作，将政策环评纳入《中华人民共和国环境保护法》《中华人民共和国环境影响评价法》中，明确政策环评在我国环评制度中的法律地位，完善"政策环评—规划环评—项目环评"的环境影响评价体系；另一方面，各省（区、市）在制、修订环境保护条例或环境影响评价法实施办法等地方法律法规时，要明确"三线一单"编制主体、应用要求等内容，为深入推动"三线一单"的编制和成果应用实施提供制度保障。[8]

第二，应及时更新政策环境影响评价的成果内容，将《重大行政决策程序管理暂行条例》的最新要求纳入《中华人民共和国环境保护法》中并注重内容上的协调性，以推进政策环评工作全面开展[9]。具体而言，就是应当明确生态环境保护等方面的重大公共政策和措施，对资源消耗、环境影响成本和效益进行分析预测。

第三，通过出台政策环评实施细则增强政策环评的可操作性，明确有关政策环境影响的实施要求、评价对象和工作程序。尽管生态环境部于 2020 年发布的《经济、技术政策生态环境影响分析技术指南（试行）》为政策环评工作提供了一定的框架指导，但是应当进一步细化其中的操作环节，特别是在生态环境影响初步识别、生态环境影响分析中应当细化分析要点，增强政策环评的可操作性。

第四，应当加强"三线一单"对各类规划编制和政策制定的支撑，深化政策环评的应用，应在国家层面出台相关法律规范性文件明确生态环境分区管控制度在空间领域的政策环评中的强制性效力。

3.2 明晰政策环评与"三线一单"的符合性分析要点

"三线一单"与政策环评之间的联动需要建立在《经济、技术政策生态环境影响分析技术指南（试行）》基础上，政策环评工作要以落实生态保护红线、环境质量底线、资源利用上线为重点，论证政策的环境合理性并提出优化调整建议。应当将"三线一单"作为政策分析的基本要求、环境目标和评价指标体系确立的原则、环境影响预测与评价

的基准、政策方案综合论证的依据以及政策的落实目标。因此，推动建立"三线一单"在政策环评中的应用，分析要点应当包括政策协调性分析、环境目标和评价指标体系构建、环境影响预测与评价、环境管控要求，以及政策方案综合论证。具体包括以下几点：①在政策协调性分析中，应当梳理具体的政策内容与"三线一单"管控要求的符合性，识别并明确存在冲突和矛盾的政策内容；②在环境目标和评价指标体系的构建中，有关生态功能保护、环境质量改善、资源开发利用等的具体目标及要求应当建立在生态功能不降低、环境质量不下降、资源环境承载能力不突破的基础上，以充分衔接 "三线一单"成果和政策协调性分析结果；③在环境影响预测与评价中，应分析政策实施后能否满足"三线一单"管控方案中设定的资源环境目标要求，针对存在冲突和矛盾的规划内容，应提出明确的、具有可操作性的优化调整建议；④在环境管控要求中，应基于区域"三线一单"生态环境分区管控要求和"三线一单"符合性分析成果，从空间布局约束、污染物排放管控、环境风险防控、资源利用效率等方面细化形成有关政策的生态环境分区管控要求；⑤在方案综合论证和优化调整建议方面，应当基于政策分析、环境影响预测与评价结论，对政策与"三线一单"管控要求冲突或不协调的部分提出方案的优化调整意见。

综上所述，建议出台"政策环评'三线一单'符合性分析技术要点"，在该要点中明确基本分析内容，从规划协调性分析、环境目标和评价指标体系构建、环境影响预测与评价、环境管控要求以及规划方案综合论证 5 个方面进行分析。因此，可强化"三线一单"在优布局、控规模、调结构、促转型中的作用和政策环评源头预防作用，优化完善政策方案，筑牢生态优先、绿色发展底线，维护和持续改善区域生态环境质量，保障区域生态安全格局。

3.3 推动构建"政策环评—'三线一单'—规划环评—项目环评"联动机制

政策环评作为较高层次的决策辅助工具，应该与下游规划环评、项目环评、"三线一单"制度等环境管理工具建立有效的联动机制。

要厘清环评体系的衔接逻辑，明晰"政策环评—'三线一单'—规划环评—项目环评"总体上是逐级落实的关系，保证各项要求的一致性和系统性。首先，应当发挥政策环评源头预防的作用，保证政府及其有关部门在拟定和编制对环境有影响的政策时作出协调经济发展和生态环境保护的决策，涉及空间管控领域的政策评价应当将"三线一单"成果充分落实，发挥"三线一单"的成果串联作用；其次，规划环评要以政策环评的要求为指导，并充分落实"三线一单"成果；最后，项目环评要重点参考政策环评、规划环评的审查意见，建设项目的选址、规模等应与政策环评、规划环评结论保持一致[10]。

此外，还可以通过政策环评、"三线一单"制度的应用简化规划环评、项目环评的程序。一方面，对于政策环评、"三线一单"中已涵盖法律、法规、政策、规划等相关要求的，规划环评可简化开展对应法律、法规、政策、规划等的符合性和协调性分析；另一方面，对于污染类建设项目所在产业园区或生态类建设项目上位规划已开展政策环评、规划环评并分析"三线一单"符合性的，可考虑对环评豁免、简化、降低审批层级等。由此来看，通过政策环评、"三线一单"制度简化环评编制内容、环评审批手续，可进一步提高政府管理效能。

4 结语

为推动政策环评的落实，完善环境影响评价体系，更好地发挥环评制度源头预防作用，需要将生态环境分区管控制度的成果应用于政策环评当中。通过加强生态环境分区管控制度在政策环评的强制性效力，明晰政策环评"三线一单"的符合性分析要点，理顺环评体系的衔接逻辑，以完善我国政策环评的构建，加强生态文明制度建设。

参考文献

[1] 李天威，耿海清. 我国政策环境评价模式与框架初探[J]. 环境影响评价，2016，38（5）：1-4.

[2] 耿海清. 关于在重大行政决策事项中纳入环境考量的建议[J]. 环境保护，2020，48（9）：42-45.

[3] 耿海清. 基于决策理论的我国政策环评基本程序探讨[J]. 理论导刊，2013（5）：18-20.

[4] 李天威. 政策环境评价理论方法与试点研究[M]. 北京：中国环境出版社，2017.

[5] 耿海清. 国内外政策环评现状及我国政策环评的推进建议[C]//2014 中国环境科学学会学术年会（第四章），2014：1243-1247.

[6] 耿海清，李天威，徐鹤. 我国开展政策环评的必要性及其基本框架研究[J]. 中国环境管理，2019，11（6）：23-27.

[7] 刘磊，韩力强，李继文，等. "十四五"环境影响评价与排污许可改革形势分析和展望[J]. 环境影响评价，2021，43（1）：1-6.

[8] 汪自书，谢丹，李洋阳，等. "十四五"时期我国环境影响评价体系优化探讨[J]. 环境影响评价，2021，43（1）：7-12.

[9] 耿海清，吴亚男，李南锟. "十四五"期间亟须推进政策环评工作[N]. 中国环境报，2021-05-14.

[10] 王亚男. "三线一单"对重构环境准入体系的意义及关键环节[J]. 中国环境管理，2020，12（1）：14-17.

政策环评效用发挥的难点分析

蒋良维[1]　王清扬[2]

（1. 重庆市工程师协会，重庆 400000；

2. 南开大学战略环境评价研究中心，天津 300350）

摘　要：推进政策环评是我国的紧迫任务，当务之急是明确开展政策环评的挑战。本文分析了目前我国政策环评工作范围、系统性规范和技术方法等关键问题，提出了政策环评体系的优化建议。开展政策环评需要从宏观层面增强与各类政策的衔接，同时加强技术方法和程序上的优化。

关键词：政策环评；环境影响评价；环境政策

Analysis of Difficulties in the Effectiveness of Policy Strategic Environmental Assessment in China

Abstract：Promoting the policy SEA is an urgent task in China，and the top priority is to clarify the challenges of that. This paper analyzes the key issues of policy SEA implementation，including the scope，systematic norms and technical methods. Further，suggestions for optimizing the policy SEA system are then proposed. Carrying out the policy SEA needs to strengthen the connection with various policies at the macro level，and reinforce the optimization of technical methods and procedures.

Keywords：Policy SEA；Environmental Impact Assessment；Environmental Policy

　　20 世纪 90 年代中期以来，党中央和国务院多次要求对有重大环境影响的决策开展环境影响论证。2014 年新修订的《中华人民共和国环境保护法》和 2019 年国务院颁布的《重大行政决策程序暂行条例》均表明我国需建立健全政策环评相关制度安排，并为政策环评开展提供法律依据。需要引起重视的是，我国环境影响评价相关法律法规及规范性文件中，还未出现"政策环评"一词。我国在政策制定过程中尚无规范的政策环评程序，政策环评概念仅停留在理论研究和实践探索阶段。

作者简介：蒋良维（1960—），男，环境科研监测专业高级工程师，重庆市工程师协会生态环境专业委员会副主任，从事环境科研、环境监测、环境管理工作。E-mail：3258804691@qq.com。

　　我国的环评体系根据环评对象可被划分为微观层面的建设项目环评、中观层面的区域开发建设环评及规划环评、宏观层面的政策环评及"三线一单"4 种主要类型。由于政策内涵和制定过程的复杂性,政策环评的效用发挥具有难度。在实际操作中,政策环评的分析方法和思路只能部分运用现有中观和微观环评的概念及技术。政策环评必须灵活结合其他综合性的分析方法和技术手段,才能及时有效地发挥其服务经济、促进可持续发展的效用。

1　开展政策环评的挑战

1.1　政策环评工作范围尚未明晰

　　我国现行的《中华人民共和国环境影响评价法》及相关条例中,评价对象尚未涉及国家战略、法规、政策等高层次决策[1]。重大行政决策的内涵通常极为丰富,涉及的领域极其广泛,是政府部门或其他社会利益集团,为最大限度地实现其追求的利益目标或意志目的,而制定出台的行为原则以及实现方式。一方面,在这些重大行政决策中,通常仅有部分甚至个别条款涉及生态环境,其分析识别工作需要极高的专业性和科学性;另一方面,高层次决策的启动、调研和文本草拟、论证以及审查审批往往是一个复杂且漫长的过程,政策环评工作如何跟上这个过程,是一个需要研究并加以规范的难点。

　　此外,除政府部门出台的经济技术等政策可以考虑开展政策环评以外,一些行业(特别是涉及新型污染物的原材料和产品生产销售的行业)及大型央企、地方国企以及生态环境敏感的上市公司,都需要对其拟出台的经济技术政策开展政策环评。

1.2　政策环评系统性规范尚未明确

　　政策与社会、区域发展规划以及行业发展规划,往往呈现出相互嵌套、相互递延、相互衔接的关系。除上下位同类规划或政策的衔接以外,还包括上位政策与下位规划、上位规划与下位政策方面的错位衔接问题。但在实践中,各类环评工作之间的系统性规范尚未明确,联动机制并不完善[2]。因此,各层次各阶段的政策环评如何做到相互衔接、相互协调就是一个十分重要且复杂的难点问题,需要加以系统性地引导或规范。

1.3　政策环评技术方法体系尚未完善

　　与微观和中观层次的环评相比,政策环评涉及的范围更大、对象更多、结果的不确定性更强,并且往往伴随政治属性。然而,目前我国对于政策环评的相关研究主要集中在概念、原则、程序等方面,缺乏成型的技术方法体系。2020 年生态环境部发布的《经济、技术政策生态环境影响分析技术指南(试行)》仅给出了有限的环境影响识别方法,并未包含预测方法[3]。因此，政策环评如何克服不确定性因素，充分考虑与区域环评或规划环评的异同与衔接，并避免矛盾和不必要的重复，也是一个十分关键的问题。

2 政策环评体系优化建议

2.1 制定各类政策环评指南

克服政策环评工作范围难以明确的关键在于，要根据各类政策的特点，把握分寸、因策施评。政策一般都具有很强的针对性、综合性和前瞻性，而不同政策或同一政策的不同规定，具有不同生态环境敏感度和对生态环境的不同影响方式。因而，应对政策或政策规定的复杂性，进行相对细化的政策或政策规定分类，提前对各级各类代表性政策从分析生态环境影响的角度加以研究，并提出相应的环评思路及方法，进而支持制定细化的政策环评导则或指南，能够更加有利于提高政策环评的有效性和规范性[4]。

2.2 优化政策环评时机与步骤

建立健全政策环评介入的时间节点与步骤，细化政策环评工作要点及技术指南，是增强政策环评工作有效性的重要内容。生态环境影响分析的根本目的在于明确各类行为的生态环境风险、对策措施并论证其可行性。如何在政策制定之初，对可能涉及生态环境风险的政策规定加以研究是政策的环境影响分析的首要步骤。另外，如何在政策制定实施的每个环节及时有效地开展政策环评工作，与政策过程充分融合，发挥其决策辅助功能，其方法制度有待研究建立。

2.3 增强与各类政策关联性

区别各类环评的特点并建立好其中的联系，是政策环评工作体现其合理性和及时发挥功效的关键。另外，在政策环评的实践中，应着重关注该政策与生态环境有关法规政策的一致性和协调性，避免经济技术政策与现行生态环境法律法规的冲突。在实践中，在规划环评或区域环评工作中提炼出适用于政策环评的技术方法，有助于为政策环评的工作提供科学参考。目前我国的环评体系的关联性构建尚处于起步阶段，因此生态环境管理部门应主动承担起评估规范的制定工作，发挥引导作用。

2.4 优化政策环评的成果表达及应用

政策环评工作的成果，最有效的表达方式是在政策本身的文本中加以体现。对于政策文本本身不能体现的有关内容，可以在政策环评报告的结论或反馈意见建议中体现，但应强化指向性和指导性，谨慎对待约束性。

从生态环境保护角度来看，不同区域的生态环境敏感度和管控手段不同，因此，需要因地制宜地采取经济技术发展限制措施。在政策的有关规定中或在政策环评的反馈意见建议中，可考虑明确一条，各地区不得引进或建设其生态环境容量或敏感度不能接受的经济技术项目。

3 结论

本文在分析指出了影响政策环评有效性的相关挑战的基础上，提出了政策环评工作的参考方法和思路。在实际操作中，政策环评必须灵活多样地结合定性、定量的综合分析方法和技术手段，并强化政策环评成果的指向性和指导性。

参考文献

[1] 李天威，耿海清. 我国政策环境评价模式与框架初探[J]. 环境影响评价，2016，38（5）：4.

[2] 汪自书，谢丹，李洋阳，等. "十四五"时期我国环境影响评价体系优化探讨[J]. 环境影响评价，2021，43（1）：7-12，16.

[3] 生态环境部. 经济、技术政策生态环境影响分析技术指南（试行）[EB/OL].（2020-11-10）. https://www.mee.gov.cn/xxgk2018/xxgk/xxgk06/202011/t20201110_807267.html.

[4] 耿海清. 关于在重大行政决策事项中纳入环境考量的建议[J]. 环境保护，2020，48（9）：4.

政策环境影响评价管理关键问题探讨

李　博[1]　耿海清[2]　王　彤[1]　李南锟[2]

（1. 陕西省环境调查评估中心，西安 710000；

2. 生态环境部环境工程评估中心，北京 100012）

摘　要： 我国正处于经济高质量发展时期，然而，一些经济和社会政策由于缺少必要的环境评估造成了不可逆的生态环境损害或经济下行。为保证社会、经济和环境的协调发展，应当审慎地制定相关政策，按照生态有效的要求对政策开展环境影响评价。经济发展和生态环境保护的冲突重在预防，而不是事后处理。从源头上缓解生态环境保护和经济发展的矛盾，必须坚持"政策评价优先"，完善政策环评法律体系，建立政策环评工作机制，合理筛选评价对象范围，从而推进生态文明建设。

关键词： 政策环境影响评价；经济发展；生态文明建设

Discussion on Key Issues in the Management of Policy Environmental Impact Assessment

Abstract： China is in a period of high-quality economic development，however，some economic and social policies due to the lack of necessary environmental assessments have caused irreversible ecological environmental damage or economic downturn. In order to ensure the coordinated development of society，economy and the environment，relevant policies should be carefully formulated and environmental impact assessments should be carried out in accordance with the requirements of ecological effectiveness. The conflict between economic development and ecological environmental protection focuses on prevention，rather than after-the-fact treatment. To alleviate the contradiction between ecological environmental protection and economic development from the source，we must adhere to the "Policy Strategic Environmental Assessment（Policy SEA）priority"，improve the legal

基金项目：陕西省重点研发计划（2021SF-498）。

作者简介：李博（1990—），男，工程师，大学本科，主要从业方向为政策环境影响评价、区域环评、规划环评、重金属污染防治。E-mail：472496397@qq.com。

system of Policy SEA，establish a Policy SEA work mechanism，and reasonably select the scope of evaluation objects，so as to promote the construction of ecological civilization.

Keywords：Policy Strategic Environmental Assessment；Economic Development；Construction of Ecological Civilization

1969 年起，美国、欧盟、日本、中国香港、加拿大等国家和地区逐步开展政策环评（Policy Strategic Environmental Assessment，Policy SEA），建立政策评估体系，对可能造成经济、社会和环境等重大影响的决策在正式出台前开展影响评估，重点对生态环境方面的影响进行评价[1-3]。近年来，我国对于在政策制定过程中开展环境影响评价有迫切需求，2014 年修订的《中华人民共和国环境保护法》①第十四条规定："国务院有关部门和省、自治区、直辖市人民政府组织制定经济、技术政策，应当充分考虑对环境的影响，听取有关方面和专家的意见"。2019 年国务院颁布了《重大行政决策程序暂行条例》②，以行政法规的形式规定"决策承办单位根据需要对决策事项涉及的人财物投入、资源消耗、环境影响等成本和经济、社会、环境效益进行分析预测"，并对决策制定程序、公众参与、专家论证等提出了很多具体要求。2019 年中国共产党第十九届四中全会提出："健全决策机制，加强重大决策的调查研究、科学论证、风险评估，强化决策执行、评估、监督。"总体来看，为防止政策偏差引发经济发展和生态环境保护之间的矛盾，促进可持续发展[4]，开展政策环评至关重要。

1 政策环评管理的必要性和可行性

开展政策环境评价是可行的且有着十分重要的意义。

首先，政策环评是从更宏观的决策层次贯彻环境管理的预防原则。从"源头"降低环境影响的同时确保经济稳定增长，通过环评程序分析预测出可能导致的环境影响，并将其中的不良生态环境影响及时反馈给拟定政策、指导性文件的起草部门和审批决定机关，有助于增强决策程序和决策方法的科学性。强化"第一道防线"作用，为后续的从行业发展管理到具体项目的落地实施提供优化、简化支撑，从而深化"放管服"改革，成为实施区域环评、规划环评、项目环评简化或豁免的具有实际可操作性的有效工具，从根本上提升环评效能服务高质量发展。

其次，政策环评注重累积效应[5]。区域、规划或项目环评往往是"一域一规"，在地理区位上以单个领域开展环境影响评价，忽视了环境影响的累积效应。各区域、规划

---

① 1989 年 12 月 26 日主席令第二十二号公布实施；2014 年 4 月 24 日第十二届全国人民代表大会常务委员会第八次会议修订，2015 年 1 月 1 日起施行。

② 2019 年 4 月 20 日国务院院令第 713 号发布，2019 年 9 月 1 日起施行。

或建设项目的环境影响评价结论可能对环境可接受，但当其累积起来、相互作用，通过环境因素之间的扩散和传导，就可能突破环境容量和资源承载能力。同时，政策环评在评价一项政策或指导性文件直接影响环境的同时必须兼顾其在未来可能导致的间接影响，所以可通过建立政策对生态环境影响的长期跟踪评价机制发现并及时采取措施予以有效应对。

最后，政策环评兼顾经济发展和生态文明建设。一方面，经济形势下行时期政策具有较强的鼓励性，主要是通过改善投资环境使政策稳定经济发展，导致政策本身具有"失真放大"效应，每一个环节都有可能对后续环节产生重大影响。在鼓励性政策的积极推动和经济利益的强烈吸引下，环境保护和经济发展的矛盾更加突出，存在很多政策因未考虑环境友好性引致重大生态环境不良影响的经验教训。另一方面，各地创建生态文明城市存在不计成本牺牲经济发展的现象，造成经济失衡，甚至间接导致人口负增长及人才流失等严重问题。

2　政策环评管理的关键问题

由于政策环评具有源头预防、考虑累积效应、兼顾经济发展和生态文明建设等作用，政策环评管理工作在法律体系完善、工作机制建立以及评价对象明确方面都有很大难度。

2.1　法律体系不完善

作为从行政决策源头预防或减缓环境污染与生态破坏的主要决策辅助制度[6]，政策环评制度是我国建设发展生态文明的重要手段，能够在行政决策链的前端考虑生态环境影响，以此优化政策设计，弥补末端治理的缺陷。生态文明建设被置于国家建设的突出地位，要将其融入我国经济、社会、政治和文化建设的各方面与全过程，要通过建立系统完善的制度体系、依靠严格的法律制度促进生态环境保护的战略任务与目标。这无疑对我国环境保护法治体系提出了新要求，但是目前作为环保法治体系中极为重要组成部分的政策环评制度，仅在 2014 年修订的《中华人民共和国环境保护法》第十四条中提及，且约束力较弱。

2.2　未建立工作机制

《中华人民共和国环境保护法》第十四条将责任主体限定为国务院有关部门与省级政府，政策环评的实施多局限在省部级政府制定的政策。国务院有关部门与省一级政府未建立充分容纳具有法定政策制定权的省政府的组成部门与设区市的人民政府及其组成部门、县级人民政府及其组成部门的工作机制。一方面，在我国现行制度领域，上述政府及其组成部门所制定政策的数量相比之下更为可观，远远超过了省部级政府制定的政策数量。同时这些政策由于更面向具体职能领域，更接近基层社会，在政策制定程序不规范的情况下，就更容易因为决策质量的问题从而对生态环境造成不良影响。另一方面，政策环评实施主体是政策制定政府或部门[7]，由于工作机制不完善，一些政策制定部门对政策环评的执行仅通过征求意见的形式，同时不同部门之间还存在协调配合不够等现象。

2.3　评价对象不明确

现行法律法规中要求考虑环境影响的客体对象为经济、技术政策，但是对于经济、技术政策涉及的领域范围只是一种概括性规定，并没有做出具体的解释或规定。同时政策的表现形式在解释上具有一定的不确定性[8]，既可能是行政法规、规章，指导性文件，也可能是行政规范性文件。模糊地将评价对象规定为政策，广义的概念导致在具体操作过程中将无法准确把握要对哪些文件考虑环境影响。

3　政策环评管理的关键问题探讨

基于政策环评管理的关键问题，结合 2014 年修订的《中华人民共和国环境保护法》的规定、国内外政策环境评价的理论和实践以及我国生态环境保护面临的形势，政策环评需要精益求精完善法律体系、自上而下建立工作机制，并合理筛选评价对象。

首先，要精益求精完善法律体系。环境影响评价制度是生态文明制度体系中重要的支柱，是"第一道防线"，而政策环评是我国环境影响评价体系的顶层。《中华人民共和国环境保护法》第十四条要求考虑环境影响，未明确地提出其在政策环境影响评价中的表述[9]，仅勾勒出我国政策环评制度的概貌，且支撑力度弱，执行手段软，对于"应当充分考虑对环境的影响，听取有关方面和专家的意见"的落实通常就以部门间征求意见一笔带过。因此，需要进一步探索并完善我国政策环评立法和制度建设[10]。根据美国、俄罗斯、日本、欧盟、加拿大等国家和地区的相关经验[11, 12]，政策环评确有在现行环境影响评价法中另立章节的必要，且该法宜另立"总则"章，除了就政策环评及区域环评、规划环评、建设项目环评的共通规定及相互间效力加以明文规定，还应把生态损害及公众健康影响评估纳入其中，通过强化法律来约束各级政府部门落实有关习近平生态文明思想。

其次，要自上而下建立工作机制。目前尚无成体系的工作机制。政策环评本身具有较强的复杂性，其工作过程应该是由政策制定的主导部门和生态环境主管部门以及可能委托的评价咨询单位间多次协调互动，而不是像一般的环评任务，经评价咨询单位编制报告后由生态环境主管部门组织进行评审进而审批的流程。部门之间的协调牵扯到工作职权的划分归属，如果没有相应的工作专班、领导小组或工作机制，那么在具体操作过程中，各级政府和相关部门极易造成敷衍了事、推诿扯皮等情况，十分不利于政策环评的推进。因此，需要拓宽政策环评参与各级政府综合行政决策的广度与深度，临时性的工作组无法长期支持本项工作的开展，所以应该自上而下建立工作机制，由各部委或省级政府牵头，建立各级政府和相关部门关于政策环评的长效工作机制，夯实政策制定部门的主体责任，扫清工作过程中的制度障碍，长期有效地将政策环评工作执行下去。

最后，要合理筛选政策环评对象。并不是任何政策都可能对生态环境产生影响作用，在我国长期以来的实践中政策存在的范围广泛、数量庞大，而环评程序本身需要投入人力、资金和时间，且目前没有法律法规来明确政策环评的对象，这些都决定了对所有拟订政策进行环境影响评价是无必要且不可行的。基于此，筛选出具有重大环境影响的政策进行环境影响评价就成为该制度运行的前提条件之一。因为目前没有专门的政策环评专家队伍，导致筛选评价对象和开展评价在技术环节都存在专业论证方面的缺失，所以需要建立专门的政策环评专家团队。通过由部、省级生态环境主管部门牵头，充分吸纳政策的制定者、政策的评价人员及具有相关专业知识的人员、政策执行人员等建立专家团队，在政策环评对象的筛选过程中，侧重考虑政策对生态环境的影响程度，从生态环境保护的角度筛选相应的行业政策或发展指导文件，同时在评价过程中综合政策对于经济发展和社会利益的作用来全面进行评价，以达到合理筛选政策环评对象和科学开展评价的目的。

4　结语

本文论证了政策环评开展的必要性和可行性，并从政策环评的立法、工作机制和评价对象 3 个角度，系统展开了对我国这一制度管理的具体建议。

通过完善法律体系、建立工作机制、筛选评价对象，可以完善政策环评立法和制度建设，平衡政策实施产生的环境影响和经济发展，实现生态文明建设。同时，还应注意政策环评与排污许可、区域环评、规划环评、环境监测等其他环保制度规则的协调互动，从而形成统一高效、便于实施的环评体系。

参考文献

[1] Therivel R，Wilson E，ThomsonS，et al. Strategic enviromental assessment[M]. London：Earthscar Publications，1992.

[2] Sadler B，Verheem R. Strategic environmental assessment：status，challenges and future directions[R]. World Bank，Washington，1996.

[3]　Partidario M. R. Elements of an SEA framework improving the added-value of SEA[J]. Environmental Impact Assessment Review，2000，20：647-663.

[4]　刘葭. 中国政策环境评价的现状与发展趋势[J]. 海峡科学，2009（8）：11-12，21.

[5]　刘经纬. 我国政策环境影响评价制度的证成与展开[D]. 泉州：华侨大学，2019.

[6]　朱源. 开展政策环境评价的若干思考[J]. 团结，2014（6）：35-39.

[7]　常仲农. 三个方面推进政策环评[J]. 团结，2014（6）：48-49.

[8]　向小林. 论我国政策环评的制度构建[D]. 武汉：华中科技大学，2015.

[9]　庄汉. 我国政策环评制度的构建——以新《环境保护法》第14条为中心[J]. 中国地质大学学报（社会科学版），2015，15（6）：46-52. DOI：10. 16493/j. cnki. 42-1627/c. 2015. 86. 006.

[10]　别涛. 新《环保法》政策环评法律规定解析[J]. 环境影响评价，2014（5）：4-5. DOI：10. 14068/j. ceia. 2014. 05. 019.

[11]　焦盛荣，郭武. 我国环境影响评价制度之"评价"与完善[J]. 甘肃政法学院学报，2010（6）：102-108.

[12]　朱源. 政策环境评价的国际经验与借鉴[J]. 生态经济，2015，31（4）：125-128，180.

欧盟政策评估的实践经验及对中国政策环评的借鉴

谢　丹　尤恺杰　汪自书　刘　毅

（清华大学环境学院，清华大学战略环境评价研究中心，北京 100084）

摘　要：欧盟政策评估的理论和实践较为成熟，对我国开展政策环评具有重要的借鉴意义。本文梳理了欧盟政策评估的发展历程和总体要求，以欧盟战略环评指令评估为典型案例，详细阐释了欧盟政策评估的技术框架和实施过程。借鉴欧盟经验，我国应在政策环评模式、技术框架、数据方法等方面加强探索，强化法律制度支撑，以进一步推进我国政策环评的发展。

关键词：欧盟；政策评估；技术框架；政策环评

The Practical Experiences of Strategic Environmental Assessment in the European Union and its References to China

Abstract：The European Union has developed mature theory and practice of policy evaluation，which would have valuable reference for China's policy environmental impact assessment. This paper reviews the development process and overall requirements of EU policy evaluation. A case study of EU SEA directive evaluation has been conducted to explain the technical framework and implementation of EU policy evaluation in detail. According to the experiences of EU，more efforts are needed in developing systematic technical framework，toolbox and database，and strengthening the legal foundation of China's policy environmental impact assessment.

Keywords：European Union；Policy Evaluation；Technical Framework；Policy Environmental Impact Assessment

开展政策环评，从决策源头考虑重大生态环境影响，是健全源头预防体系、提升生态环境治理能力的重要手段之一，对推进生态文明建设、促进经济社会高质量发展和生态环境高水平保护具有重大意义。2014 年修订的《中华人民共和国环境保护法》第十四条规定："国务院有关部门和省、自治区、直辖市人民政府组织制定经济、技术政策，

作者简介：谢丹（1987—），女，工程师，硕士，主要研究方向：环境评价。E-mail：xied2021@mail.tsinghua.edu.cn。

应当充分考虑对环境的影响，听取有关方面和专家的意见"，为政策环评打开了窗口[1]。2020 年，生态环境部发布《经济、技术政策生态环境影响分析技术指南（试行）》，为经济、技术政策的制定者在分析政策的生态环境影响方面提供了参考。近年来，我国在政策环评实践领域开展了一系列积极的探索，为政策环评的开展积累了经验，为管理实践提供了建议，但总体上既不成体系，也难以直接对接管理需求[2]，政策环评的机制、模式和技术框架等仍需进一步完善。欧盟政策评估工作已建立了较为完善的制度体系并积累了丰富的实践经验，对我国开展政策环评具有重要的借鉴意义。

1 欧盟政策评估发展历程

从 20 世纪 80 年代开始，为回应社会对严格预算和政策执行有效性的关注，欧盟委员会各部门开始开展政策评估。以环境部门为例，欧盟委员会于 1999 年开展环境政策评估研究（Reporting on Environmental Measures）项目，并于 2001 年出台了《环境政策是有效率的吗？》（*Reporting on Environmental Measures：Are We Being Effective？*），为之后欧盟环境政策评估提供了方法学指导[3]。

随着欧盟各部门政策评估活动的推进，评估者需要一套规范化的评估机制来对评估活动提供指导。为此，欧盟委员会相继通过了《聚焦结果：加强欧盟委员会工作的评估》（2000 年）、《评估标准和良好实践》（2002 年）、《评估欧盟的活动—实用手册》（2004年）、《响应战略需求：加强评估使用》（2007 年）等文件，强调政策制定过程与评估相结合，促进了评估活动的制度化，为欧盟各部门开展政策评估提供支撑[4]。

从 2007 年开始，欧盟委员会开始强调基于证据的政策监管[5]。2010 年，欧盟委员会提出了《欧盟的智能监管》（*Smart Regulation in the European Union*），将评估和循证决策的概念联系起来[6]。其中，在政策评估方面，该文件第一次提出了"适应性检查"的概念。适应性检查指对彼此有某种关系（通常是一组共同的目标）的一组政策的评估，这种评估方式更注重识别和尝试量化政策内部是否存在协同效应（如提高性能、简化、降低成本、减轻负担）或低效率 [如过多的负担、重叠、差距、不一致、实施问题和（或）过时的措施]，有助于确定政策的累积影响，包括成本和收益。

2016 年，欧洲议会、欧盟理事会和欧盟委员会共同签署发布了《欧洲议会、理事会和委员会关于更好的立法的机构间协定》（*Interinstitutional Agreement between the European Parliament，the Council of the European Union and the European Commission on Better Law-Making*）[7]，取代了 2003 年和 2005 年要求开展影响评估的协议。2017 年，欧盟委员会通过了《更好的监管指南》（*Better Regulation Guidelines*）[8]，提出了涵盖欧盟政策全生命周期的政策监管框架，取代了之前一系列单独处理政策影响评价、评估、实施的独立指南，并加入了关于政策规划和利益相关方咨询的新指南，进一步规范了政策监管的内容与技术方法。根据这一指南，欧盟制定了监管适应性和绩效计划（Commission's Regulatory Fitness and Performance programme），要求对欧盟政策定期展开评估，确保政策以最低成本达到其目的。《更好的监管指南》要求政策制定者在规划、采纳、实施、应用的全政策周期，都不断收集和分析政策执行情况的信息，并明确了规划、影响评价、实施、监测、评估和利益相关方协商等工作的原则、目标、监管者所需要的工具和程序、需要监管者回答的关键问题和最终报告形式等。

2019 年欧盟对《更好的监管指南》实施情况进行评估，识别了其中尚待改进的方面，于 2021 年更新了《更好的监管指南》[9]及《更好的监管工具箱》（*Better regulation toolbox*）[10]文件。与 2017 年发布的版本相比，2021 年发布的《更好的监管指南》进行了内容的简化，重新强调了整体管理的核心原则和要求并调整了相关内容的顺序，重点介绍了利益相关方协商、政策评估、影响评价等工作的要求，进一步强调了政策评估的重要性。

2　欧盟政策评估总体要求

根据《更好的监管指南》，政策评估的目标是通过证据来判断欧盟发布的政策是否实现了预期的功能。通过政策评估，欧盟委员会能够批判性地判断政策法规或财务支出项目是否符合其目标以及是否以最低成本达到其目的。同时，政策评估为政策与利益相关方和公众的互动提供了重要途径。《更好的监管指南》中明确了政策评估（包括适应性评估）的总体要求、关键原则和问题、评估报告要求，其中涉及的评估要点在《更好的监管工具箱》及相关文件中可找到具体分析工具或方法，以支持评估者按步骤开展相关工作。

欧盟政策评估要求遵循以下关键原则。

（1）综合性：应至少包括有效性（effectiveness）、效率（efficiency）、相关性（relevance）、协同性（coherence）与欧盟附加价值（EU added value）5 项指标，也可根据需要增加其他指标。

（2）恰当性：评估范围应根据当前的评估的政策、实施情况和可获取的数据综合确定。

（3）独立性和客观性：评估应综合考虑所有相关信息，不受第三方和明显有立场倾向的研究影响。

（4）采用基于证据的评估路径：评估过程应基于来源多样的最可收集的证据开展，评估中应考虑数据资料等证据获取的时间和来源，评估其是否受偏见或不确定性影响；根据评估需要，可对相关数据资料开展灵敏性分析、情景分析以识别其可靠性。对于证据和方法存在的不足应在评估中进行明确说明。

（5）判断透明：在政策评估之初就应清晰定义有针对性的判断指标，最终基于可得数据和所做分析得出判断结论。

综合性原则中提到的 5 项评估指标对于政策评估很关键，本文结合相关要求梳理其内涵如下：①有效性指标用于评估某项干预、法律规定、行为或一系列行为实现其设定目标的程度；②效率指标用于评估该政策使用的资源与政策产生的变化之间的关系，旨在确定制定和实施该政策的好处和成本相比是否合理；③相关性指标用于评估政策的原始目标是否继续符合当前和未来的需求，它关注政策的目标是否仍然必要和适当，以及政策规定的目标和要求在新形势下是否仍然有效；④协同性指标用于评估立法、政策和战略等是否合乎逻辑，彼此以及与其他立法和相关政策之间是否一致，识别可能存在的重大矛盾或冲突；⑤欧盟附加价值指标用于评估政策实施后，相对于单独在区域和（或）国家层面采取的行动所带来的附加好处和变化。

基于上述原则，《更好的监管指南》提出了政策评估需回答的 6 个问题：

①政策评估的预期成果是什么？

②在评估周期内，政策实施的外部条件发生了怎样的变化？

③与预期目标相比，政策实施在多大程度上取得成功并分析原因（对应有效性、效率和协同性等指标分析）。

④政策实施与否对于个体和商业发展等存在怎样的不同（对应欧盟附加价值指标分析）？

⑤在当前情况下，政策是否仍能满足需求（对应相关性分析）？

⑥政策评估的结论以及吸取的经验教训是什么？

《更好的监管指南》要求评估者在评估报告中回答上述 6 个问题并提供评估报告的模板。评估报告应综合展示评估结果，符合简洁明了、非技术性报告、能自洽等要求，以供政策制定者和利益相关方参考。政策评估的研究和结论应用于支撑政策后续的相关决策行为，如影响评价、政策修订或跟踪监测等。

3 政策评估典型案例分析

本文选取 2017 年 12 月至 2019 年 4 月开展的对欧盟战略环评指令（Directive 2001/42/EC on the assessment of the effects of certain public plans and programmes on the environment）的评估作为典型案例。欧盟战略环评指令于 2004 年 7 月 21 日生效，其目标为促使公共当局将环境因素纳入计划和方案的准备工作中，来实现环境的高水平保护和促进可持续发展。战略环评指令分别在 2009 年与 2016 年进行了第一次和第二次评估[11,12]。2017 年 12 月，作为欧盟委员会监管适用性检查和绩效计划的一部分，欧盟环境总司委托相关公司开展新一轮的战略环评指令评估，对其实施情况和有效性进行调研，以确保该指令仍符合其发布时的目标。依据欧盟公布的政策评估文件和研究报告[13]，本文梳理了该项政策评估的总体框架，重点介绍了该政策评估中评估问题分解、收集数据和评估的技术流程，以及评估成果总结的情况。

3.1　欧盟战略环评指令评估的总体框架

欧盟战略环评指令评估梳理了战略环评指令政策干预逻辑（intervention logic），并在此基础上提出了评估的总体框架（图1）。该评估需要收集的信息包括：①利益相关方对各项问题的回应和意见；②成员国在执行战略环评方面的具体实践和遇到的问题；③成员国相关法律和政策的文书内容、指导文件与指南；④相关的学术论文与研究。该政策评估分析数据的主要方式包括：①利益相关方对各项问题回应的总结；②文献综述；③各项证据的综合分析；④内容分析、框架矩阵与图表分析。

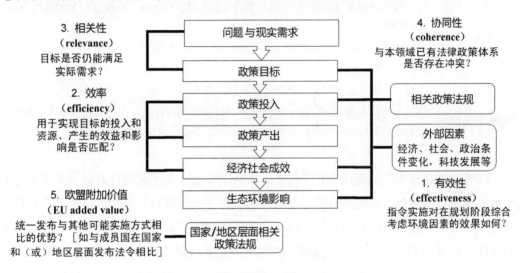

图1　欧盟战略环评指令评估的总体框架

3.2　欧盟战略环评指令评估的技术流程

以2016年指令应用与有效性评估的评估框架为基础，该评估基于《更好的监管指南》建议的5项政策评估指标提出了11项评估问题（表1），在工作中有针对性地收集证据来回答这些问题。针对每一个评估问题，评估者提出了一套对应的评估框架，包括一系列子问题、评估标准、指标、需要收集的信息、数据收集与分析方法，为评估中分析该问题提供支持，以形成结论。证据的来源主要包括文献调研、对关键利益相关方的针对性咨询问卷、与11个欧盟成员国中选定的利益相关方进行面谈和为期12周的在线公众咨询。

表 1　欧盟战略环评指令评估指标与问题

评估指标	评估问题
有效性	①战略环评指令在多大程度上有助于确保高水平的环境保护
	②战略环评指令在多大程度上影响了成员国的规划过程、计划/项目的最终内容以及项目开发
	③哪些因素（如差距、重叠、不一致）影响了有效性
效率	④考虑到已产生的变化/实现的效果，所涉及的成本在多大程度上是成比例的
	⑤哪些因素影响了已观察到成就的实现效率
	⑥与战略环评指令相关的任何不必要的监管负担或复杂性的原因是什么
相关性	⑦该指令在多大程度上仍然适用于促进高水平的环境保护和可持续发展
协同性	⑧干预在多大程度上与欧盟环境法律和政策的其他部分相一致，特别是那些为环境评估程序设定规定的部分，如环评指令（指令 2011/92/EU，经修订）、栖息地指令（指令 92/43/EC）等
	⑨欧盟的部门政策，如凝聚力、交通、气候变化和能源政策在多大程度上与战略环评指令一致
	⑩政策干预在多大程度上符合欧盟的国际义务
欧盟附加价值	⑪与成员国在国家和（或）地区层面可以实现的目标相比，战略环评指令的附加价值是什么？指令所解决的问题在多大程度上需要欧盟层面继续采取行动

以有效性指标中的问题①为例（表2），评估中提出 3 个子问题并对每一个子问题的分析要求进行了明确。上述所有的信息最终都汇编在一个评估矩阵中。该矩阵在评估启动阶段建立，并在评估过程中进行了修订。该矩阵确保了研究者能根据明确定义的标准和指标，以系统的方式回答评估问题，并得到确定的证据支持。

表 2　欧盟战略环评指令评估框架（以评估问题①为例）

要素	内容
评估问题	战略环评指令在多大程度上有助于确保高水平的环境保护
评估子问题	战略环评是否有助于高水平的环境保护，如果有，在多大程度上可以归功于战略环评指令
	战略环评在针对不同环境问题的高水平保护方面是否同样有效（如战略环评指令附件Ⅰ中所列）
	哪些因素促成或阻碍了战略环评的进展，有助于确保高水平的环境保护
判断标准	战略环评对实现整个欧盟环境成果的贡献程度
	战略环评在何种程度上对不同环境问题的高水平保护做出了贡献
	是否有任何障碍或其他负面因素可能支持或阻止战略环评对整个欧盟的环境成果做出贡献

要素	内容
指标	利益相关者和专家的回应，说明战略环评是否已经在多大程度上有助于实现环境成果
	利益相关者和专家的回应，表明战略环评对各种环境问题的贡献程度
	文献中包含的有关战略环评对实现高水平环境保护的贡献的信息
	利益相关者和专家的回应，确定了阻碍/支持战略环评实现高水平环境保护的因素及其程度
需要收集的信息	成员国专家回应的范围（如主要、中度、次要程度）和数量
	来自所有利益相关者和文献的总体印象和具体例子
	不同成员国如何执行战略环评的信息
数据收集与分析方法	咨询活动，如问卷（公开的和有针对性的）和访谈
	文献综述
	内容分析、框架矩阵、图表

在与环境总司和跨部门小组就评估问题的范围和理解进行讨论后，评估者开始进行初始案头研究和制作咨询问卷来收集信息。2018 年 4—10 月，评估者对公开文件进行案头研究并与欧盟范围内的广泛利益相关方进行访谈，收集了需要的信息。案头研究借鉴并补充了 2016 年的战略环评研究进行的文献审查[12]，而咨询活动不仅收集了回答评估问题所需的证据，也为所有利益相关方提供足够的机会来提供意见，遵守《更好的监管指南》。最后，评估者与来自所有欧盟成员国的主要利益相关方举行了一次研讨会，以检验评估结果的合理性。

3.3　欧盟战略环评指令评估成果总结

该评估按照总体框架确定的 5 项指标总结评价结论，同时指出观察到的趋势和存在的问题。以有效性指标为例，该评估认为战略环评指令有助于高水平的环境保护，该指令在解决环境问题（如生物多样性、水、动物、植物和景观以及文化遗产）方面最有效，但对物质资产、人口、人类健康以及解决全球和新出现的环境问题（如气候变化、生态系统）效果较差。评估者也注意到，战略环评过程的不同因素和方面会影响指令的有效性，这是因为战略环评指令的有效性在很大程度上取决于政府和计划制定者在战略环评过程中的政治意愿、经验、有意义的参与以及做出改变的意愿。目前，一些证据表明，与时间相关的因素（如仅在计划或项目的制定过程后期才启动战略环评）、对替代方案的考虑不足、缺乏在特定部门（如交通、旅游）进行战略环评的指导、环境监测不力等因素阻碍了战略环评指令的有效性。最后，该评估认为战略环评指令的有效性取决于如何将其转化为国家法律，并在每个成员国的实践中进一步实施。

欧盟战略环评指令评估总结报告主要包括以下 6 个部分：①评估概述，介绍评估的目标和范围；②评估背景及总体框架，介绍了政策实施评估的总体框架、政策描述和评估基准；③政策执行情况，包括对各成员国相关法律法规梳理、战略环评指令各环节要求的实施情况；④评估方法，特别明确了挑战和局限性；⑤评估问题分析及结果；⑥评估结论。评估总结报告还包括了评估过程信息、公众咨询总结、评估问题分解采用的方法等 3 个附件。

4 推进我国政策环评的思考

分析总结欧盟开展政策评估工作的经验，对推进我国开展政策环评工作提出以下几点建议。

（1）探索建立我国政策环评模式和理论框架。欧盟建立了对应规划、采纳、实施、应用等全政策周期的评估体系，对完善相关决策发挥了重要作用。开展政策环评的时机和实施机制是影响政策环评与决策有效融合的关键。我国政策环评工作的开展方式尚未明确，建议以完善决策机制为目标，积极开展试点工作，分层级、分政策类型全面梳理政策环评与政策制定和实施的关系，分类提出政策环评的基本模式和理论框架，明确介入时机和关注重点，规范工作程序和流程。

（2）推进政策环评过程科学化。自 2007 年开始，欧盟委员会开始强调基于证据的政策监管，《更好的监管指南》中强调了评估要遵循综合、独立、客观、判断透明等原则，要采用基于证据的评估路径，明确了评估问题、数据资料收集分析、成果总结反馈等要求。我国政策环评应从目标、原则、标准和要求等方面着手，进一步完善技术框架，规范评估过程及成果要求。在政策环评实质性工作开始前，应确定评价目标、范围和深度，将工作聚焦到重大问题和利益相关方关注的方向上，确保政策环评出口对决策者有用；在工作推进过程中，以现实需求为出发点，从政策目标、政策投入和政策措施入手，综合分析政策实施对环境、经济、社会的影响，完善数据资料收集分析过程，注重评价流程的透明度与科学性；最后，对应可能的结果应用方式，进一步明确政策环评结论报告的规范化要求，作为持续决策过程的一部分，促使决策制定和实施更可持续。

（3）加强技术方法工具库和基础数据库建设。考虑政策本身的复杂性、不确定性、模糊性，政策环评很难建立统一或特定的评价技术和方法，应视不同案例，考虑在评价过程中各环节采取适当的技术方法。配合指南要求，欧盟发布了《更好的监管工具箱》，详尽地梳理了政策评估过程中可能用到的方法及应用步骤。我国应在整理国内外环境影响评价及政策评估等领域技术方法的基础上，加强对成本效益分析、累积性影响评估等关键技术方法的研究，逐步探索建立政策环评技术方法工具库。同时，政策环评需要详细的数据和信息支持，应着手推进政策环评基础数据库建设，加强对政策环评的数据支撑。

（4）强化法律制度支撑。欧盟以法律为基础，以逐步完善更新的规范指南为支撑推进政策评估。建议加快推动将政策环评纳入我国环境影响评价相关法律法规制度修订中，在《中华人民共和国环境保护法》和《重大行政决策程序暂行条例》的基础上，进一步明确政策环评的管理要求。同时，应结合实际应用情况，建立符合国情的技术规范和管理规范体系，适时对《经济、技术政策生态环境影响分析技术指南（试行）》进行更新，促进政策环评法治化、规范化，推动生态环境因素切实纳入政策的制定、实施及优化中。

参考文献

[1]　汪自书，谢丹，李洋阳，等．"十四五"时期我国环境影响评价体系优化探讨[J]．环境影响评价，2021，43（1）：7-12，16．

[2]　朱源．政策环境评价的国际经验与借鉴[J]．生态经济，2015，31（4）：125-128，180．

[3]　EEA. Reporting on environmental measures：Are we being effective？[R/OL]．（2001-10-29）[2022-06-23]. https://www.eea.europa.eu/publications/rem.

[4]　王军锋，姜银苹，董战峰，等．欧盟环境政策评估体系及管理机制研究——推进我国环境政策评估工作的思考[J]．未来与发展，2014，38（10）：27-31，21．

[5]　HøJLUND S. Evaluation in the European Commission：For Accountability or Learning？[J]. European Journal of Risk Regulation，2015，6（1）：35-46．

[6]　European Commission. Communication from the commission to the European Parliament，the Council，the European Economic and Social Committee and the Committee of the regions：Smart Regulation in the European Union[R/OL]．（2010-10-08）[2022-06-23]. https://eur-lex.europa.eu/LexUriServ/LexUriServ.do？uri=COM:2010:0543:FIN:EN:PDF.

[7]　The European Parliament，the Council of the European Union，the European Commission. Interinstitutional agreement between the European Parliament，the Council of the European Union and the European Commission on Better Law-Making[R/OL]．（2016-05-12）[2022-06-23]. http://eur-lex.europa.eu/legal-content/EN/TXT/？uri=OJ:L:2016:123:TOC.

[8]　European Commission. Commission Staff working document，Better Regulation Guidelines[R/OL]．（2017-07-07）[2022-06-23]. https://www.emcdda.europa.eu/system/files/attachments/7906/better- regulation-guidelines.pdf.

[9]　European Commission. Commission Staff working document，Better Regulation Guidelines[R/OL].

（2021-11-03）[2022-06-23]. https://ec.europa.eu/info/sites/default/files/swd2021_305_en.pdf.

[10] European Commission. Better Regulation Toolbox[R/OL]. （2021-11-25） [2022-06-23]. https://ec. europa.eu/info/sites/default/files/br_toolbox-nov_2021_en_0.pdf.

[11] European Commission，Directorate-General for Environment. Study concerning the report on the application and effectiveness of the SEA Directive（2001/42/EC）[R/OL].（2009-04-21）[2022-06-23]. https：//ec.europa.eu/environment/eia/pdf/study0309.pdf.

[12] Collingwood Environmental Planning，Milieu，Directorate-General for Environment. Study Concerning the preparation of the report on the application and effectiveness of the SEA Directive（2001/42/EC）: final report[R/OL].（2016-07-27）[2022-06-23]. https://op.europa.eu/en/publication-detail/-/ publication/ ab9839c5-65be-42e2-a4a6-d8a27bb5dd97.

[13] Collingwood Environmental Planning，Milieu，Directorate-General for Environment. Study to support the REFIT evaluation of Directive 2001/42/EC on the assessment of the effects of certain plans and programmes on the environment（SEA Directive）: final study[R/OL].（2019-07-05）[2022-06-23]. https://ec.europa.eu/environment/eia/pdf/REFIT%20Study.pdf.

基于多源流框架的美国环境政策分析
及其对战略环评的潜在影响

王清扬[1] 李 君[2] 马浩楠[1] 吴 婧[1]

（1. 南开大学战略环境评价研究中心，天津 300350；

2. 中国电建集团北方区域总部，北京 102627）

摘 要：本文采用多源流框架，针对美国近年来环境和气候政策变动的重大事件分析其政策倾向和政治动因，指出了政治风向如何影响问题、政策、政治 3 种源流进而影响"政策之窗"最终开启的机制。研究认为，通过《国家环境政策法》的修订放松环境管制、废除《清洁电力计划》以及退出《巴黎协定》等决策核心在于美国政府经济优先的政治倾向，但无疑会给全球环境效益与环境治理带来损害，并对战略环评造成潜在影响。

关键词：环境政策；多源流框架；政策分析

Analysis of American Environmental Policy Based on
Multiple Streams Framework

Abstract：Using the Multiple Stream Framework，this paper analyzes policy trends and political motives in view of the major events of environmental and climate policy changes in the US in recent years，and points out how political trends affect the three sources of problems，policy，and politics，and thus affect the opening mechanism of the "policy window". The study believes that the core of decision-making such as the revision of the NEPA Act，the repeal of the Clean Power Plan and the withdrawal from the Paris Agreement lies in the U.S. government's political preference for economic priority，but it will undoubtedly cause damage to global environmental benefits and environmental governance，and have a potential impact on the strategic EIA.

Keywords：Environmental Policy；Multiple Streams Framework；Policy Analysis

作者简介：王清扬（1995—），女，博士研究生，主要研究方向为环境影响评价。E-mail：wangqynku@163.com。

美国是现代环境保护运动的发源地，长期以来，依凭其较强的国际影响力，美国环境领域的诸多决策影响着许多国际性的气候政策、能源政策和国际公约进程的推进。20 世纪 70 年代被称为美国环境保护的黄金时代，美国通过立法奠定了现代环境管理的体制和机制。然而，80 年代以来，美国环境政策进展逐渐放缓，2017 年美国先后修订了《国家环境政策法》、废除了《清洁电力计划》并退出了《巴黎协定》，从全球环境治理的领导者转变为"逆全球化"的推进者，其重大环境和气候政策变化事件影响了全球环境治理效能。

战略环评作为环境政策的最高层次，广义上是指评价法规、规划、计划、政策等政府宏观决策实施后对环境可能造成的影响。其在优化产业布局、促进结构调整、保护生态环境等方面发挥了重要的源头预防作用。战略环评的立法同样也是一个不同利益群体博弈的相互妥协、正式与非正式制度交织运作的过程，因此，美国环境政策的变化必然对战略环评构成影响。

本研究采用多源流框架，通过阐释政治风向推动问题、政策、政治 3 种源流合并开启"政策之窗"的机制，对 2017 年以来美国环境和气候政策的变动，分析其政策倾向和政治动因，并进一步探讨美国国家环境政策的变化对战略环评的影响。

1　美国环境与气候政策变革典型事件

1.1　修订《国家环境政策法》

美国的《国家环境政策法》（*National Environmental Policy Act*，NEPA）由时任美国总统尼克松于 1969 年签署，并于 1970 年 1 月生效。该法在全球范围内首次确立了环境影响评价制度，在环境立法领域具有奠基性作用。

NEPA 实施以来进行了多次修订，大致可以分为三个阶段：第一阶段（1970—1973年）为 NEPA 法案的初创和完善阶段，在实践层面的诸多细则得到了充实和细化；第二阶段（1978—2005 年）中，环境质量委员会（Commission on Environmental Quality，CEQ）出台了《国家环境政策法实施条例》，经过 4 次局部修订，法案逐渐完善；第三阶段（2005—2020 年），特朗普在执政期间对 NEPA 法案进行了全面的修订，其修订的主要内容如表 1 所示[1]。

从表 1 可以看出，此次 NEPA 的诸多修改旨在提高效率、促进经济效益，而忽略了对环境效益的考量。新法通过简化冗长烦琐的流程，为后续推进大型基础设施的建设铺路。但削弱对一些行业的监管将无疑对环境造成负面影响，并且削弱了相关方对于负面环境影响控诉的发言权。

表 1　NEPA 法案最新修订的主要内容

修订的主要内容	预计产生的影响
目的与政策	
关于 NEPA 的合规性，增加了司法审查的相关内容	减少 NEPA 产生的诉讼成本
在减少文书工作与减少延迟的问题上，对有关实施要求进行了修改	减少冗长的环评流程，提高经济效益
NEPA 和机构规划	
修改了部分关键程序，使 NEPA 更早参与决策程序，并使环评程序更符合决策部门的决策程序	提高环评及时性，促进经济效益
在不同机构的关系协调方面提出了新的规定，要求合作机构在最大可行范围内与牵头机构共同发布环境文件，并允许就拒绝合作的机构向 CEQ 上诉	改善机构之间的协调，降低行政成本，促进经济和环境效益
环境影响声明	
对较为死板的文书性约束条件进行了适度灵活化，对烦琐的格式适度放松了要求	减少冗余流程与行政成本，提高经济效益
对环境影响报告书的咨询	
鼓励机构使用当前的电子通信方法来发布重要的环境信息并让感兴趣的人参与进来	加强公众参与，促进环境效益
鼓励评论者及早提供信息	
NEPA 的其他要求	
促进更有效和及时的环境审查，包括参与机构、机构行动的时间安排、范围和机构 NEPA 程序等	减少冗余流程，提高效率

1.2　废除《清洁电力计划》

《清洁电力计划》（*The Clean Power Plan*，CPP）由美国国家环境保护局（Environmental Protection Agency，EPA）于 2014 年 6 月提出，2015 年 8 月由时任美国总统奥巴马批准，是奥巴马总统任期中最重要的气候治理遗产。CPP 对美国发电站碳排放提出了明确的限制，旨在对抗人为造成的气候变化。EPA 预测，2030 年 CPP 的执行将使得全国范围内电力行业的碳排放相比于 2005 年减少 32%。同时经济学家也指出，到 2030 年 CPP 可以为国家节约 200 亿美元的气候成本以及产生 140 亿～340 亿美元的环境健康效益。

2017 年以来，美国政府对 CPP 采取了叫停与否定的态度，认为 CPP 是牺牲了美国自身的经济效益为世界气候环境买单的计划。清洁能源不仅成本高、回报周期长，其发展也会大幅减少传统化石能源的市场份额，对就业和经济带来较大冲击。而政治短视行为为特朗普政府带来的红利在短期内已经显露出来，在美国政府宣布废除 CPP 后，美国迎来了其 20 年来经济增长势头最为喜人的一年。然而，废除 CPP 的双边孤行主义的行为极大地影响了国际社会使用清洁能源的动力和信心[2]。

1.3　退出《巴黎协定》

《巴黎协定》是一项环境意义重大的公约，由美国政府于 2016 年牵头在纽约签署。但美国认为《巴黎协定》使得美国承担了过多的环境责任且牺牲了过多的经济代价。对于美国政府来说，减排承诺和资金援助作为履行《巴黎协定》的两大重担，无一不给国内社会带来巨大的成本[3]。

然而，退出《巴黎协定》意味着美国以牺牲全球气候治理秩序的代价达到"美国优先"的目的。美国退出《巴黎协定》直接影响了全球应对气候变化的资金问题，造成了发展中国家现金流和低碳技术支持的缺口，并间接影响了各国应对气候变化的国际政治意愿。因此，美国政府宣布退出《巴黎协定》是全球气候治理的重大事件[4]。

2　基于多源流框架的政策分析思路

多源流框架是分析复杂公共政策的一种常见方法，由美国学者金登基于垃圾桶模型提出[5]。金登认为，在政策制定和议程产生的过程中，存在 3 组正常状态下相互独立的"源流"，分别为问题源流、政策源流和政治源流。在特定的节点下，3 种源流交汇耦合并开启"政策之窗"。"政策之窗"的开启意味着被政策制定者注意到的问题得到充分重视并提上政策议程。在多源流框架中（图 1），社会环境变化、利益集团的纠纷和政党政治力量作为政策产生和变革的动力，能够引导其发展方向。

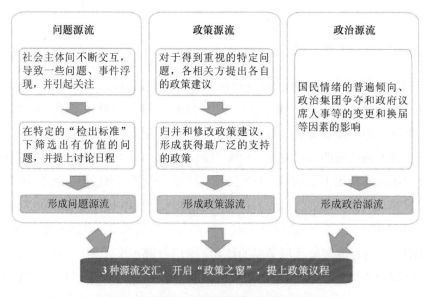

图 1　基于多源流框架的政策分析基本思路

3　美国环境政策分析结果

3.1　问题源流：政治风向影响问题筛选过程

在复杂的政策环境中，各类主体间频繁而广泛的交互造成了诸多问题事件。其中，绝大多数问题被忽视，而只有焦点事件或较为关键的问题能够达到感知指标的检出标准，从而形成问题源流，其中政治风向对问题筛选具有重要影响。

美国环境与政策变革典型事件均体现出共和党对于经济指标的关注度远大于环境指标，这来源于美国政府"能源效益优先"的政策倾向。诸多政客和开发商认为对环境效益的过分追求已开始制约经济发展。另外，日趋复杂的 NEPA 程序成为有待解决的焦点问题，进而汇聚成与 2017 年以前截然不同的"问题源流"。

3.2　政策源流：政策共同体的博弈过程

对于得到重视的特定问题，领域里有影响力的政治家与学者形成了政策共同体，并将其观点、态度和方案汇集到"政策原汤"中，通过博弈形成最终政策的过程，被称为政策源流。

在美国政治生活中，民主决策是环境政治中不可或缺的一部分。因此，听证会、民意调查、专家咨询等方式构成了对"漂浮"的政策源流的分选方式。在复杂的分选过程中，"政策原汤"中的政策发生归并、放弃和修改，在反复地推翻与重建后，形成最优结论。共和党立法者、自然能源和基建行业从业者长期以来一直指责环保主义者利用法律阻碍经济发展。由于执政集团掌控着更高阶层的权力，法律法规改革也向其政治意志倾斜。

3.3　政治源流：推动政策议程的政治要素

政治源流包括国民情绪的普遍倾向、政治集团争夺、政府议席人事的变更和换届等。首先，国民情绪代表着绝大多数国民基于其自身政治立场的思维趋势。在社会政治背景下，美国大多数以农业和工业生产为主的州，增加传统的能源行业能够提供大量的就业岗位，而全球环境的改善与否对国民生活产生的影响并不直观。因此，退出《巴黎协定》和废除 CPP 得到了民众广泛的支持。此外，国民情绪受到主流媒体等影响，也会被执政集团的政治意志影响而发生一定程度的扭曲[6]。其次，执政集团是精英阶层组建的重要政治力量，执政党利用其行政优势在政党对峙中通常占据有利地位。2017 年以来，民主党和共和党就环境政策的有关问题采取了几乎完全对立的态度。共和党主张"轻环保"理念向经济发展倾斜，旨在获得短期经济收益。民主党重视"环境正义"，主张更加积极的环境政策。因此，在执政集团的对峙层面，相关的政策时机也已经成熟。最后，政府的人事调整和议席换届是政策议程的风向标，其本质是政治利益集团成员的再分配。政府在人事任命方面为气候变化反对论者提供了舞台，应对气候变化相关职能部门的官员几乎全部反对或质疑气候变化。例如，政府任命的美国国家环境保护局局长曾多次指责和质疑环境保护局的权力，并参与状告 CPP 违宪。相应地，与政府理念一致的官员在相关职能部门采取的举措又为变革美国环境与气候政策提供了支持[7]。

4 对战略环评的潜在影响

4.1 影响战略环评判断标准

美国采取了标准判断法进行战略环评。其战略环评程序可大致分为 3 个步骤：筛选评价对象—确定评价范围—环评文件编制。根据 NEPA 法案的规定，"重要和显著的环境影响"是判断决策是否需要进行环评的标准。另外，美国在确定评价范围时，由牵头机构主导，接纳公众意见，并采取更为灵活的个案处理方法，进而确定主要问题的分析深度。

然而，过于灵活的具体操作导致了自由裁量权滥用的风险。在政治风向的影响下，战略环评兼顾环境效益和经济效益、社会效益的判断标准无疑会发生变化，进而影响到战略环评的判断结果。

4.2 削弱可持续发展进程

世界范围内人民群众对环境安全的需求升级，以及环评制度由外生性向内生性转化，导致了可持续发展成为各国发展的共同方向。然而，政治方向对战略环评推进可持续发展有着非常重要的影响。我国将可持续发展推向了生态文明的高度，也给环评的制度改革带来了契机。然而，美国政府"能源效益优先"的政策倾向，导致社会在环境效益和经济发展的权衡中向发展经济效益倾斜。因此，美国环境政策的趋势会削弱战略环评中可持续发展的进程。

4.3 降低公众参与积极性

战略环评作为一项系统工程，是社会多方主体共同发挥各自职能和作用的结果。其参与主体包括战略拟定者、监督者和支持者。其中，公众监督和公众参与协商在美国战略环评中发挥着巨大的作用。一方面，公众有权对环境影响报告草案发表评论，并能够得到司法监督的保障；另一方面，公众需要为环境影响评价提供支持，包括为评价过程提供信息，以及参与协商和提出建议等[8]。

然而，随着国民情绪受到主流媒体有关"轻环保"的影响，社会各界不可避免地会被执政集团的政治意志影响而发生一定程度的扭曲，进而忽视了战略环境对于保障实施可持续发展战略的重大意义，以及战略环评制度在环境污染源头预防中发挥的重要作用。

5 结语

美国环境政策的变革源于美国的政治制度的内源性矛盾和独特社会制度的实践反馈，其中两党在气候变化与经济发展间的对立矛盾是环境政策倒退的核心原因，大选周期使得美国政治家在个人集团的利益和更长远的利益之间做出抉择，导致其短视行为。

从长远来讲，有悖客观发展规律、盲目追求产能效益的做法对战略环评的发展方向甚至全球环境治理造成了极大冲击，美国缺位下的全球气候及环境治理将引发不良示范效应，给世界环境治理的信心也会造成一定程度的挫伤[9]。

参考文献

[1] CEQ. Regulatory Impact Analysis for the Final Rule，Update to the Regulations Implementing the Procedural Provisions of the National Environmental Policy Act[S/OL]. [2022-06-10] https：//ceq. doe.gov/laws-regulations/regulations.html.

[2] 杨强. 特朗普政府的气候政策逆行：原因和影响[J]. 国际论坛，2018（2）：6.

[3] 郑先勇. 美国环境政策变化及其影响[J]. 生态经济，2019，35（8）：4.

[4] 罗丽香，高志宏. 美国退出《巴黎协定》的影响及中国应对研究[J]. 江苏社会科学，2018（5）：10.

[5] Kingdon JW. Agendas，Alternatives，and Public Policies：TBS The Book Service Ltd[M]. 1984.

[6] 刘元玲. 特朗普执政以来美国国内气候政策评析[J]. 当代世界，2019（12）：7.

[7] 魏庆坡. 特朗普民粹式保守主义理念对美国环保气候政策的影响研究[J]. 中国政法大学学报，2020（3）：17.

[8] 王社坤. 我国战略环评立法的问题与出路——基于中美比较的分析[J]. 中国地质大学学报（社会科学版），2012，12（3）：45-52，139.

[9] 张海滨，戴瀚程，赖华夏，等. 美国退出《巴黎协定》的原因、影响及中国的对策[J]. 气候变化研究进展，2017，13（5）：9.

日本政策评价费用效益分析方法的制度构建及启示

高翔宇[1]　蔚立玉[2]

（1. 浙江仁欣环科院有限责任公司，宁波 315012；

2. 宁波市生态环境科学研究院，宁波 315012）

摘　要：日本费用效益分析与政策评价体系建设同步发展，已成为评价政策有效性的一种重要定量化分析方法。本文介绍了日本费用效益制度的构建过程，从制度化、规范化和科学化的角度分析了日本费用效益制度的建立情况。它具有以法律法规为基础，国家和地方层面的技术导则为指导，鼓励定量分析，注重"自下而上"反馈等特点。我国正处在政策环评体系构建的初始阶段，日本的费用效益制度的构建经验能够为我国政策环评方法论的制度建设提供经验。

关键词：日本；费用效益分析；政策环评；制度建设

Implication of Japan's Cost Benefit Analysis System Construction for Policy Evaluation

Abstract：Cost benefit analysis（CBA） is one of the most significant quantitative tools for evaluating the effectiveness of policys. Japan's CBA and policy evaluation system are developing simultaneously. In this paper，Japan's CBA system construction had been introduced. Construction process was analysed from the perspective of institutionalization，standardization and scientificization. Japan's CBA system has the characteristics of being based on laws and regulations，guided by technical guidelines at the national and local levels，encouraging quantitative analysis，focusing on "bottom-up" feedback. China is in the initial stage of policy-based strategic environmental assessment（SEA） system construction. Japan's experience of CBA system construction serves as a good example for China's policy-based SEA methodology system construction.

Keywords：Japan；Cost Benefit Analysis；Policy-based SEA；System Construction

---

作者简介：高翔宇（1987—），男，工程师，硕士学位，主要研究方向为环境影响评价及相关研究。E-mail：bryangao905@163.com。

1　引言

费用效益分析（Cost-Benefit Analysis，CBA）是将政策带来的成本和效益通过货币化手段，向全社会提供政策信息的评价方法[1]。日本从 20 世纪 90 年代采用 CBA 对项目和政策进行分析，在制度构建和应用上取得了长足进步，积累了宝贵的经验[2]。

虽然我国已将 CBA 应用于项目的污染损失估算和投资的环境影响分析，但在政策制定和实施过程中的 CBA 仍然处于起步阶段[3]。CBA 方法研究已取得一定成果，但尚未形成 CBA 的政策分析体系。我国的政策评价方法论不能单纯模仿国外经验，需要结合国情，建立适合本国的政策环评及 CBA 制度[4]。

本文梳理和总结了日本政策评价和 CBA 的发展历程和体系建设经验。对我国 CBA 在政策环评上的应用提供了参考。

2　日本 CBA 政策评价的发展历程

日本政府为了提高投资项目资金的利用效率，在 20 世纪 90 年代末开始采用 CBA 分析公共建设项目的效率性。1997 年，桥本首相要求各府省部门对公共建设项目建立评价体系。1999 年，当时的大藏省（现财务省）决定采用 CBA 筛选项目。国土交通省和农林水产省等开始编制项目评价技术手册[5]。

在政策评价方面，相较于其他 OECD（经济合作与发展组织）成员国，日本政策评价起步较晚。1998 年政策评价作为日本环境省再编法案，进入法治化流程。2001 年，日本制定了《关于行政机关实施政策评价的法律》，并于次年 4 月起正式实施，标志着日本的政策评价有了法律依据。同年，日本政府通过了《关于政策评价的标准指针》和《政策评价基本方针》[6]。其后几年日本在危险化学品管理政策上开展 CBA 研究和应用，初步分析了基于日本国情的生命价值货币化结果[7]。政策评价经过三年的实行，于 2005 年修订了《政策评价基本方针》。2004 年 10 月—2007 年 9 月日本政府进行政策评价试点，为政策事前和事后评价打下基础。

3　日本 CBA 制度化构建

日本同其他发达国家一样，具有较为全面的政策评估流程。作为货币化评价的一种方法，CBA 的逐步制度化首先从法治和技术规范入手。表 1 列举了日本 CBA 政策评价的基本情况。

表 1　日本 CBA 政策评价基本情况

	日本
组织机构	决策机构：内阁府（政策改革推进室）； 执行部门：各府省相关部门； 指导机构：总务省（行政评价局）
评估对象	政策：实现大型基本方针的行政活动； 施策：以实现具体方针为目的的行政活动； 公共项目：实现政策目的的具体对策方法； 三者实施范围从理论到具体，从宏观到微观
评估标准	必要性：政策目标妥当性，推行的必要性； 有效性：政策开展是否带来效益； 效率性：效益和成本的关系； 公平和公正：各方从政策实施中获得同等效益
评估方法	替代法，旅行成本法，效用估价法，假设市场评价法和联合分析法[8]； 按照技术手册选择评估方法
评估方式	事前评估：决策政策开始前； 事中评估：政策执行阶段，每年进行评估； 事后评估：政策实行结束后
评估结果呈递形式	以表格加附件的形式（事前/后评估表）； 事前评价表的内容包括政策执行目标，达成目标的手段和投资额等； 事后评估表的内容包括执行阶段历年的达标情况，与目标符合性分析等； 附件详细记载 CBA 过程和结果

资料来源：日本环境省 https://www.env.go.jp/guide/seisaku/index.html。

3.1　体系的制度化和规范化建设

日本于 1999 年 8 月成立了政策评价方法研究会，并于次年 12 月提出政策评价制度最终报告。其中规定了政策评价对象、评价基准、评价方法、各单位的责任等内容。该报告被称为日本政策评价的原点。报告中阐述了政策效率性概念，即以有限的资源为前提，适当考虑投入的资源和产生的效果间的关系，这也是 CBA 首次出现在政策评价方法中。2001 年，CBA 作为其中一种定量化方法正式出现在政策评价标准指针中。

在国家层面，日本公共项目委员会按照各府省的职能，制定 CBA 技术手册（指南）（表 2）。其中主要包括费用和效益的评价指标、计算方法、敏感性分析步骤和数据结果公开方式。

表 2　日本各府省 CBA 手册（指南）制定情况

项目	名称	府省名	发布时间
道路街道	CBA 手册	国土交通省道路局、都市局	2018 年 2 月
	CBA 手册（连续立体交叉道路项目）	国土交通省道路局、都市局	2018 年 2 月
河流大坝	治水经济调查手册	国土交通省水管理局·国土保护局	2020 年 4 月
河流环境保护	河川开发相关经济评价手续	国土交通省河流局	2010 年 3 月
海岸开发	海岸开发项目的 CBA 分析指南（修订版）	农林水产省，国土交通省	2004 年 6 月
防止山体滑坡	防止山体滑坡项目 CBA 手册	国土交通省水管理·国土保全局防砂部	2012 年 3 月
防砂	防止泥石流对策项目 CBA 手册	国土交通省水管理·国土保全局防砂部	2012 年 3 月
防止坡地滑坡	防止坡地滑坡项目 CBA 手册	建设省防砂部	1999 年 8 月
港湾海岸防波	海岸项目 CBA 手册	农林水产省，国土交通省	2004 年 6 月
港湾开发	港湾开发项目 CBA 手册	国土交通省港湾局	2017 年 3 月
水产基地开发	水产基地开发项目 CBA 指南	水产厅	2011 年 4 月
农业农村开发	土地改良项目 CBA 手册	农林水产省农村振兴局	2007 年 3 月
	农村生活开发 CBA 手册	农林水产省农村振兴局	2008 年 3 月
林道·开山	林野公共项目 CBA 分析	林野厅	2016 年 5 月
公共住宅开发	公共住宅开发项目新项目筛选评价方法解说	国土交通省住宅局	1999 年 4 月
水道供水	水道供水项目 CBA 分析	厚生劳动省健康局水道课	2011 年 7 月
工业用水开发	CBA 实施细目（工业用水开发 CBA 分析）	通商产业省	1999 年 4 月
港湾公害防止	港湾开发项目 CBA 手册	国土交通省港湾局	2017 年 3 月
废弃物处理设施	关于废弃物处理设施建设项目的 CBA	环境省	2000 年 3 月

资料来源：日本总务省 https://www.soumu.go.jp/main_sosiki/hyouka/seisaku_n/koukyou_jigyou.html。

由表 2 可以看出，国土交通省和通商产业省最早制定 CBA 手册。相较于其他政府部门，国土交通省项目类别较多。随着项目的增加，将会有更多 CBA 手册（指南）出台。

在地方层面，公共项目委员会以各府省制定的 CBA 技术手册（指南）为蓝本，编制符合各地情况的工作技术手册，按其规定开展地方政策评价。根据小野达也的研究，2000—2006 年，各地政策评价中按照评价对象，针对公共项目评价数远大于政策评价数[9]。由于 CBA 技术和本地化指标体系不够成熟，各地较少采用定量评价。随着各地评价技术的完善，评价件数和定量化程度会有所提高。

3.2 体系的科学化建设

日本设有独立的政策评价审核机构保障评价的科学性。按照评价政策的层次，可分为府省和地方技术审核机构。府省层面的技术审核机构由总务省和经济财政委员会组成，每年对抽样报告进行技术经济分析，探讨存在的问题并提出解决方案。地方的政策技术检讨则依靠当地的评价委员会，按照各地规定，定期检讨以往评价报告。设立两个层面的技术委员会的目的是不仅可以为评价时出现的问题及时提出建议，同时还能够在修订 CBA 技术手册（以下简称指南）和法规中发挥重要作用（图 1）。

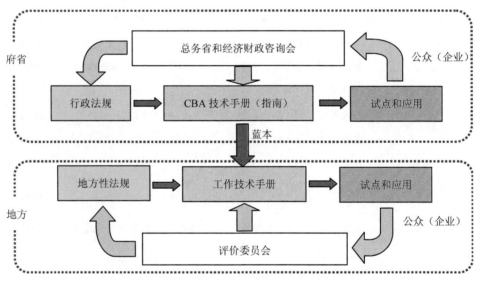

图 1　日本政策评价方法的科学建设体系

CBA 技术方法的修订，往往从两个方面进行探讨。一是增加效益计算类别，如山梨县的县土整备部根据业主（企业）反映的问题，于 2009 年 11 月在指南中增加了道路修建带来的七项效益，包括减少灾害风险、城市空间通途性、节假日交通便宜性等[10]；二是提高货币化计算精度，如为了让分析符合地方情况，秋田县建设部采用意愿调查法，以问卷调查的形式对当地居民的支付意愿进行分析，于 2020 年 3 月制定了秋田县货币化权重因子[11]。

4　日本 CBA 体系构建的特点

日本 CBA 技术体系构建，不仅包括政策评价的法律化，技术导则的制度化，还形成了政府、公众（企业）和技术审核机构的沟通渠道（图 2）。日本 CBA 体系的特点如下。

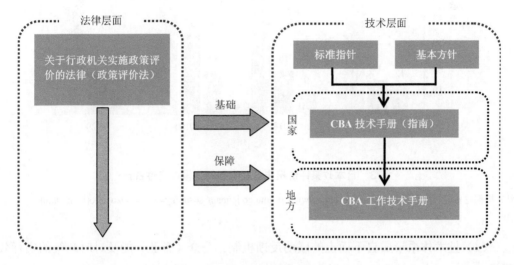

图 2　日本 CBA 制度

（1）评价工作以法律政策和评价指南规范为基础。日本政府在政策评价早期阶段在法律层面定义了政策评价，在技术方面制定了基本技术方针，对评价范围、主体、评价方法做了具体规定。充分保证了评价有法可依、有迹可循。

（2）日本政策评价基本方针规定报告附件要写明评价方法和详细的计算步骤，其中包括费用效益的类别、数据出处、计算过程和结果。便于专家发现分析中存在的问题，也有助于信息公开。

（3）日本政策和评价指导意见鼓励定量（货币化）评价。总务省分析了 2017—2020 年的政策评价报告，发现效益的货币化率高于费用货币化率（图 3）。由于环境计量模型不够完善，部分评价指标难以定量化分析，定性分析能更为合理地反映客观结果，所以总体上仍以定性评价为主[12]。日本政策评价指南中规定事后评价指标必须包含定量定性分析比例，鼓励在有条件的情况下，尽量采用定量分析。总务省在针对历年的政策评价分析报告中针对分析结果，指出增加定量分析的比例，探索定量和定性结合的评价模式[13]。

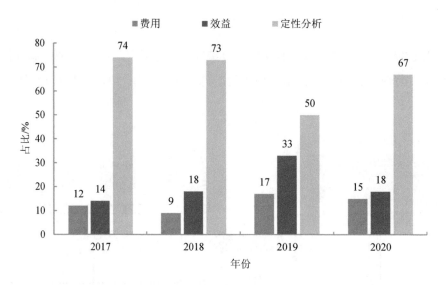

图3 日本政策评价报告分析指标的定量、定性占比

注：根据总务省统计数据分析。来源：https://www.soumu.go.jp/main_sosiki/hyouka/seisaku_n/torikumi.html。

（4）技术体系形成自下而上的联动反馈机制。公众（企业）能及时对政策的实行效果做出反应，将政策执行存在的问题反馈给专家；专家根据检讨中发现的问题反映给上级政府，并提出改进的意见和建议；政府根据专家提出的建议修订政策和技术规范，形成了"公众（企业）—问题—专家—建议—政府—技术规范"的反馈机制。

（5）CBA 技术指南覆盖全国的各个层面。各府省出台相应的项目及政策指南，如环境省针对废弃物处理设施建设相关的政策评估制定了指南，其中规定凡是国家补助的废弃物处置项目和相关政策均需要进行 CBA 评价。地方层面以国家的指南为基础，建立符合地方特色的工作技术手册。

5 启示

日本政策评价体系已逐渐成熟。随着环境计量模型的完善，CBA 技术指南和手册还要更新，但体系已基本构建完成。日本给我国政策环评 CBA 方法构建带来的经验如下。

（1）加强政策评价的法制化和技术体系标准化建设。法律保证是技术探索的前提和保障。我国应在法律上明确政策评价的定义和义务，确保评价方法客观公正，以及评价过程和结果的公开透明。同时，我国应逐步建立并规范 CBA 制度，提高政府决策的专业性和科学性。

（2）建立定期检查机制。日本行政机关依照政策评价相关法案中的规定，每年需抽取政策评价报告进行分析。国家层面侧重于评价技术和预算制度的分析，各地主要针对评价方法的适用性进行检讨。若存在不合理分析情况，则在指南中进行改进。由于我国各省份间情况差别大，也应在国家和地方的法规和技术层面建立政策评价定期检查机制，有助于提高政策评价质量和各地政府的决策效率。

（3）建立 CBA 技术评价体系。一方面在国家和地方层面均应建立指南和应用手册。对国家和地方层面开展 CBA 工作予以技术指导，以减少评价的盲目性，提高 CBA 效率。另外应在国家和地方层面建设专业研究会，其组成不仅应包括 CBA 专家，还应有经济和法律方面的专家。一方面对现有的技术问题提出建议；另一方面在修正法律法规上也能起到一定作用。我国已开展了"建立中国环境政策的费用效益评估（CBA）机制"研究项目，并已有技术指引和技术手册等成果，代表我国已经开始构建政策环评的 CBA 技术体系[14]。接下来要通过实践积累，进一步完善技术指引，在条件允许的情况下，在各地逐步建立技术指南，指导开展地方性法规和公共项目的环评。

（4）加强部门间信息沟通，构建联动反馈机制。各部门间需及时沟通评价报告中存在的问题，提高评价效率。建立"自下而上"的联动反馈机制，真实反映政策实施后的影响，有助于专家提出有针对性的建议。加强公众（企业）参与，构建民主化的评价体系。

（5）推进 CBA 试点示范工作。日本于政策评价法实行之初就开展了为期三年的试点，针对试点中出现的问题进行改进。如果在试点时发现 CBA 评价不全面和难以定量化的问题，采用多标准评价的方式加以改进[15]。我国应加大 CBA 理论研究投入，通过各层面的试点，积累经验，逐步推广，最终形成较为合理的评价技术体系。

6　结语

日本经过了 20 多年的探索和应用，已形成了覆盖全国、专业化和科学化的 CBA 评价方法体系，且广泛地应用于各级政策评价。我国正处在政策环评的摸索阶段，逐步探索符合我国国情的技术和政策环评体系。日本的经验为我国现阶段政策环评及其方法论的发展提供了参考。

参考文献

[1]　Boardman A E，Greenberg D H，Vining A R，et al. Cost-Benefit Analysis：Concepts and Practice[M].Fifth Edition. United Kingdom：Cambridge University Press，2018.

[2]　董战峰，王军锋，璩爱玉，等. OECD 国家环境政策费用效益分析实践经验及启示[J]. 环境保护，2017，45（Z1）：93-98.

[3] 李云燕，葛畅. 环境费用效益分析：理论应用与展望[J]. 环境保护与循环经济，2016，36（9）：29-34.

[4] 安祺. 中国环境决策费用效益分析的工具选择及应用[J]. 环境与可持续发展，2017（2）：22-27.

[5] Seiichi A. Ten-year trajectory of the policy evaluation system- retrospective and prospective analysis of the system[J]. Japanese Journal of Evaluation Studies，2013，13（2）：3-19.

[6] 应晓妮，吴有红，徐文舸. 我国政策评估方法选择和评估指标体系构建的思路和建议[EB/OL].（2020-07-08）[2022-05-26].https：//www.ndrc.gov.cn/xxgk/jd/wsdwhfz/202008/t20200803_ 1235488.html？code=&state=123.

[7] Oka T.Cost-effectiveness analysis of chemical risk control policies in Japan[J]. Chemosphere，2003（53）：413-419.

[8] 栗山浩一，柘植隆弘，庄子康. 环境评价入门[M]. 日本：劲草书房，2013.

[9] Tatsuya O.Ten years of evaluation practices in the prefectures of Japan-The past and future of quantitative methods[J].Japanese Journal of Evaluation Studies，2008，8（1）：19-38.

[10] 山梨县县土整备部. 山梨县·费用效益分析手册[Z]. 日本：山梨县，2009.

[11] 秋田县建设部. 秋田县版道路事业费用效益分析手册[Z]. 日本：秋田县，2020.

[12] Nagao M. Utilization-focused evaluation：Theory and issues[J].Japanese Journal of Evaluation Studies，2003，3（2）：57-69.

[13] 总务省. 令和 3 年度政策评价实施状况的总结报告（概要）[EB/OL].（2022-06-03）[2022-08-09]. https：//www.soumu.go.jp/main_content/000816823.pdf.

[14] 生态环境部环境规划院. 重点实验室研究出台环境政策费效评估（CBA）技术成果[EB/OL].（2021-09-15）[2022-05-26].http：//www.caep.org.cn/sy/gjhjbhhjghyzcmnzdsys/zxdt_21746/202109/t20210915_944811.shtml.

[15] 泽田晋治. 都道府县行政评价的现状和课题[J].经营战略研究，2010，4：99-110.

政策环境影响评价利益相关方分析及应用研究

李林子　　赵玉婷　　詹丽雯　　李小敏

（中国环境科学研究院，北京 100012）

摘　要：利益相关方分析是政策环境影响评价的重点内容和重要方法，建立在政策环境影响评价中开展利益相关方分析的方法，包括利益相关方识别、利益相关方参与、利益相关方分析等，将其应用于上海市生物医药产业高质量发展政策环评试点利益相关方分析研究。研究表明，在政策环评中开展利益相关方分析有助于厘清关键利益群体、利益诉求和决策影响，识别政策潜在或需要重点考虑的生态环境问题，从而采取优化或强化措施，避免在政策执行过程中产生重大环境问题。

关键词：环境影响评价；政策环评；利益相关方；生物医药产业

Stakeholder Analysis and its Application in Policy Environmental Impact Assessment

Abstract：Stakeholder analysis is one of the focuses of policy environmental impact assessment，and it plays an important role in technical methods of policy environmental impact assessment. The study constructs the mode of stakeholder analysis in policy environmental impact assessment，which includes stakeholder identification，stakeholder involvement，and stakeholder analysis. The analysis mode is applied to the pilot practice of high-quality development policy of the biomedical industry in Shanghai. The case study shows that it is vital to apply stakeholder analysis in the workflow of policy environmental impact assessment，which can help clarify key interest groups，the appeal of interests，and the impact of decision. Furthermore，it is conducive to identifying potential environmental impact and key consideration of ecological environment problems，then will help to apply optimizing or strengthen measures to avoid serious environmental problems in the process of policy implementation.

Keywords：Environmental Impact Assessment（EIA）；Policy Environmental Impact Assessment；Stakeholder；Biomedical Industry

作者简介：李林子（1987—），女，助理研究员，主要从事环境政策、环境影响评价研究。E-mail: lilz@craes.org.cn。

政策环境影响评价（以下简称政策环评）是我国环境影响评价制度向决策源头延伸、参与宏观综合决策的一项重要制度创新，也是新时期我国环境影响评价制度发展的重点领域之一。政策决策相较于规划和建设项目，一般涉及利益主体众多，影响范围广泛，利益相关方分析对政策环评而言至关重要。利益相关方分析需要社会学、管理学理论的指导，然而在理论研究上，我国以建设项目和规划环评为主的环评主要建立在自然科学理论基础上，缺少对有关学科领域的重视，相关理论和研究成果一直未能应用于指导环评实践。在我国多年的环评实践中，虽然公众参与作为利益相关方参与的"前身"被列入现行建设项目和专项规划环评法定程序，但是实际中公众参与往往沦为形式，其效能未能得到真正发挥。政策环评在我国尚处于试点起步阶段，已有研究中仅有城市群协同发展政策、重点能源转型政策等少数几个政策环评案例对利益相关方分析有所涉及[1,2]，总体上，我国政策环评对利益相关方分析的研究还非常匮乏。2020 年生态环境部印发的《经济、技术政策生态环境影响分析技术指南（试行）》明确提出，要在政策分析中梳理利益相关方，但是对如何界定识别利益相关方、如何组织利益相关方参与、如何开展利益相关方分析等均未提及。笔者运用利益相关者理论等有关学科理论，提出在政策环评中开展利益相关方分析的方法，并将该方法应用于生态环境部政策环评试点"上海市生物医药产业高质量发展政策环评"研究中，以期为我国政策环评技术方法完善和实践提供参考。

1　政策环评利益相关方分析的意义和分析方法

1.1　意义

利益相关方参与是提升决策科学性和民主性的重要途径。科学决策应当建立在充足信息的基础上，多元利益方代表不同事实、知识、利益和价值，能够提供决策所需的更完整的信息和更精确的权衡，使决策更具理性和效率[3]。政策环评作为辅助宏观决策的决策工具，可以把利益相关方参与作为推进政治民主化的重要途径[4]。如果在政策环评中利益相关方参与缺失，可能导致公权力部门在制定政策、法规和规章时"优先考虑地方利益和部门利益"，造成环境风险管理中"有组织的不负责"现象，难以真正发挥政策环评源头预防的作用[5]。

利益相关方参与是凝聚社会共识、防范重大环境风险的重要手段。宏观决策涉及多元的利益相关方，在许多情况下不同利益之间相互制约、难以协调，处理和解决不好不同利益诉求可能会引发重大环境问题。政策环评可以作为利益相关方沟通协商的理想平台，最大限度地缩小利益分歧，达成社会共识，形成有利于环境保护的统一战线和支持群体。同时，通过利益相关方参与，促使决策部门在决策中更加重视对环境因素的考量，从而从决策源头防范重大环境问题。

利益相关方分析是国际上政策环评的重要内容。从国外的政策环评实践来看，利益相关方分析不仅是政策环评的重点内容，也是政策环评工作的主线；不仅参与主体非常广泛，而且政策环评的评价范围、评价重点、对策方案也会充分考虑利益相关方的关切[6]。利益相关方分析也是政策环评的重要方法，世界银行提出的政策环评方法就包括现状分析和利益相关方分析，通过各利益相关方的对话机制，进行广泛的协商和妥协，筛选出需要优先考虑的环境问题。

1.2 分析方法

利益相关方分析离不开社会学、管理学理论的指引和支撑。在相关学科领域中，可以直接应用于指导政策环评利益相关方分析的理论有利益相关者理论、协同治理理论、博弈理论、冲突管理理论等。上述理论不仅在各自的学科领域中历经了多年的发展，而且已广泛应用于政府治理、公共危机管理、区域合作等领域；对政策环评如何确定利益相关方、组织利益相关方参与、开展利益相关方分析等关键问题，能够提供很好的指导和支撑。应用上述学科理论，提出政策环评的利益相关方分析方法，包括利益相关方识别、利益相关方参与以及利益相关方分析等。

（1）利益相关方识别方法

政策环评开展利益相关方分析的前提是界定利益相关方范围。根据利益相关者理论，将政策环评中利益相关方界定为"能够明显或可能影响某一政策，或者受到或将要受到政策影响的任何实体（可能包括政府、公民、企业、组织等）"。在范围界定的基础上，需要对利益相关方进行类型划分。因为政策牵涉的利益相关方宽泛，而他们并非同质的实体，具有明显的异质性特征，其所处的地位、存在的形式、具有的知识和观点不同，所代表的利益和关注的损害也不同[8,9]，对利益相关方分类有助于政策环评对不同类型的相关方给予不同程度的关注并组织相应形式的参与，从而提升决策的质量和效率。利益相关者理论对利益相关方分类方法的研究成果已经相当丰富，可以直接应用于政策环评的利益相关方识别。例如，Mendelow 权力利益矩阵法（图 1），矩阵中 X 轴表示影响力高低，即利益相关方对政策产生实质影响的相对能力；Y 轴表示重要性高低，即利益相关方将以多大程度从政策中获得或损失利益[10]。

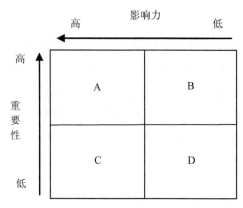

图 1   Mendelow 权力利益矩阵

（2）利益相关方参与方法

政策环评要充分重视利益相关方参与机制的建设。协同治理理论研究表明，建立畅通的利益表达、信息共享与沟通机制至关重要，可以让各利益相关方自由表达其利益诉求，在沟通了解的基础上将利益矛盾控制在适度范围内并达成利益共识。国外政策环评非常重视利益相关方参与机制的建设，OECD 在环境制度评价组织利益相关方参与时，特别重视运用结构化的参与方法，为利益相关方创建自由发表意见的平台和无约束的讨论氛围[11]。结构化的参与方法，就是将利益相关方分类，并分别组织参与，让各类利益相关方都能在适宜的平台上，自由地讨论和发表意见。这种参与平台和自由表达氛围的创建，正是环境制度识别缺陷和提出完善建议的重要基础。利益相关方参与的形式，可以根据参与的不同阶段及需求的变化，灵活选择组织召开听证会、座谈会、研讨会、社会调查等多种形式。

（3）利益相关方分析方法

利益相关方分析主要是评估政策的利益相关方在政策中的利益，以及这些利益如何影响政策，主要关注在特定问题上有何种利益，以及为影响该问题的结果所能够调动资源的数量和类型[12,13]。相关学科领域中利益相关方分析方法有很多，包括定性、定量或半定量方法等，可以根据具体的政策情况灵活选择。政策环评的利益相关方分析有助于识别拟议政策所涉及的社会个体或群体，厘清这些个体或群体关注的不同利益或持有的不同价值取向、支配的社会资源及其如何与政策的潜在环境影响相关联，进而在政策制定过程中采取措施对这些冲突加以协调，避免在政策实施过程中产生重大环境问题[2]。

2   应用研究：上海市生物医药产业高质量发展政策环评利益相关方分析

为探索政策环评技术方法、完善案例储备，2021 年 6 月生态环境部在全国 9 个省（市）启动政策环评试点工作，上海市作为试点省份之一，政策环评对象选择了生物医药产业高质量发展政策，即上海市人民政府于 2021 年 4 月印发的《关于促进本市生物医药产业高质量发展的若干意见》（沪府办规〔2021〕5 号），该意见旨在发挥生物医药产业引领作用，加快建设具有国际影响力的生物医药产业创新高地，打造世界级生物医药产业集群，通过构建"研发+临床+制造+应用"全产业链政策支持体系，完善"1+5+X"生物医药产业园区布局，力争到 2024 年全市生物医药制造业工业总产值达到 1 800 亿元。在政策环评解析政策要素的基础上，重点开展了政策利益相关方分析研究。

（1）利益相关方识别

基于政策利益相关方梳理，界定上海市生物医药产业高质量发展政策的利益相关方范围包括：①政策制定者：上海市人民政府及市经济和信息化委员会，是政策制定的主要牵头部门；②政策执行者：上海市人民政府相关职能部门（市经济和信息化委员会、市发展改革委、市生态环境局等），以及各区人民政府和临港新片区管委会等；③政策行动参与者："1+5+X"涉及的生物医药产业园区、生物医药企业（在上海市范围内登记注册的，从事药品、医疗器械、生物技术和生命科学科研仪器等领域开发、生产、专业服务的企事业单位或民办非企业单位）；④其他对政策有潜在影响力的相关方：上海医药行业协会、生物医药领域专家和学者等；⑤其他受政策实施潜在影响的利益相关方：主要是受生物医药产业发展影响的市区居民和社会公众。

采用 Mendelow 权力利益矩阵法，建立上海市生物医药产业高质量发展政策利益相关方识别矩阵（图 2），识别利益相关者的相对重要性和影响力。矩阵中，A 栏是最重要的利益相关方，影响政策决策的能力也很大；B 栏相关方缺少足够的权力影响政府决策，但是其利益具有较高的重要性，需要在分析的联合体中得到体现；C 栏利益相关方影响政策决策的能力较大，也应与其建立和培育关系；D 栏利益相关方影响力低且利益关联性弱，可以忽略。

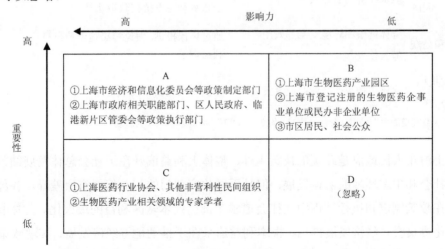

图 2 上海市生物医药产业高质量发展政策利益相关方识别矩阵

（2）利益相关方参与

运用结构化的参与方法，将 A、B、C 栏中的利益相关方分为政府部门、企业及园区、社会公众、组织和专家 4 类群体，对不同类型的群体分别组织相应形式的参与。对于政府部门，主要采用座谈会的形式，与上海市经济和信息化委员会、发展改革委、生态环境局等市政府相关部门、相关区政府和管委会代表建立畅通高效的信息沟通交流渠道。对于企业和园区，主要采用座谈会、调研访谈的形式，邀请生物医药产业园区管委会和典型企业代表参加座谈会，赴重点企业调研并访谈负责人，引导相关方自由表达意见。对于社会公众，主要采用社会调查的形式，结合对历史环保投诉的分析，了解居民和公众的利益诉求等信息。对于组织和专家，主要采用研讨会、个人访谈的形式，邀请医药行业协会代表、专家学者等参加。

（3）利益相关方分析

在与利益相关方沟通对话的基础上，重点分析各利益相关方在政策中的利益诉求、干预政策的能力，以及与此相关的潜在环境影响。各利益相关方在政策制定和实施过程中的利益分析见表1。

表 1　各利益相关方利益分析

利益主体	主要利益诉求	影响政策方式	利益实现能力
政府经济发展部门	推动地方经济发展，实现生物医药产业高质量发展政策既定目标	引导政策的制定，参与政策的执行	3
政府环境保护部门	保障生态环境安全，降低环境风险	参与政策制定、执行，环境监管	2.5
生物医药企业、园区	追求经济利益最大化	利于自身利益下配合政策执行，不利于自身利益下抗拒政策执行	1.5
居民和公众	身体健康和环境安全等效用最大化	通过环保投诉、舆论等渠道维护自身利益诉求	1
相关机构组织、专家	促进生物医药产业高质量发展	提供政策建议和技术支持	2

注："利益实现能力"采用打分法："3"为较强，"2"为一般，"1"为较弱。

上海市人民政府是政策的决策主体，整体上利益偏好在于社会总体发展绩效，实现经济社会和生态环境的协调发展，但是不同政府部门的利益偏好有所差异，各部门、各地区在政策制定和执行过程中往往会追求本部门或本辖区利益的最大化。上海市经济和信息化委员会是经济发展部门，根本利益追求在于推动地方经济发展，实现政策既定目标，即通过构建完整的上、中、下游产业链、布局"1+5+X"生物医药产业基地，使生物医药制造业工业总产值 3 年内增加 30%。其作为政策制定的主导部门，影响政策的能力最大，利益诉求可以在政策中得到充分反映。上海市生态环境局作为环境公共利益的代理人，降低环境风险、保障人体健康和生态环境安全是其所要实现的利益目标，虽然也是政策决策的参与部门，但其利益实现能力不及市经济和信息化委员会。其在政策决策征求意见过程中只收到环境保障政策相关章节，难以对政策执行可能产生的生态环境影响给出全面准确的反馈，并且政策涉及生态环境保护的条目均为向生态环境部门要支持的"通行证"政策，而非约束类的"紧箍咒"政策，虽然经过双方博弈去掉了部分条目，最终得到保留的仍然只是部分支持性政策。

企业作为直接受政策影响的利益主体，往往追求经济利益的最大化，更多关心项目的投资环境、投资收益以及运营前景，而非整体的社会效益和公众利益。上海市生物医药企业及园区的主要利益诉求在于，放宽制约自身发展的主要资源环境约束，提供污染物排放和土地资源指标，以及配套建设集中的环境基础设施，以降低企业成本。虽然生物医药企业和园区在政策制定过程中的权力有限，但是通过与医药行业结成的利益联盟，其利益诉求可以反映到政策决策之中。同时，企业作为最重要的市场主体独立于政府，在政策执行的过程中可能配合政策安排成为政策实施的助力相关者，也可能各取所需成为政策的阻力相关者，而由于企业选择性执行或过激执行政策等不确定性因素，也可能带来一定的环境影响和环境风险。

上海市居民和公众是受政策影响的重要利益主体，尤其是临近生物医药企业或园区的居民更是直接受到政策影响。居民和公众的利益偏好在于个人健康和环境安全，但是居民和公众作为独立的个体，影响政策决策的能力较低，只能通过非政府组织间接参与政策决策，或在政策实施过程中通过环保投诉等方式来表达自身的利益诉求。结合近年来受理的环保投诉可以发现，现状布局有化学原料药且周边有居住区的产业园区多次出现环保投诉情况，原因包括异味刺鼻、噪声扰民、危险废物处置不当等。

上海市医药行业协会作为社会组织，是政府与医药企业沟通交流的平台，在政策制定过程中作为企业代表表达利益诉求和政策主张。其利益主张总体是推进生物医药产业高质量发展，解决由于化学原料药生产环节缺失导致的生物医药产业发展"瓶颈"，形成完整的产业链，以及降低土地成本吸引新药研发落地等。医药行业协会、专家和学者能够参与政策决策，具有较强的政策影响能力，主要利益诉求能够在政策中得到体现。

3　结论与建议

上海市生物医药产业高质量发展政策环评中利益相关方分析表明，各利益相关方在政策中的利益诉求和利益实现能力存在明显差异，由此潜在的生态环境影响需要引起关注，并在政策优化中采取必要的措施，以更好地解决政策相关的重要生态环境问题。

（1）在经济发展部门及利益联盟较强的政策实现能力的作用下，政策对经济利益的偏好明显强于环境利益，对资源环境的约束体现不足可能会带来潜在的环境风险，建议在配套保障措施及制度中强化对资源环境约束的论证，增加对生物医药产业发展的环保要求和限制条件。

（2）居民和公众作为环境利益支持群体，由于决策影响能力较弱，其利益诉求未能在政策中得到充分反映，建议在后续保障措施及制度中进一步强化，尤其是提高可能对人体健康和环境安全产生重大不利影响的化学原料药等行业的环境准入要求，充分论证化学原料药布局应当规避的区域，避免其可能带来的环境风险和健康影响。

（3）对于企业及园区利益最大化追求下选择执行或过激执行可能带来的环境风险，建议政策进一步明确支持、限制和禁止的行业领域，以及"1+5+X"基地中"X"的布局范围，防止利益主体在追求利益的过程中偏离政策导向而引发生态环境问题。

在政策环评中开展利益相关方分析，通过识别政策的关键利益相关方、构建利益相关方参与平台、厘清相关方利益诉求和政策干预能力，能够识别出政策潜在的关键生态环境问题，并从源头采取措施以避免在政策执行过程中产生重大环境问题。我国在推行政策环评过程中，应当把利益相关方分析作为政策环评提高科学民主决策能力、凝聚社会共识和防范重大环境风险的一项重要内容和方法加以推进，加快建立规范的利益相关方参与机制，探索形成利益相关方分析的技术路径，积累完善政策环评的利益相关方分析实践和经验。

参考文献

[1] 李天威. 政策环境评价理论方法与试点研究[M]. 北京：中国环境出版社，2017.

[2] 张海涛，李天威. 城市群协同发展政策环境评价利益相关方分析[J]. 环境影响评价，2016，38（5）：12-16.

[3] 张晏. "公众"的界定、识别和选择——以美国环境影响评价中公众参与的经验与问题为镜鉴[J]. 华中科技大学学报，2020，34（5）：83-93.

[4] 耿海清. 我国开展政策环评的必要性及其基本框架研究[J]. 中国环境管理，2019（6）：23-27.

[5] 方超. 环境影响评价公众参与制度比较法研究[J]. 环境科学与管理，2014，39（11）：174-178.

[6] 耿海清. 关于加强政策环评试点探索的建议[N]. 中国环境报，2021-01-11（003）.

[7] Shepard A，Bowler C. Beyond the requirements：improving public participation in EIA[J]. Journal of Environmental Planning and Management，1997，40（6）：725-738.

[8] Glucker A，Driessen P，Kolhoff A，et al. Public participation in environmental impact assessment：why，who and how？[J]. Environmental Impact Assessment Review，2013（43）：104-111.

[9]　Dietz T，Stern P. Public participation in environmental assessment and decision making [M]. Washington DC：The National Academies Press，2008.

[10] Bank W. Strategic environmental assessment of the Kenya forests act 2005[J]. Educational Measurement Issues & Practice，2007，33（4）：31-33.

[11] 朱源. 国家环境制度评价与协商式政策环境评价[J]. 团结，2016，1：35-37.

[12] Crosby B. Stakeholder analysis：a vital tool for strategic managers[M]. USAID's Implementing Policy Change Project，1992.

[13] Schmeer K. Guidelines for Conducting a Stakeholder Analysis[M]. Partnerships for Health Reform，1999：42.

如何通过问卷调查为政策环评中的价值判断提供依据
——以稀土行业政策环评中的制度评价为例

耿海清[1]　吴亚男[1]　李南锟[1]　张　靖[2]　李　苗[1]　安镝霏[1]

（1. 生态环境部环境工程评估中心，北京 100012；

2. 矿冶科技集团有限公司，北京 100160）

摘　要：政策评估需要兼顾实证分析和价值判断，其中价值判断的重要性正在不断提高。作为政策评估中的专题评估，政策环评也必须重视价值判断问题，这不仅是决策科学化、民主化的需要，也是环境治理体系现代化的需要，对于完善我国政策环评模式也非常必要。问卷调查法作为一种了解利益相关方态度和价值取向的重要手段，可以在政策环评中的制度评价环节使用。本文以稀土行业政策环评为例，探索了问卷调查法在制度评价中的具体使用方法，包括问卷设计、调查方式、结果处理等。

关键词：政策环评；问卷调查；稀土政策

How to Conduct Value Judgment in Policy SEA Through Questionnaire Survey：Take the Institutional Assessment in Policy SEA of the Rare Earth Industry as an Example

Abstract: Policy Ex-ante assessment needs to balance empirical analysis and value judgment，where the importance of value judgment is increasing. As a professional assessment in Ex-ante policy assessment，policy Strategic Environmental Assessment（SEA） must pay attention to the value judgment, which is not only necessary to scientific and democratic decision-making，but also necessary to the modernization of environmental governance system，and it is also very important to improve the policy SEA mode in China. As an important means to collect the attitudes and value orientations of stakeholders，the questionnaire survey can be used in the institutional assessment of policy SEA. Taking the policy SEA of the rare earth industry as an example，this paper explores the questionnaire survey

基金项目：生态环境部重大经济技术政策生态环境影响分析试点。

作者简介：耿海清（1974—），男，博士，研究员，主要研究方向为政策环境影响评估。E-mail: genghq@acee.org.cn。

method in institutional assessment，including questionnaire design，survey method，and result processing.

Keywords：Policy Strategic Environmental Assessment；Questionnaire Survey；the Rare Earth Industry

政策环评是以政策为对象的环境影响评价，是政策事前评估中的专题评估[1]。与规划环评和项目环评相比，政策环评的政治属性更强，不能简单将其当作一项技术工作对待，必须认真考虑利益相关方的意见，开展价值判断或价值分析。

1　在政策环评中纳入价值判断的必要性

1.1　决策科学化、民主化的需要

决策科学化、民主化是所有国家的共同目标，政策事前评估则是实现这一目标的基本手段。其中，实证分析或技术分析是决策科学化的基本保障，而决策民主化则需要经由各类利益主体的价值判断来实现。从国际经验来看，西方早期的政策评估重视实证分析或技术分析，但 20 世纪 80 年代以来，价值判断的重要性不断提升，政策评估的标准已经不再是单一的技术理性，而是需要将事实分析与价值判断有机结合[2-4]，在决策科学化与民主化之间找到平衡点。政策环评属于政策事前评估的组成部分，需适应政策科学的发展趋势，将价值判断作为一项重要的工作内容。

1.2　环境治理体系现代化的需要

2013 年，党的十八届三中全会将国家治理体系和治理能力现代化作为我国全面深化改革的总目标，其中加强信息公开、提高社会公众和社会组织的决策参与度是重要内容。通过各类利益相关方参与决策，可以为多元价值观的表达提供途径，有利于和谐社会建设。在生态环境保护领域，2020 年中共中央办公厅、国务院办公厅颁布了《关于构建现代环境治理体系的指导意见》，明确要求畅通参与渠道，形成全社会共同推进环境治理的良好格局。政策环评是从环境保护角度切入，参与政治过程的重要抓手，也是各类利益主体参与环境治理的重要平台，因此必须纳入价值判断问题。

1.3　完善我国政策环评模式的需要

生态环境部在 2014—2019 年设置了"重大经济政策环境影响评价研究"项目，在新型城镇化和经济发展转型两个领域开展了多个政策环评案例研究。基于案例研究，同时借鉴世界银行的实践和探索，提出了"预警+保障"的政策环评模式[5]，并于 2020 年协助生态环境部编制印发了《经济、技术政策生态环境影响分析技术指南（试行）》。其中"保障"是指通过制度建设来应对政策实施可能出现的资源环境风险，保障政策可持续实施，因此需要开展制度评价。然而，制度评价与价值判断密切相关，需要在主要利益相关方之间达成共识，还需进一步加强相关理论方法研究。

2 问卷调查法

问卷调查法是国内外社会调查中广泛使用的一种方法[6,7]。研究者根据自己的需要事先设计问卷表格，通过被调查者的回答对有关问题进行度量，从而实现资料搜集的目的，为研究工作提供依据。与访谈、研讨等社会调查方式相比，问卷调查法的主要优点在于标准化程度高，成本低，并且容易控制。按照问卷填答者的不同，问卷调查法可分为自填式问卷调查和代填式问卷调查，前者由被调查者填写，后者由调查者填写；按照答案是否给定，问卷可分为封闭式问卷和开放式问卷，前者只允许在问卷限制的范围内选择答案，后者可自由作答；根据载体的不同，问卷可分为纸质问卷、电子问卷和网络问卷等；按照问卷的送达方式，可分为报刊问卷调查、邮政问卷调查和送发问卷调查。通过问卷调查，研究者可以快速收集人们对于特定问题的态度和价值观点。在我国，问卷调查法已成为环境影响评价领域的固定方法，无论是规划环评还是建设项目环评都大量使用，是最主要的社会公众参与方法。

3 案例研究——稀土行业政策环评中的制度评价

3.1 案例研究对象

本稀土行业政策环评的评价对象是《稀土管理条例（征求意见稿）》（以下简称《条例》），该《条例》由工信部组织起草，于 2021 年 1 月 15 日向全社会公开征求意见。《条例》的立法目的是依法规范稀土开采、冶炼分离等生产经营秩序，有序开发利用稀土资源，推动稀土行业高质量发展。《条例》共 29 条，主要规定了五个方面的内容：一是明确了针对稀土行业的部门职责分工；二是提出对稀土开采和冶炼分离实施行政许可和项目核准；三是针对稀土开采和冶炼分离分别建立总量指标管理制度；四是对稀土产业链的开采、冶炼分离、金属冶炼、综合利用、产品流通、产品追溯、进出口、储备管理等提出原则性规定；五是对各种违法行为提出了处罚规定。总体来看，《条例》主要是从稀土行业可持续发展角度提出的制度建设要求。

3.2 案例研究意义

稀土有"工业黄金""工业味精"之称，能与其他材料组成性能各异、品种繁多的新型材料，显著提高其他产品的质量和性能，因此在军事工业、冶金工业、石油化工、陶瓷玻璃及高科技等领域应用广泛。我国是世界上的稀土储量和生产大国，由于长期超强度无序开采，企业之间恶性竞争，导致我国宝贵的战略性资源在国际上只能卖出"白菜价"，同时造成严重的资源浪费、生态破坏和环境污染。因此，针对《条例》开展政策环评，首先，可以发挥环境保护参与国家综合决策的作用，夯实稀土行业可持续发展的制度基础；其次，条例属于行政法规，是一类特殊的"政策"，国内尚无针对此类政策的政策环评，因此可以丰富政策环评实践，为今后开展同类工作提供借鉴；最后，通过此项工作可以推动相关部门和地方政府、企业等更加重视稀土行业可持续发展，完善相关配套政策，建立健全长效机制。

3.3 基本研究思路

本政策环评的基本思路是：在文献研究、现场调研和资料搜集的基础上，一方面，从生态破坏、环境污染、固体废物处置与资源综合利用 3 个方面辨识稀土行业存在的主要资源环境问题，进而探究造成稀土行业主要资源环境问题的深层次制度和政策原因；另一方面，系统总结稀土行业治理整顿中行之有效的经验，在此基础上，分析《条例》对于相关制度和政策问题的回应性，看《条例》是否采纳了过去行之有效的制度，是否填补了相关制度和政策的漏洞。如果《条例》没有对这些制度性和政策性问题给予有效回应，则针对《条例》提出修改完善建议。同时，提出稀土行业可持续发展的配套制度建设建议和污染防治措施建议。由于《条例》的优化建议主要涉及制度建设问题，因此将问卷调查作为主要方法，将公众参与作为重要的辅助手段。

3.4 基于问卷调查的制度评价

3.4.1 问卷设计

2011 年国务院发布《关于促进稀土行业持续健康发展的若干意见》（国发〔2011〕12 号），标志着我国开始对稀土行业进行全面整顿。随后，工信部、自然资源部、环境保护部等多个部门都对稀土行业进行了治理。《条例》主要是对过去行之有效的制度进一步确认和法制化。通过梳理 2011 年以来稀土行业相关政策文件中提出的制度化管理要求，发现共有 11 项制度，分别是矿山生态环境治理和生态恢复保证金、环保督察、规划环评、建设项目环评、稀土行业环境风险评估、行业准入、环境准入、排污许可、清洁生产、环保"三同时"及稀土资源税。问卷调查的目的主要是了解利益相关方对以上制度的看法，最后争取将各方面广泛认同的制度尽可能写入《条例》。同时，文件中也提出了开放选项，被调查人也可以提出其他的制度建设建议。具体调查方式是要求被调查人从 11 项制度中选择最重要的 5 项。

3.4.2 调查过程

课题组分别于 2021 年 10 月 18—22 日在北方稀土集团，2021 年 11 月 29 日—12 月 2 日在赣州稀土集团，2022 年 4 月 26 日在中国稀土学会进行了座谈研讨，在不同场合共召开了 9 次会议，现场进行问卷调查，同时委托相关企业和地方生态环境保护部门分别在福建龙岩和四川凉山开展了针对多个企业的问卷调查。由于本次政策环评的对象是行政法规，内容是关于稀土行业的可持续发展制度建设，专业性较强，因此调查对象主要是企业管理人员、地方生态环境管理部门工作人员及行业专家学者，全部为业内人士，并不包含普通居民。问卷调查共涉及我国 4 个稀土富集区域，其中赣州稀土集团拥有我国最大的中重稀土生产能力，北方稀土集团拥有我国最大的轻稀土生产能力，四川凉山和福建龙岩也是国内重要的轻、重稀土开采、冶炼区，因此本次调查对象具有较强的代表性。

3.4.3 调查结果

本次调查共回收有效问卷 119 份。从调查结果来看，仅有一位被调查人给出了开放式答案。对于调查对象对调查表中 11 项制度的认可程度，本次研究只识别那些选择比例超过 50% 的选项。从统计结果来看，各地的选择略有不同。例如，对于认可度排名前 3 的制度，江西赣州分别为环境准入、建设项目环评和环保"三同时"制度，而四川凉山则为排污许可、行业准入和环保"三同时"制度。从最终统计结果来看，所有受调查人中选择比例超过 50% 的制度排序依次为行业准入、排污许可、环境准入和环保"三同时"制度（表 1）。环保督察制度虽然被选择的比例没有超过 50%，但除了内蒙古的调查群体没有选，其他群体都有选择，因此也是受认可程度比较高的制度（表 2）。

表 1 稀土行业生态环境保护制度建设调查问卷统计结果　　单位：%

序号	相关制度	企业人员	政府人员	总体
1	矿山生态环境治理和生态恢复保证金	37.63	53.85	41.18
2	环保督察	50.54	30.77	46.22
3	规划环评	30.11	53.85	35.29
4	建设项目环评	45.16	50.00	46.22
5	稀土行业环境风险评估	41.94	26.92	38.66
6	行业准入	61.29	61.54	61.34
7	环境准入	58.06	46.15	55.46
8	排污许可	56.99	65.38	58.82
9	清洁生产标准	33.33	46.15	36.13
10	环保"三同时"	58.06	30.77	52.1
11	稀土资源税	20.43	42.31	25.21

表 2　稀土行业不同调查群体的制度偏好统计

调查对象	制度排序 1	制度排序 2	制度排序 3	制度排序 4	制度排序 5
江西赣州	环境准入	建设项目环评	环保"三同时"	环保督察	排污许可
福建龙岩	行业准入	环保"三同时"	排污许可	建设项目环评	环保督察
内蒙古包头	行业准入	排污许可	环境准入	—	—
四川凉山	排污许可	行业准入	环保"三同时"	环境准入	环保督察
企业	行业准入	环境准入	环保"三同时"	排污许可	环保督察
政府	排污许可	行业准入	环保督察	规划环评	建设项目环评
总体	行业准入	排污许可	环境准入	环保"三同时"	环保督察

3.4.4　调查结果纳入制度评价

根据问卷调查结果，行业准入、排污许可、环境准入、环保"三同时"和环保督察制度应作为制度建设的重点。在准入管理方面，《稀土行业准入条件》实施已近 10 年，相关部委对稀土行业的很多治理整顿也与行业准入有关。然而，《条例》对此并未涉及，却花费较大篇幅论述项目核准要求。由于我国对项目核准的管理制度已经比较健全，因此建议将核准要求并入准入要求统一阐述。同时，本次研究问卷调查显示，业内人士普遍认可建设项目环评制度、行业准入制度、环境准入制度和排污许可制度，其中环境准入制度事实上可以并入行业准入制度。据此，建议在《条例》第四条后增加一条"准入管理"，具体内容为："稀土开采和稀土冶炼分离项目应严格落实行业准入、环境影响评价、排污许可等准入管理要求，按照《企业投资项目核准和备案管理条例》的规定办理核准手续"。对于环保"三同时"制度和环保督察制度，前者已经在现有法规中多处提及，目前已经被社会广泛认可，《条例》未必需要专门提及，后者可成为稀土行业可持续发展的配套制度。

4　结语

问卷调查法作为一种了解利益相关方价值取向的重要手段，在政策环评中有着广阔的应用前景。本次案例研究受时间等因素影响，调查对象的范围和样本数量有限。然而，作为一种技术方法，调查结果仍然可以为稀土行业制度建设提供依据。今后在政策环评工作中，对于涉及利益相关方价值判断的问题，可以以问卷调查为基础，再辅以其他技术手段，尽力做到技术分析与价值判断有机融合，从而更好地为科学决策和民主决策提供支撑。

参考文献

[1]　耿海清. 决策中的环境考量：制度与实践[M]. 北京：中国环境出版社，2017.

[2]　鄞益奋. 公共政策评估：理性主义和建构主义的耦合[J]. 中国行政管理，2019（11）：92-96.

[3]　余芳梅，施国庆. 西方国家公共政策评估研究综述[J]. 国外社会科学，2012（4）：17-24.

[4]　彭忠益，石玉. 中国政策评估研究二十年（1998—2018）：学术回顾与研究展望[J]. 北京行政学院学报，2019（2）：35-43.

[5]　耿海清，李天威，徐鹤. 我国开展政策环评的必要性及其基本框架研究[J]. 中国环境管理，2019，11（6）：23-27.

[6]　张志华，章锦河，刘泽华，等. 旅游研究中的问卷调查法应用规范[J]. 地理科学进展，2016，35（3）：368-375.

[7]　张钦，薛海丽，唐海萍. 问卷调查法在可持续生计框架中的应用[J]. 统计与决策，2019，35（16）：78-83.

情景分析和 LCA 组合方法在政策环评中的应用
——以山东省可再生能源政策为例

徐　鹏　徐千淇　包存宽

（复旦大学环境科学与工程系，城市环境管理研究中心，

上海市生态环境治理政策模拟与评估重点实验室，上海 200438）

摘　要：与项目环境影响评价相比，政策环评需要面对政策制定和实施过程中的不确定性。政策环评的评价对象更为宏观，导致传统情景分析的应用存在评价系统边界划定和核心要素识别困难的问题，需要其他工具的补充。本文探讨了生命周期评估（Life Cycle Assessment，LCA）和情景分析组合工具在应对政策环评不确定性当中的应用，并以山东省可再生能源政策环评为案例进行了应用。将 LCA 和情景分析工具相结合，可以减小政策环评预测的不确定性，提高政策环评中多方案比选时的决策能力。

关键词：政策环评；情景分析；LCA；组合方法

Application of Combination Method of Scenario Analysis and LCA in Policy Environmental Impact Assessment：A Case of Renewable Energy Policy in Shandong

Abstract：Compared with project environmental impact assessment，the policy environmental impact assessment needs to face uncertainty in policy formulation and implementation. The evaluation object of policy environmental impact assessment is macroscopic，which leads to the application of scenario analysis with the problems of delimitation of evaluation system boundaries and identification of core elements，and needs to be complemented by other tools. This paper discusses how to apply combination method of life cycle assessment（LCA） and scenario analysis in policy environmental impact assessment，and take renewable energy policy in Shandong as an example. The combination method can

---

作者简介：徐鹏（1991—），男，复旦大学环境科学与工程系博士研究生在读，主要从事战略环评、气候政策等研究。E-mail：pengge1083@qq.com。

reduce the uncertainty of environmental impact prediction and improve the decision-making ability of scheme selecting in policy environmental impact assessment.

Keywords：Policy Environmental Impact Assessment；Scenario Analysis；LCA；Combination Method

1 引言

政策环评的目的是对政策及其替代方案的环境影响进行综合的评价，将环境因素纳入政策的制定过程中，使政策实施过程的负面环境影响最小化[1]。政策环评是战略环评在政策层次上的应用，其对象以狭义的政策为主，是各政府和部门为了解决特定问题或实现特定目标而制定的规范性文件，常见形式包括决定、意见、通知等，包括产业政策、交通政策、土地政策、能源政策、财政政策以及环境政策等多个领域。政策环评的评价对象更为全面，造成的影响在空间和时间尺度更大。与规划环评相比，我国的政策涉及内容面广、影响因素众多、联动性高，在涉及国家重大经济、产业和技术政策时，更具有全局性和持久性[2]。这使得政策环评在进行预测评价和对策方案比选时，面对的是一个变化更为迅速、影响更加广泛的多重复杂系统，需要处理更为复杂的不确定性问题。

图 1 显示了受不确定性影响的复杂系统，在不同时间点通过不同路径在未来发展的可能状态。政策环评的不确定性主要包括三个方面。一是政策本身的不确定性。政策是对社会系统未来活动在时间和空间的大尺度安排，政策与社会系统、社会系统与自然环境系统均是互动的，造成了系统未来发展的不确定性。同时，政策本身也会受外部局势的变化，不断被调整和改变，如能源政策、产业政策受国际形势的影响等。二是政策实施过程中外部环境对自然环境影响的不确定性，政策的制定与实施须考虑资源环境条件与生态对社会系统的制约，如评价对象的本底自然条件、经济条件。三是现行和新出

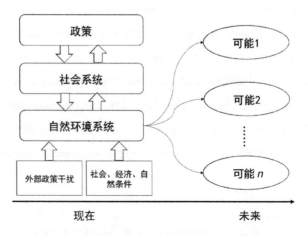

图 1　政策对生态环境系统的不确定性影响

政策的实施对生态环境系统可能产生的影响。需要注意的是，政策实施对生态环境可能的影响包括负面影响和正面影响。因此，识别和应对上述不确定性，是确保政策环评科学开展的关键。

情景分析法用于处理环境影响评价中的不确定性问题，得到了环评编制者和研究者的广泛青睐[3,4]。情景分析是将未来可能的发展界定于一定范围内，通过定性和定量相结合的方法，描述未来可能发展的状态，将视角从评估未来最有可能发展的状况，转向了评估不同情景下最需要关注的重点问题上[5]。Zhu[6]和 Schwenker[7]等学者探索了情景分析在战略环评的应用，均取得了较为理想的效果，然而由于评价目标涉及环境影响可能远远超出评价目标所划定的地理范围，仍存在环境系统边界划定和核心要素识别困难的问题。LCA 广泛应用于产品、技术、政策等社会领域，可以评价目标整个或某个生命周期阶段的消耗与影响，与情景分析法具有高度的适配性。鉴于此，本文拟通过 LCA 与情景分析相结合的方式，从 LCA 系统论的角度出发，探索应对政策环评不确定性的方法，并结合案例分析讨论，以期为政策环评的科学决策提供支持。

2　情景分析和 LCA 在环评中的应用

2.1　情景分析框架

20 世纪中期，美国物理学家 Herman Kahn 首先提出情景构建，用于预测可能发生的世界性"核战争"[8]。随后该方法经过发展与完善，被广泛应用于规划、环评等领域[9]。"情景"是为了关注决策目标的因果过程，而对未来可能呈现态势构建的假设事件。情景分析法在环评中的应用步骤如图 2 所示。

首先是评价对象的影响识别，包括划定评价对象的影响范围、核心要素识别以及系统不确定性的识别。系统边界划定是确定系统可能造成影响的范围；核心要素是指评价对象对系统可能造成的主要环境影响；不确定性是由于外部环境改变可能带来的影响。

其次是影响预测和评价，确定评价对象在情景分析中时间和空间的评价范围，预测驱动因素和不确定性因素，确定模型参数，最后通过模型模拟各个情景。

最后是根据各个情景得出的结果，提出有针对性的建议。

与具体项目相比，政策涉及的时空尺度较大，拟议方案实施面临的不确定性因素更多。这些都导致政策环评难以实施，且其评价结果的主观性更强。传统的情景分析方法都缺乏标准的边界评估和因素识别流程，导致在情景方案比选时缺乏说服力。因此，本文采用 LCA 系统论思路，结合情景分析来优化这一弱点，使流程在实践中相对标准可靠。

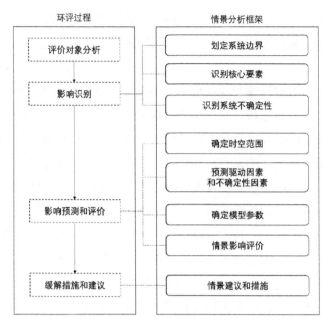

图 2　情景分析法的方法框架

2.2　LCA 和情景分析的组合方法框架

　　LCA 最初作为产品的环境管理工具,不仅能对产品直接的环境影响进行有效的定量分析和评价,而且能对其"从摇篮到坟墓"的全过程所涉及的环境问题进行评价。随着LCA 的发展,该方法的应用逐渐拓展到战略分析、公共政策分析等领域。基于 LCA,一方面可更为全面地分析评价发展可再生能源的生态环境影响;另一方面为后面明确不同阶段或环节的相关主体的环境责任提供依据。LCA 应用于政策环评具有以下优势。

　　第一,评价对象的系统边界划定问题。预测政策实施后系统内生态环境变化情况是政策环评的基础,LCA 的系统论思路包含评价对象造成的直接影响和间接影响,可以更加科学地判断政策环评的系统边界和研究范围,预防间接影响导致的次生污染问题,降低环境影响的不确定性。同时 LCA 庞大的数据库可以为预测模拟的定量表达提供大量的数据支持。第二,LCA 具有综合性的特点。不仅可以计算污染废物对生态环境的影响,同时可以考虑因资源、能源消耗对环境造成的综合影响,有助于体现政策影响的全局性。第三,LCA 具有全局性特点。从全局视角避免了局部视角改进的污染转嫁问题,有助于情景方案的正确比选,帮助决策者做出更好的决策。

　　如上文所述,使用 LCA 与情景分析组合方法,可以进一步综合评估政策所带来的环境影响,减少预测的不确定性。与一般情景分析相比,组合方法考虑了政策地理边界外的环境影响。一般情景分析是以政策的地理边界作为评价边界,忽视了政策执行对上下游所带来的影响，而组合方法有助于评价系统的不确定性来源，从而做到源头防治。此外，政策环评的目标是评价政策执行所能造成的影响，影响评价的因素不同会得出不同的评价结果。一般的情景分析是基于环境影响的绝对值进行选择的，如污染排放量、生态空间变化量等。组合方法则是使用 LCA 的特征化和归一化分析，综合经济、环境、资源消耗等多个指标综合值得出的情景方案比选结果。组合方法无疑可以更好地减少不确定性，满足政策环评对预测的要求。

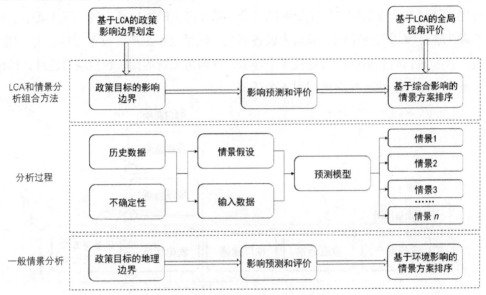

图 3　LCA 与情景分析组合方法框架

3　山东省可再生能源发展政策环评案例分析

3.1　政策案例基本概况

为贯彻落实"碳达峰、碳中和"战略目标。山东省依托地理优势，积极建设以海上风电、光伏发电为主体的新型电力系统，整体推进"能源—经济—环境"系统的协调、优化与升级，2021 年 7 月 9 日，山东省发展和改革委员会、山东省能源局等印发了《关于促进全省可再生能源高质量发展的意见》（鲁发改能源〔2021〕564 号）（以下简称《意见》）。《意见》明确指出了风力发电、光伏发电、生物质发电等 6 类可再生能源及其配套设施的发展思路。

本案例中，分别使用一般情景分析和 LCA 情景分析组合方法，预测分析了不同情景下发电环节可再生能源替代火电（主要是煤电）的影响，比较不同情景下可再生能源的减污降碳协同效应。

3.2　系统边界划定

基于 LCA 的系统边界划定包括空间和时间两部分。

在空间维度上，本次政策环评将空间分为省内空间和其他空间。其中，省内空间是指以全省范围为边界，总面积为 15.79 万 km²，涉及分布式城乡光伏发电项目、碳排放、能源结构及电力体系、社会经济效益等的具体分析。其他空间则是指设备制造和运输、项目建设等可能造成的间接环境影响的部分。以可再生能源项目为例，图 4 展示了可再生能源生态环境影响的空间。横向为设备周期，包括设备生产、设备运输、电厂建造、发电运行和设备废弃后回收与处置 5 个环节；纵向为项目周期，包括项目选址、场地整理、发电运行、场地废弃后再利用 4 个环节。

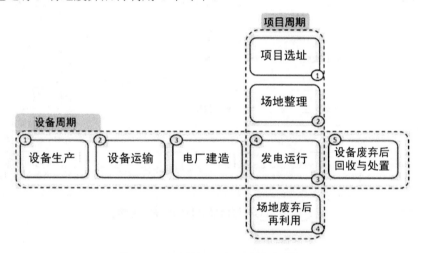

图 4　可再生能源生态环境影响空间

在时间维度上考虑 4 个时间节点：一是基准年，以《意见》发布时间（2021 年）的前一年即 2020 年为基准年，考虑 2020 年相关数据异常及可获得性等特殊情况，需要参考 2019 年相关数据；二是政策目标年，即《意见》所明确的 2025 年，作为预测时间节点，基于政策分析现状，预测政策生态环境影响的范围、方式和类型，判断政策实施的生态环境效益和不良影响，判断是否可能造成重大生态环境影响、不确定性及风险分析；三是考虑山东省大规模开发可再生能源始于"十三五"期间，国家提出 2030 年"碳达峰"以及 2035 年基本实现现代化和美丽中国基本建成，全国及山东省"十四五"发展规划及 2035 年远景目标纲要，将山东省相关能源（含可再生能源及产业）发展规划的目标年设置 2030 年和 2035 年两个时间节点，作为情景分析时间节点；四是展望至第二个百年目标（2050 年）和国家努力争取实现"碳中和"的 2060 年。

3.3 情景构建

（1）情景1——BAU情景

"十三五"时期，山东省规划建成可再生能源发电机组3 010万kW，实际建设4 433万kW，超出规划目标75%。考虑山东省目前电力系统之中可再生能源的占比较低，而且仍有较大的发展空间，基准情景即"BAU情景"（Business As Usual）设置为维持"十三五"期间的增长态势。

（2）情景2——政策情景

政策情景即作为本次环评对象的《意见》完全实施、政策目标完全实现下的情景。根据《意见》，山东省将进一步推动风能、太阳能、生物质能、抽水蓄能等可再生能源的开发与利用空间，提高可再生能源的利用率。到2025年，山东省可再生能源发电装机规模将达到8 000万kW以上，力争达到9 000万kW左右。

（3）情景3——"双碳"情景

山东是能源消耗大省，能源结构转型压力巨大。"双碳"情景是基于我国"双碳"目标总体要求和《山东省"十四五"生态环境保护规划》发展要求设定的情景。按照国务院发布的《2030年前碳达峰行动方案》，全国到2030年，风电、太阳能发电总装机容量达到12亿kW以上。因此，本情景假设山东省在2030年实现"碳达峰"，"十四五"时期严格控制煤炭消费增长，淘汰煤电落后产能，推进可再生能源建设。"十五五"时期实现火电清洁化转型改造，火电装机不再增长，用电增长全部由可再生能源补充。

（4）情景4——德国情景

德国是全球碳排放前15位国家中最早实现"碳达峰"的国家，先后决定于2022年实现弃核、2038年完全退出煤电，并提出在2050年实现"碳中和"。2020年德国可再生能源约占电力消费比重的35%，占终端能源消费比重的18%。2021年1月，德国正式拉开退煤帷幕，开始拍卖煤电装机容量。作为欧洲第一的工业强国，德国电力系统的转型对工业大省——山东省具有极强的借鉴意义。德国情景就是假设山东省在2025年达到同期德国的可再生能源发展和电力系统结构。

3.4 一般情景分析与组合方法的结果比较

通过预测模型模拟两种方法在不同情景下的政策目标年（2025年）的环境影响。根据"减污降碳协同增效"原则、污染物与碳排放同火力发电（主要是煤电）关联程度，并考虑数据可获得性，选择SO_2、NO_x、烟尘、废水、CO_2等指标进行减污降碳的协同效应进行权重赋值，赋值方法均为专家打分法。然后根据4个情景下减污降碳协同效应进行打分，计算得出各情景综合得分。

一般情景分析的减污降碳协同效应，4 个情景的得分从高到低依次为 BAU 情景、"双碳"情景、德国情景、政策情景（图 5）。造成 4 种情景评分不同的主要原因是在只考虑发电过程的情况下，可再生能源在发电的过程中各项污染物的排放量均低于火电，污染物减排效益直接受到可再生能源装机量的影响，而 BAU 情景中装机量最大，因此减排效益最佳。

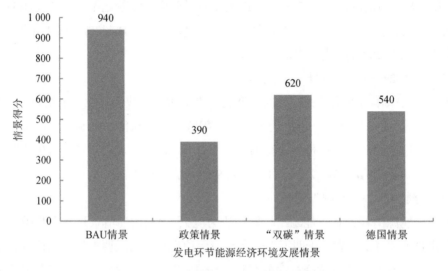

图 5　一般情景分析的情景比选结果

LCA 与情景分析组合方法的 4 个情景得分从高到低依次为德国情景、BAU 情景、"双碳"情景、政策情景（图 6）。组合情景的方法将装备制造、运输、使用、拆解、回收全过程产生的污染物纳入计算结果，而风力发电在全生命周期的污染物排放较少，因此装

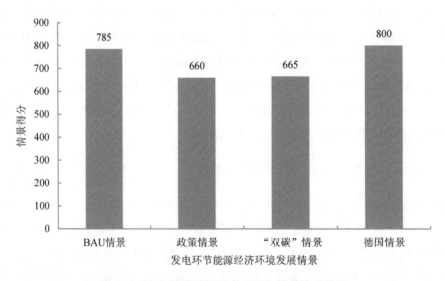

图 6　LCA 与情景分析组合方法的情景比选结果

机结构对于不同情景的得分影响较大，即风力发电占比较高时，全生命周期的污染物减排效益更为明显。当只考虑发电过程的污染物减排效益时，BAU 情景的替代效益最为突出；当基于 LCA 视角考虑污染物减排效益时，德国情景和 BAU 情景由于装机结构的影响，具有较好的替代效应。

3.5　不确定性讨论

从组合方法的综合预测分析可以看出，本案例中的可再生能源发展政策，不仅其自身所涉及的可再生能源项目及其配套设施的建设、运营和服役期满后的拆解处置的全过程，因各类事故会产生一定的生态环境风险，《意见》包含有风电、光伏发电、生物质能发电和抽水蓄能、电化学储能以及输送变电升压等配套设施，这些项目和设施的建设和运营及服役后的拆解处置中，除前述正常状况下产生相应的生态环境影响以外，还会因各类事故或突发事件而造成一定的生态环境风险。此外，还有可再生能源设备设施生产中使用的重金属、危险化学品在服役期满拆解处置时产生的危险废物，以及其生态环境影响。

同时，政策执行内容也可能受其他政策的影响而产生偏移。政策执行存在的不确定性体现在政策年限上，《意见》是 2021 年 7 月 9 日发布的，政策目标年是 2025 年，而国家"双碳"目标明确"碳达峰"时间是到 2030 年。而且截至 2022 年 6 月，山东"碳达峰"行动方案尚未出台，其达峰的时间点和峰值无疑对于《意见》来说是一项较大的不确定因素。

4　结果与讨论

目前政策环评仍处于探索阶段，其理论和方法研究仍需完善。由于政策的不确定性和复杂性，决定了其评价方法的多重性，在实践应用上需要根据不同区域政策对象的异质性加以灵活应用，突出因地制宜原则，实施定性和定量相结合的方法予以评价。

本文以山东省可再生能源规划为案例，探讨了基于 LCA 的情景分析在政策环评中的应用。案例研究表明，LCA 和情景分析组合方法可以拓展政策评价的范围，同时可以通过综合影响分析，减少间接环境影响带来的不确定性问题，用更为标准化的方式来呈现复杂系统的多维情景，提高政策环评中多方案比选时的决策能力，有利于评估出最优政策方案，提升其综合决策水平。同时，要想实现政策实施与环境影响评价的协调一致，在政策环境影响评价的基础上还需要做好跟踪评价，以使其更具有指导意义。

参考文献

[1] 耿海清，李天威，徐鹤. 我国开展政策环评的必要性及其基本框架研究[J]. 中国环境管理，2019，11（6）：23-27.

[2] 潘硕，刘婷，徐鹤. CGE 模型在政策环境影响评价中的应用[J]. 环境影响评价，2016，38（5）：17-22.

[3] 杨桃萍，常理，毛思禹. 情景分析法在贵州省旅游发展规划环评中的应用研究[J]. 环境科学导刊，2015，34（6）：91-96.

[4] Khosravi F，Jha-Thakur U. Managing uncertainties through scenario analysis in strategic environmental assessment[J]. Journal of Environmental Planning and Management，2019，62（6）：979-1000.

[5] Björklund A. Life cycle assessment as an analytical tool in strategic environmental assessment. Lessons learned from a case study on municipal energy planning in Sweden[J]. Environmental Impact Assesment Review，2012，32（1）：82-87.

[6] Zhu Z，Bai H，Xu H，et al. An inquiry into the potential of scenario analysis for dealing with uncertainty in strategic environmental assessment in China[J]. Environment Impact Assesment Review，2011，31（6）：538-548.

[7] Schwenker B，Wulf T. Scenario-based strategic planning：developing strategies in an uncertain world[J]. Betrieb-swirtschaftliche Froschung Und Praxis，2013，67（2）：222-224.

[8] Godet M，Roubelat F. Creating the future：The use and misuse of scenarios[J]. Long Range Planning，1996，29（2）：164-171.

[9] Lindgren M，Bandhold H. Scenario Planning：The Link between Future and Strategy[M]. Int J Aeroacoust，2002.

区域开发类政策快速环评技术方法研究
——以中国（浙江）自由贸易试验区发展政策为例

许明珠　王欢欢　朱剑秋　翟瑞雪　吴丽娜　张　爽

（浙江省环境科技有限公司，杭州 310023）

摘　要：政策环境影响评价（以下简称政策环评）是我国环境影响评价体系的重要组成部分，现阶段政策环评仍处于技术方法的探索阶段。以中国（浙江）自由贸易试验区发展政策为例，探索区域开发类政策快速环境影响评价方法。在政策解析和影响识别的基础上，从宏观布局层面开展"三线一单"符合性分析，细化开展生态环境敏感性评价，识别自贸区政策实施过程中需规避的生态环境敏感区域，提出政策完善建议，为政策实施提供生态环境预警和保障。

关键词：政策环评；生态环境；敏感性；"三线一单"

Study on the Technical Process and Method of Regional Development Policy Environmental Assessment

Abstract： Policy environmental impact assessment is an important part of China's environmental impact assessment system. At present，policy environmental impact assessment is still in the exploratory stage. Taking the development policy of Zhejiang Pilot Free Trade Zone as an example，the technical process and methods of environmental impact assessment of regional development policy are explored. Based on the policy analysis and recognition，carry out the "Three Lines One Permit" conformity analysis from the macro layout level，refined ecological sensitivity evaluation，identified the implementation of free trade policy to avoid the ecological environment of the sensitive area，put forward the policy advice，to provide policy implementation of ecological and environmental early warning and security role.

Keywords： Policy EIA；Ecological Environment；Sensibility；"Three Lines One Permit"

作者简介：许明珠（1983—），女，高级工程师，硕士，长期从事生态环境政策、规划和环保标准研究。E-mail：68077483@qq.com。

政策环评是战略环评在政策层次上的应用，或者说是以政策为对象的战略环评，是生态环境保护参与宏观决策的重要政策机制[1,2]。在国外，美国、加拿大、英国等国家和世界银行等国际组织均有较为成熟的政策环评机制[3]。在我国，《中华人民共和国环境保护法》《重大行政决策程序暂行条例》等虽未明确出现"政策环评"的阐述，但均明确了对决策事项或经济技术政策需要充分分析其造成的环境影响，相关法律法规为政策环评工作提供了依据。从实操层面来看，现阶段我国政策环评工作仍处于试点阶段，以探索技术方法和评价模式为主。本文以生态环境部重大经济、技术政策环评试点工作为契机，以位于浙江省舟山市的中国（浙江）自由贸易试验区的开发建设政策为例，开展区域开发类政策环评工作，探索区域开发类政策快速评价方法，为政策环评工作提供参考和借鉴。

1 技术流程和评价方法

1.1 技术流程

为快速识别政策实施后可能造成的生态环境影响，以定性评价为主、定量评价为辅，研究构建了区域开发类政策快速环评技术流程（图1）。首先，在政策解析的基础上，定性识别政策实施所造成的主要生态环境影响；其次，从整体层面开展"三线一单"符合

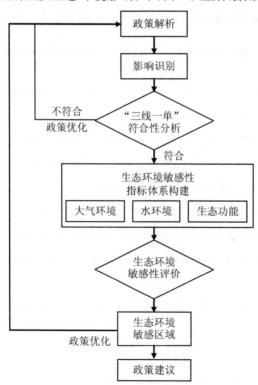

图1 区域开发类政策快速环评技术流程

性研究，确保开发工作的宏观布局符合生态环境空间管控要求；再次，构建符合区域生态环境保护目标的生态环境敏感性评价指标体系，细化识别区域开发过程中需规避的生态环境敏感区域；最后，基于以上评价结果提出生态环境保障政策建议。

1.2　生态敏感性评价方法

1.2.1　指标体系构建

生态环境敏感性是在不损失或不降低生态环境质量的情况下，生态因子对人为活动、环境变化等外界压力或变化的适应能力[4-6]，对区域生态环境敏感性进行评价分析，有利于制定针对性的生态环境保护对策，从而有效保护和改善生态环境。本文遵循科学性、完整性、定性与定量分析相结合、数据易获取和可操作的原则，综合考虑区域生态环境保护目标，从大气环境、水环境和生态功能 3 个维度选取 10 项指标，构建区域生态环境敏感性评价指标体系（表 1）。

表 1　区域生态环境敏感性评价指标体系及权重

目标层	准则层	指标层	计算方法及说明	权重
生态环境敏感性	大气环境	环境空气现状	用环境空气质量综合指数表示，公式为 $I_{sum} = \sum_{n=1}^{n} I_i$，$n$ 为污染物个数，I_i 为第 i 种污染物标准指数	0.05
	水环境	水质现状	用水质平均污染指数表示，公式为 $WQI = 1/n \sum_{i=1}^{n} P_i$，$n$ 为污染物个数，P_i 为第 i 种污染物标准指数	0.12
		入河排污口等级	将排污口等级分为对邻近海域的环境压力低、较低、中等、较高、高 5 级，分别赋值为 1～5	0.13
		入海排污口等级	根据区域海洋环境公报，将排污口等级分为对邻近海域的环境压力低、较低、中等、较高、高 5 级，分别赋值为 1～5	0.13
		地表水富营养化程度	根据环境质量公报，将地表水富营养化程度分为未营养化、轻度营养化、中度营养化和重度营养化，分别赋值为 1、2、3、5	0.13
		海水富营养化程度	根据区域海洋环境公报，将海水富营养化程度分为未营养化、轻度营养化、中度营养化和重度营养化，分别赋值为 1、2、3、5	0.13
	生态功能	重要生态空间/生态价值	根据生态功能重要性和生态环境敏感性分区赋值加和，一般重要和一般敏感赋值为 1，重要和敏感赋值为 2，极重要和极敏感赋值为 3，包括生物多样性维护重要、水土保持重要、水土流失敏感功能	0.17

目标层	准则层	指标层	计算方法及说明	权重
生态环境敏感性	生态功能	植被覆盖度	基于 ENVI 平台，利用 band math 提取遥感影像 NDVI 和植被覆盖度	0.12
		重要鱼类栖息地	根据重要鱼类的"三场一通道"进行赋值，产卵场赋值为 5，索饵场赋值为 4，越冬场赋值为 3，其余地区赋值为 1	0.20
		土地利用类型	根据不同的土地利用类型赋值，林地为 5，水域为 4，耕地为 3，海洋为 2，建设用地为 1，其他为 0	0.08

生态环境敏感性与环境质量现状息息相关，当环境现状越好，对外界压力越不敏感，即环境空气质量越好，水质越好，生态环境越不敏感，反之则越敏感。水环境敏感性也与外界压力和自身富营养化情况有关，外界压力越大，排污量越大，富营养化等级越高，区域开发对水环境造成的影响越剧烈，则生态环境越敏感。若区域水环境以地表水环境为主，则考虑入河排污口等级和地表水富营养化程度；若区域水环境以海洋环境为主，则考虑入海排污口等级和海水富营养化程度。同时生态环境敏感性也依赖于生态系统的功能和价值，生态价值越高，功能越重要，越敏感。重要生态空间和鱼类栖息地具有重要的生态价值，与敏感性呈正相关；植被覆盖度越高，生物多样性越丰富，则该区域的生态价值越高，生态环境越敏感；不同土地利用类型具有不同生态功能，分别赋予其不同分值[7-9]。

1.2.2 评价方法

采用专家打分法和层次分析法确定评价指标权重，利用极差法对各指标数据进行标准化，采用线性加权法对舟山市生态敏感性进行评价并分级。

（1）权重确定

邀请生态环境领域和环境影响评价领域各 5 名专家根据指标对生态敏感性的重要程度进行打分，采用 1～9 标度法，进行两两指标比较量化，构建判断矩阵。采用层次分析法[10]确定各指标权重，结果如表 1 所示。该方法是将一个复杂决策问题体系按目标、准则、指标的顺序分解为不同的层次结构，求解判断矩阵特征向量后，通过层次单排序、层次总排序、一致性检验，最终确定各指标权重。

（2）指标标准化

根据式（1）对所有指标数据进行标准化处理。

$$\begin{cases} X_i = \dfrac{x_i - x_{\min}}{x_{\max} - x_{\min}} （正向指标） \\ X_i = \dfrac{x_{\max} - x_i}{x_{\max} - x_{\min}} （负向指标） \end{cases} \tag{1}$$

式中，X_i 为各指标标准化结果；x_i 为实际值；x_{max}、x_{min} 分别为最大值和最小值。

（3）生态敏感性评价分级

采用线性加权法计算生态敏感性指数，公式为

$$SE = \sum_{i=1}^{n} X_i W_i \qquad (2)$$

式中，SE 为生态敏感性指数；n 为评价指标个数；W_i 为各指标权重。

2 案例研究

2.1 政策解析和影响识别

《中国（浙江）自由贸易试验区建设实施方案》（以下简称《实施方案》）对自由贸易试验区建设目标、功能布局和工作要求做出了全方面部署。开展自由贸易试验区政策解析，旨在识别出可能对生态环境造成影响的政策内容。从战略定位与目标、产业发展导向、产业发展布局、产业发展规模等角度对《实施方案》做了多维度解析（表2）。总体而言，从政策发展目标和产业发展导向来看，中国（浙江）自由贸易试验区是一个以石油制造、大宗商品中转为主导产业的自由贸易试验区，其制造业特色浓厚。

表 2　中国（浙江）自由贸易试验区政策解析

政策目标		产业发展导向	产业布局
定性	定量		
我国东部地区重要海上开放门户示范区、国际大宗商品贸易自由化先导区和具有国际影响力的资源配置基地	形成 4 000 万 t 油品储、1 500 万 t 铁矿石堆存规模和年 4 000 万 t 石油炼化、500 万 t 保税燃料油供应能力	重点发展油气储运、加工、贸易、交易及海事服务等全产业链，积极发展化工新材料、能源、金融、矿石中转、农产品贸易、健康旅游等产业	离岛片区：鱼山岛重点建设国际一流的绿色石化基地；鼠浪湖岛、黄泽山岛、双子山岛、衢山岛、小衢山岛、马迹山岛重点发展油品、铁矿石、煤炭等大宗商品储存、中转、加工贸易等产业；秀山东锚地重点发展保税燃料油供应业务
			北部片区：由舟山经济开发区区块和舟山港综合保税区本岛分区区块组成，重点发展油品等大宗商品交易、保税燃料油供应以及石油石化产业配套装备保税制造、仓储、物流等产业
			南部片区：由新城区块、小干岛区块、沈家门区块、东港区块、朱家尖区块和相关海域组成，重点建设舟山航空产业园，发展大宗商品交易、水产品贸易、海洋旅游、现代商贸、金融服务、信息咨询以及航空研发设计、制造、零部件物流等高新技术产业

根据政策解析结果，可能对生态环境造成影响的主要经济社会活动为石油炼化、油气储运、铁矿石混配、煤炭液体大宗商品运输等。大气环境影响主要源自煤炭、金属矿石等大宗散货运输造成的粉尘污染以及石油炼制及其制品运输造成的油气逸散污染；水环境影响主要源自石油炼化及制品过程中产生的工艺废水；生态影响主要源自港区油气储运、大宗商品运输和石油炼化等过程，对海洋鱼类"三场一通道"造成一定不利影响。

2.2 "三线一单"符合性分析

根据舟山市"三线一单"生态环境分区管控方案，开展"三线一单"符合性分析（图2）。

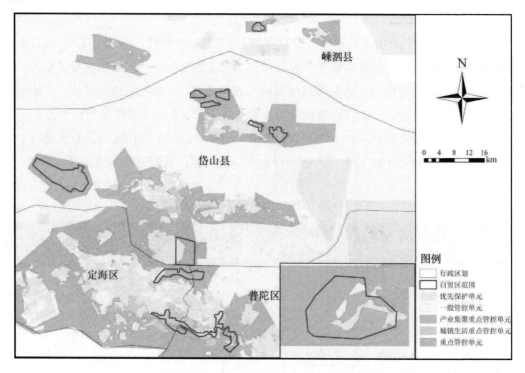

图2　舟山市"三线一单"符合性分析结果

《实施方案》指出离岛片区主要发展油气全产业链，北部片区主要发展贸易、仓储、物流，南部片区主要发展大宗商品交易、水产品贸易和现代服务业。从"三线一单"生态环境分区来看，陆域方面舟山市离岛片区、舟山岛北部片区均未涉及陆域生态保护红线，大部分区域属于重点管控单元中的产业集聚类，主导发展工业，仅舟山岛南部片区涉及优先保护单元，这些区域基本为森林生态系统，在开发过程中要注意避让这些区域。舟山岛北部片区、舟山岛南部片区部分区域属于重点管控单元中的城镇生活类，主导发展大宗商品交易、海洋旅游、现代商贸等服务业。《实施方案》产业布局与"三线一单"

基本相符。在海域方面，离岛片区中小衢山岛、黄泽山岛等涉及海岸线优先保护区的，开发建设时要注意规避。

2.3　生态环境敏感性评价

本文以 2020 年为基准年，对舟山市的生态敏感性进行了评价。其中，舟山市作为一个海岛城市，海域占其总面积的 90% 以上，在构建舟山市生态环境敏感性指标体系时必须考虑海洋生态环境，水环境指标选取入海排污口等级和海水富营养化程度。本文数据主要为自然地理数据。其中，地表水和环境空气监测数据来自舟山市环境质量公报，入海排污口等级和海洋富营养化程度数据来自舟山市海洋环境公报，生态功能重要性分布数据和生态环境敏感性分区数据来自生态保护红线划定结果，遥感影像数据从地理空间数据云获取，植被覆盖度和土地利用类型数据基于遥感影像获取。基于 ENVI 和 GIS 软件平台进行数据处理，评价单元为 100 m×100 m 栅格。

根据式（1）、式（2）对舟山市生态环境敏感性进行评价，结果为 0.25～0.65，空间分布见图 3。由图 3 可知，舟山市西部海域敏感程度最低，该区域无入海排污口，生态价值较低，虽然富营养化程度较高，但总体仍表现为不敏感。中部海域，即近岸海域敏感程度相对较高，该区域入海排污口集中，富营养化程度较高，同时分布有大黄鱼、小黄鱼、带鱼、墨鱼等重要鱼类的产卵场、索饵场，生态价值高，在区域开发过程中应加强

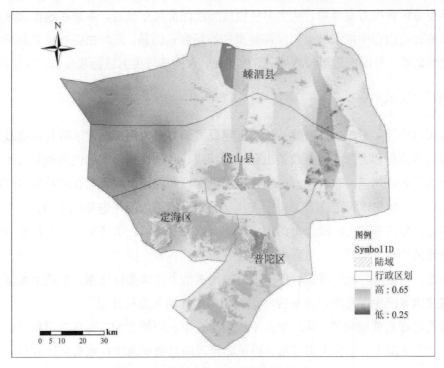

图 3　舟山市生态环境敏感性评价结果

对这些重要海洋生态空间的修复与保护，不宜进行大规模围垦造地活动，以减少对海洋生态环境和海域渔业资源生长环境的影响。嵊泗列岛、舟山本岛、桃花岛、六横岛等区域敏感程度高于其他区域，这些区域林地居多，生态系统较为完整，生态功能和生态价值较高，环境本底情况也较好，在区域发展过程中应进一步优化产业布局，避让生态保护红线区域，加强生态环境保护。

2.4 政策建议

评价从宏观层面识别出自由贸易试验区区域开发政策实施过程中的主要生态环境影响来源和政策实施过程中应注意避让、保护的敏感区域，为政策实施提供预警保障作用。从生态环境影响来源看，自由贸易试验区发展过程中生态环境影响主要源自石油炼化、油气储运、铁矿石和煤炭等大宗商品运输过程，推动自贸试验主导产业绿色低碳循环发展是实现自贸试验高质量发展的关键。在政策实施过程中应持续不断推进油气生产密闭化、管道化、连续化、自动化；全面推广绿色石化制造技术，实现化工原料、合成工艺和制造过程绿色化，从源头上控制和减少污染；进一步完善油气、铁矿石和煤炭等大宗物资的集疏运系统，加快推进铁矿石、煤炭等大宗货物集疏运主要采用铁路、水运等绿色运输方式；加快推进成品油输运管道建设，加强管道互联互通。基于产业空间布局导向的空间分析表明，自由贸易试验区政策产业发展布局基本符合舟山市"三线一单"生态环境分区管控方案要求。从生态环境敏感性评价结果来看，未来在政策实施过程中要尽量避让舟山市中部海域重要经济鱼类产卵场和索饵场，同时加强对重要海洋经济鱼类的增殖放流；舟山市北部嵊泗列岛、桃花岛、六横岛等生态敏感程度高，应尽量避让。

3 结论与建议

本文以中国（浙江）自由贸易试验区建设实施方案为例，探索区域开发类政策快速环评的技术流程和方法。由于政策出台的周期短、时效性强，需尽快判断其可能造成的生态环境影响或风险，为政策制定和实施提供支撑和保障。本研究在对政策多维度解析的基础上，采取快速和定性方法识别政策实施后可能造成的生态环境影响。在"三线一单"符合性分析基础上，结合舟山市实际，考虑大气环境、水环境、生态功能对生态环境敏感性的影响，构建了生态环境敏感性评价指标体系，提出了评价方法。考虑数据的易获取性，本文未将减污降碳、环境风险等因素纳入评价指标体系，但政策实施实际上也对这些因素产生了影响，未来应考虑将相关指标纳入指标体系。

政策环评是前端决策，从政策入手识别潜在生态环境影响，提高决策科学性和合理性，有助于从源头上保护生态环境，但是如何正确且快速地进行政策环评并加以应用仍处于探索阶段。未来应进一步细化和深化政策环评技术流程，加强"三线一单"的落地应用，在政策制定过程中更加注重区域实际，加强与政策评价的互动，及时反馈优化政策内容，减少因政策的随意性和不合理性产生的生态环境问题。

参考文献

[1] 李天威，耿海清. 我国政策环境评价模式与框架初探[J]. 环境影响评价，2016，38（5）：1-4.

[2] 耿海清，李天威，徐鹤. 我国开展政策环评的必要性及其基本框架研究[J]. 中国环境管理，2019，11（6）：23-27.

[3] Chaker A，El-Fadl K，Chamas L，et al. A review of strategic environmental assessment in 12 selected countries[J]. Environmental Impact Assessment Review，2006，26（1）：15-56.

[4] 杨志峰，徐俏，何孟常，等. 城市生态敏感性分析[J]. 中国环境科学，2002，22（4）：360-364.

[5] 欧阳志云，王效科，苗鸿. 中国生态环境敏感性及其区域差异规律研究[J]. 生态学报，2000，20（1）：9-12.

[6] 刘康，欧阳志云，王效科，等. 甘肃省生态环境敏感性评价及其空间分布[J]. 生态学报，2003，23（12）：2711-2718.

[7] 薛鹏丽，曾维华. 上海市环境污染事故风险受体脆弱性评价[J]. 环境科学学报，2011，31（11）：2556-2561.

[8] Horne R，Hickey J. Ecological sensitivity of Australian rainfor-ests to selective logging [J]. Australian Journal of Ecology，1991，16（1）：119-129.

[9] Rodriguez E，Vila L. Ecological sensitivity atlas of the Argentine continental shelf [J]. International Hydrographic Review，1992，69（2）：47-53.

[10] Saaty T. The analytic hierarchy process[M]. New York：McGraw-Hill Inc，1980.

"双碳"战略下政策环评纳入气候变化因素的路径探析
——以区域煤基产业政策为例

崔　青[1]　耿海清[1]　吴亚男[1]　邹佳铭[2]　李　苗[1]　李南锟[1]

（1. 生态环境部环境工程评估中心，北京 100012；

2. 生态环境部卫星环境应用中心，北京 100094）

摘　要： 新时期"双碳"战略下，在政策环境影响分析中纳入气候变化因素是《经济、技术政策生态环境影响分析技术指南（试行）》的核心要求，也是推进实现减污降碳协同增效的有利手段。本文以区域煤基产业政策为例，开展了政策环评层面应对气候变化的影响分析，提出了现阶段政策环境影响分析应以减污降碳协同增效为引领，应对气候变化影响分析应以温室气体排放，特别是二氧化碳排放为评估重点。

关键词： 政策环评；气候变化；减污降碳；煤基产业

Analysis on Integrating Climate Change Factors in Policy EIA Under the Strategy of Carbon Peak and Carbon Neutrality —Baesd on Case study on a regional policy of coal based industry

Abstract： It is one of the mail requirements of *Technical guide for ecological environment impact analysis of economic and technological policies（For Trial Implementation）* that integrating Climate Change factors in Policy EIA. Meanwhile，it is also a favourable means to realizing the synergy of pollution reduction and carbon reduction. The impact analysis of climate change factors at the policy EIA level was carried out based on a case study on a regional policy of coal based industry. It is suggested that Policy EIA should be guided by the synergy of pollution reduction and carbon reduction at the present stagy and the analysis of climate change factors should focus on the impact of greenhouse gas emissions，particularly carbon dioxide emissions.

Keywords： Policy EIA；Climate Change；Reduce Pollution and Carbon；Coal Based Industry

---

作者简介：崔青（1982—），女，工程师，硕士研究生，主要研究方向为环境影响评价。E-mail：30396349@qq.com。

为贯彻落实《中华人民共和国环境保护法》和《重大行政决策程序暂行条例》中在经济、技术政策等决策制定过程中充分考虑对环境影响的相关要求，2020 年年底，生态环境部发布《经济、技术政策生态环境影响分析技术指南（试行）》（以下简称《技术指南》），为相关部门制定经济、技术政策过程中开展生态环境影响分析提供可操作的技术路径，推进通过政策环评的手段积极防范政策可能产生的生态环境影响。其中，应对气候变化是《技术指南》提出的需关注的生态环境影响的重要内容，更是当前政策环评领域的研究方向之一[1]。

2020 年 9 月 22 日，我国做出郑重承诺，中国二氧化碳排放力争于 2030 年前达到峰值，努力争取 2060 年前实现"碳中和"。"双碳"战略是党中央经过深思熟虑做出的重大战略决策，对我国实现高质量发展、全面建设社会主义现代化强国具有重大意义[2]。新发展阶段下，为落实"双碳"战略，生态环境部提出充分发挥现有环境管理制度体系的优势，推动将气候变化影响纳入环境影响评价[3]。2021 年 11 月，中共中央、国务院印发《关于深入打好污染防治攻坚战的意见》，针对如何深入打好污染防治攻坚战做出系统部署和总体安排，提出以实现减污降碳协同增效为总抓手[4]。2022 年 6 月，生态环境部等 7 部委联合印发《减污降碳协同增效实施方案》，提出"坚持系统观念，统筹碳达峰碳中和与生态环境保护相关工作，强化目标协同、区域协同、领域协同、任务协同、政策协同、监管协同，增强生态环境政策与能源产业政策协同性，以碳达峰行动进一步深化环境治理，以环境治理助推高质量达峰"[5]。政策环评作为我国环境影响评价制度体系中的一个环节，也应积极响应统筹"碳达峰"行动与生态环境保护，推动减污降碳协同增效的要求。

国际上，对于政策（战略）环评中开展气候变化相关评价已经形成了由法律到规程再到专项指南的完整体系。美国环境质量委员会于 2010 年制定了《基于国家环境政策法案制定温室气体排放和气候变化评价指南的备忘录》，用于指导联邦机构分析气候变化和温室气体排放对政策实施的影响，侧重于计算和披露温室气体年排放量[6]。欧盟（及英国）在战略环评的法律条例及指导框架中明确强调了气候变化评价的重要性并提出了粗略的指导，制定了专项指南文件，将气候变化考虑纳入战略环评的各个阶段中，并提供了详细的评价目标、参考方法和参考指标[7,8]。

目前，我国政策环评尚处于初级阶段，基础较为薄弱，常规化的制度体系和工作机制尚未建立。国内相关学者在贸易政策、产业政策等方面尝试开展案例研究和探索[9-11]。对于政策在应对气候变化方面的影响分析的技术方法和实践还比较少，亟须开展在政策环评纳入应对气候变化因素的相关研究。本文选取某区域煤基产业政策为案例，基于《技术指南》提出的技术路径，开展以温室气体排放影响为主的影响分析，提出了应对气候变化影响评估的技术思路和主要评估内容建议。

1　政策环评中应对气候变化影响评估的技术思路和要点建议

1.1　政策环评中应对气候变化影响评估的主要内容

根据《技术指南》，政策环评的技术路径主要包括政策分析、生态环境影响初步识别、应对气候变化影响具体分析、结论与建议 4 个环节。各环节应对气候变化因素的影响评估的关键内容建议如图 1 所示。

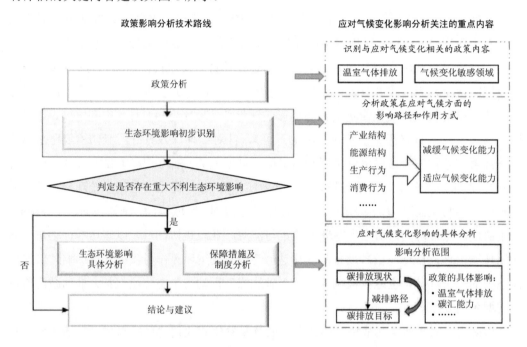

图 1　政策环评中开展应对气候变化影响分析的技术路线

（1）政策分析环节：识别可能对温室气体排放造成影响或可能涉及气候敏感领域的政策内容。

（2）生态环境影响初步识别环节：基于政策分析结果，分析政策对温室气体排放和气候敏感领域的影响路径和作用方式；通过专家打分法、清单法等快速评价法，初步判断政策是否对重点领域/区域温室气体排放或重点气候敏感领域（如农业、林业、畜牧业、水利、旅游业等）的适应气候变化能力造成重大不利影响。

（3）应对气候变化影响具体分析：①明确政策影响的时间和空间范围；②调查分析受政策受影响区域（领域）的碳排放现状及阶段性减排目标；③分析政策实施对受影响区域碳排放总量、碳排放强度及区域碳汇能力的影响程度，评估政策对区域阶段性碳减排目标（"碳达峰、碳中和"）及减排路径造成的影响是否可接受；④分析现有相关制度应对政策实施不良环境影响的能力，从减缓气候变化方面提出制度建设要求；分析气候变化对政策实施带来的次生环境影响，并提出有利于政策可持续实施的制度建设要求。

（4）结论与建议：提出缓解在应对气候变化方面重大不利影响的调整建议和制度建设建议。

1.2　政策环评中应对气候变化与其他方面环境影响的关联性

根据《技术指南》，政策环评主要从环境质量、生态保护、资源消耗、应对气候变化 4 个方面开展生态环境影响识别和分析。应对气候变化作为大尺度、综合性的环境影响，与环境质量、生态保护、资源消耗 3 个方面的影响有着密不可分的联系。

（1）气候变化因素与环境质量的协同性分析

相关研究表明了低碳发展与环境保护的"单向"协同性。除碳捕集与封存项目以外，由于温室气体与污染物排放的同根同源性，其余所有的低碳发展政策措施均能够带来相应的环境保护效益，即低碳一定低污染。以末端技术为手段的环境保护政策措施更注重降低污染排放，很多污染控制措施会带来额外的成本、能源需求和温室气体排放，即低污染未必低碳。现阶段，低碳发展和缓解区域生态环境问题具有同样的紧迫性，必须识别具有共生效益的领域协同发展。

（2）应对气候变化与生态保护的相关性分析

增加生态碳汇是减缓气候变化的重要途径之一，同时，生态系统稳定性、生物多样性、生态系统服务功能等方面的影响均能够反映区域生态环境对于气候变化的适应能力。

（3）应对气候变化与资源消耗的相关性分析

能源活动是温室气体最主要的排放源。2021 年，能源消费二氧化碳排放量占到全球总排放量的 89%[12]。能源消耗的总量和强度直接与温室气体排放总量和强度相关。

1.3　应对气候变化影响分析的主要指标建议

由于应对气候变化与环境质量、生态保护、资源消耗 3 个方面的影响有着密不可分的联系，影响分析的指标也具有较强的相关性。因此，在《技术指南》的技术路径框架下，建议在政策环评开展应对气候变化影响分析时，除了选取温室气体排放总量和排放强度的指标来分析政策实施对于温室气体排放的影响，还应结合其他方面的相关指标开展减缓或适应气候变化方面的影响分析，如结合生态保护方面的影响分析指标，评估政策在生态碳汇方面的影响（表 1）。

表 1   应对气候变化影响分析的主要指标

一级指标	二级指标	三级指标	四级指标
应对气候变化	减缓气候变化	是否增加温室气体排放	区域温室气体年排放总量
			单位 GDP 温室气体排放强度
			单位土地利用面积温室气体排放强度
			......
		是否降低碳汇能力	森林覆盖率
			森林蓄积量
			城市绿化覆盖率
			......
	适应气候变化	是否增加水资源、农业等气候敏感领域的脆弱性	水资源安全供给率
			生物多样性指数
		......	......

2   政策环评案例分析

2.1   案例政策概述

研究选取 2019 年 A 市的《关于支持××市加快推动煤炭资源转化的意见》为研究对象，涉及的产业类型主要包括煤电一体化、煤化一体化及清洁高效的载能工业等煤基产业。

A 市为我国西部地区重要的能源资源型城市，发展定位为打造国家级煤炭基地、煤电基地、煤化工基地、清洁能源输出基地和煤炭清洁高效利用示范区。

2.2   政策分析

（1）政策内容

政策提出，深入贯彻落实煤炭资源"三个转化"，加快煤炭利用以燃料为主向燃料与原料并重转变，推动扩大电力外送，做强煤向电力转化；推动煤电与载能工业联动发展，做大煤电向载能工业转化；推动煤化工向下游高附加值产业链延伸，做实煤油气盐向化工转化；围绕煤炭分质利用和煤基精细化工两个方向，进一步加快推动能源产业结构调整，提高区域高端能源化工基地建设水平，提升煤炭资源转化能力，推动经济高质量发展。支持某市通过煤炭矿业权清理整顿、市场引导和经济激励等手段，加快推动煤炭资源转化，到 2025 年，煤炭资源在市域内的转化率应达到 60%～80%。

（2）利益相关方

地方煤炭资源转化工作由市政府具体牵头负责，主要相关部门包括省发展改革委、省自然资源厅、省财政厅，还包括煤炭生产及转化相关行业项目业主。

2.3　初步识别

该政策实施的生态环境影响作用方式为新建、扩建煤炭生产和煤炭转化项目→电力、煤化工、载能项目建设与投运（能源、资源消耗、生产工艺排放）→生态环境影响（煤炭燃烧排放、工艺排放二氧化碳等温室气体，煤炭开采释放少量瓦斯气）。

"双碳"战略下，区域煤基产业面临碳减排压力。目标政策为市级产业政策，从应对气候变化方面看，影响范围尺度相对较小，因此，研究重点考虑政策在二氧化碳排放方面的影响。

2.4　碳排放影响分析

（1）研究方法

研究从煤电产业、煤化工产业、产品运输等方面分析政策对于不同区域温室气体排放（主要是二氧化碳）的影响。

①行业现状分析。对某市相关行业现状进行梳理评价，确定煤炭资源就地转化的主要方向和比例。

②情景设置。基于煤炭转化率的政策要求，构建现状情景、基础政策情景、强化政策情景，明确不同情景下，A 市煤电、煤化工及其他载能行业的煤炭消费量及转化率。

③通过碳排放系数法估算不同情景下煤电、煤化工、载能行业及其他产业二氧化碳排放量。各煤基产业二氧化碳排放系数设置见表 2。

表 2　主要煤基产业二氧化碳排放系数设置

行业	产品	碳排放系数/（t CO$_2$eq/ tce）	来源/依据
煤电行业	电力	1.78	根据当地单位供电二氧化碳排放水平和全国供电煤耗水平数据确定
煤化工	煤直接液化	5.56	根据 A 市煤化工发展规划，确定主要产品方向。二氧化碳排放系数引自《典型现代煤化工过程中二氧化碳排放比较》[13]
	煤间接液化	6.86	
	煤制烯烃	10.52	
	煤制乙二醇	5.6	
	煤制甲醇	3.85	
载能行业	兰炭、电石、铁合金、电解铝、金属镁	2.46	根据国家发展改革委能源研究所推荐值，1 t 标准煤完全燃烧的碳排放系数折算

④从政策实施目标区域、煤基产业产品用户区域、整体 3 个层面分析政策实施所造成的二氧化碳排放影响。

（2）情景设置

从能源产业结构调整角度出发，结合已发布的国家和所在省份对 A 市煤炭资源转化率要求，研究构建了现状情景（煤炭转化率 22%）、基础政策情景（煤炭转化率 60%）、强化政策情景（煤炭转化率 80%），假设政策实施期间，煤电、煤化工及载能行业煤炭消耗比重不变，均呈同比例增长。主要煤基产业煤炭消费量和煤炭转化率设置见表 3。

表 3　不同政策情景下区域主要煤基产业煤炭消费量和煤炭转化率设置

行业	现状情景		基础政策情景		强化政策情景	
	煤炭消费量/万 t	煤炭转化率/%	煤炭消费量/万 t	煤炭转化率/%	煤炭消费量/万 t	煤炭转化率/%
煤电	3 028.40	7.57	10 412.57	20.64	13 883.42	27.52
煤化工	2 614.63	6.53	8 989.92	17.82	11 986.56	23.76
载能行业	1 434.97	3.59	4 933.86	9.78	6 578.48	13.04
其他	1 725.48	4.31	5 932.74	11.76	7 910.32	15.68
合计	8 803.48	22.00	30 269.09	60.00	40 358.79	80.00

（3）不同政策情景下区域煤基产业二氧化碳排放量预测结果

政策实施后 2025 年地方煤电、煤化工及载能行业的二氧化碳排放量大幅增加。

煤电行业：基础政策情景下为 18 533.70 万 t，强化政策情景下为 24 711.59 万 t，分别为现状情景的 3.4 倍和 4.6 倍。

煤化工行业：基础政策情景下为 14 872.02 万 t，强化政策情景下为 19 829.36 万 t，分别为现状情景的 2.7 倍、3.6 倍。

其他载能行业：基础政策情景下排放量为 12 137.30 万 t，是现状情景的 2.7 倍，强化政策情景下排放量为 16 183.06 万 t，是现状情景的 3.6 倍。

（4）不同政策情景下煤基产业产品运输碳排放分析

从运输方式来看，煤电输送通过电网，温室气体排放较小，在估算中可忽略不计。煤炭及煤化工、载能产品的外送采用铁路、公路的运输方式。煤炭资源开采总量不变，就地转化率大幅提升的情况下，基础政策情景、强化政策情景下煤炭外送运输量较现状情景大幅下降，由现状情景的 3.9 亿 t 下降到 1 亿～2 亿 t；同时，煤化工及其他载能行业产品外送运输量由现状情景的 0.42 亿 t 增加到 0.56 亿～0.63 亿 t。因此，政策基础情景、政策强化情景下煤炭及其相关产品运输量分别为零方案情景的 66.5%、48.8%。相应地，在相同运输方式量、运输距离条件下，基础政策情景、强化政策情景下煤炭及其相关产品运输过程中二氧化碳排放将较现状情景减少 30%～50%。

（5）结果讨论

基于目标政策，到 2025 年区域煤炭就地转化率达到 60%～80%，较基础情景（22%）提高 40%～60%。当地煤电、煤化工产业耗煤量占比提高 3～4 倍。较现状情景，政策实施后当地煤电、煤化工产业温室气体排放量将显著提高。经测算，当煤炭转化率为 60% 时地方二氧化碳排放量为 45 543 万 t，是现状情景的 2.98 倍；当煤炭转化率为 80% 时，地方二氧化碳排放量为 60 724 万 t，是现状情景的 3.97 倍。尽管提高就地转化率可以减少车辆运输过程中的二氧化碳排放，总体上对产品用户区域的温室气体排放量是减少的（表 4），但造成政策实施目标区域二氧化碳排放量显著增加，特别是"双碳"战略下，政策实施对于地方碳排放控制带来了较大压力。

表 4　政策实施对于不同区域温室气体排放的影响

主要环节	政策实施目标区域	产品用户区域	整体
煤炭开采	无影响	无影响	对于煤炭开发利用过程中的温室气体排放基本无影响，煤炭产品运输过程中的温室气体排放减少
煤电	排放量增大++	排放量较少--	
煤化工	排放量增大+	排放量较少-	
其他载能产品	排放量增大+	排放量较少-	
总体情况	排放量增大++	排放量较少--	

注："+"为二氧化碳排放量增加，"-"为二氧化碳排放量减少。

2.5　政策建议

（1）政策目标地区是国家能源化工基地，以煤炭为主的产业结构难以转变。"双碳"战略下，政策实施过程中应加大煤基产业碳减排力度，加强煤电、煤化工等高碳产业"提能效、降能耗"。

（2）作为煤基产业聚集区域应积极推广和应用碳捕集、利用与封存技术，探索基于碳捕集、利用与封存技术实现传统高碳产业低碳化转型发展的路径，培育形成煤电、煤化工等高碳产业同碳捕集、利用与封存技术耦合发展的低碳产业链和产业集群。

3　政策环评开展应对气候变化影响评估的几点建议

3.1　政策环评开展应对气候变化影响评估应注重减污降碳协同增效

应对气候变化与环境质量、生态保护、资源消耗方面的影响均存在密切的相关性。面对环境质量改善与温室气体减排的双重压力与迫切需求，政策环评开展时应综合考虑减污、减碳等方面评价指标的选取，提高评估效率，推动实现减碳降污协同增效。

3.2　应对气候变化影响评估将温室气体排放作为评估工作的重点

"双碳"战略中的"碳达峰"明确指能源和工业过程的二氧化碳排放达峰，因此，现阶段政策环评开展应对气候变化影响分析的主要目标是落实"碳达峰"目标下推动经济结构绿色转型、污染源头治理。中共中央、国务院发布的《关于深入打好污染防治攻坚战的意见》中提出统筹建立二氧化碳排放总量控制制度。因此，二氧化碳排放总量、强度等指标是应对气候变化指标体系中最基本、最根本的评价指标。基于应对气候变化领域的研究基础和现阶段我国应对气候变化的战略目标，产业政策特别是"两高"行业的产业政策应对气候变化影响分析的重点应为政策实施对于目标行业、目标区域的温室气体特别是二氧化碳排放的影响。

3.3　开展政策环评应对气候变化尚需深入广泛的方法学研究

应对气候变化涉及的内容十分广泛，而政策环评作为大尺度、长时段、重视累积影响、时效要求高的环境评价，目前技术方法研究非常不足，需要研究探索不同影响尺度、不同类型政策、不同政策场景中应对气候变化评估的适用方法，建立相应的方法库，为此项工作的广泛开展提供指导。

3.4　开展应对气候变化影响评估需要碳排放等相关信息的基础数据库支持

一些重点领域和行业政策的实施有可能对区域碳排放产生显著影响，然而由于基础数据选取上的差别，预测结果可能存在较大差异。为了保证评估工作更加客观、具有可对比性，我国可借鉴欧盟、美国等的经验，建立应对气候变化评估的基础数据库。例如，对于重点行业、工厂甚至设备等不同级别的碳排放系数，以及不同植被、树种的固碳能力等，应该建立起相对完备、统一的技术数据库供评估机构使用，以便于统一评估标准，提高评估效率和公平性。

参考文献

[1] 生态环境部. 经济、技术政策生态环境影响分析技术指南（试行）[EB/OL]（2020-11-10）. https：// www. mee. gov. cn/xxgk2018/xxgk/xxgk06/202011/t20201110_807267. html.

[2] 中共中央　国务院. 关于完整准确全面贯彻新发展理念做好碳达峰碳中和工作的意见[EB/OL]（2021-10-24）. http：//www. gov. cn/zhengce/2021-10/24/content_5644613. html.

[3] 生态环境部. 关于统筹和加强应对气候变化和生态环境保护相关工作的指导意见[EB/OL].（2021-01-11）. https：//www. mee. gov. cn/xxgk2018/xxgk/xxgk03/202101/t20210113_817221. html.

[4] 中共中央、国务院. 关于深入打好污染防治攻坚战的意见[EB/OL].（2021-11-07）. http：//www. gov. cn/zhengce/2021-11/07/content_5649656. html.

[5] 生态环境部，国家发展和改革委员会，等. 关于印发《减污降碳协同增效实施方案》的通知[EB/OL]（2022-06-10）. https：//www. mee. gov. cn/xxgk2018/xxgk/xxgk03/202206/t20220617_985879. html.

[6] CEQ. Draft NEPA Guidance on Consideration of the effects of Climate Changes and Greenhouse Gas Emissions[R]. 2010.

[7] European Union，Guidance on Integrating Climate Change and Biodiversity into Strategic Environmental Assessment[R]. 2013，ISBN 978-92-79-29016-9.

[8] UK Environment Agency. Strategic environmental assessment and climate change：guidance for practitioners[R]. 2011.

[9] Mao XQ，Song P，Kørnøv L，et al. A review of EIAs on trade policy in China：Exploring the way for economic policy EIAs[J]. Environmental Impact Assessment Review，2015，50：53-65.

[10] 吴亚男，李元实. 煤炭开发布局西移对生态环境的影响及对策建议[J]. 环境影响评价，2017，39（4）：10-12.

[11] 李巍，杨志峰. 重大经济政策环境影响评价初探——中国汽车产业政策环境影响评价[J]. 中国环境科学，2000，20（2）：114-118.

[12] International Energy Agency（IEA）. Global Energy Review：CO_2 emissions in 2021 - Global emissions rebound sharply to highest ever level [R]. www. iea. org. 2022-03.

[13] 张媛媛. 典型现代煤化工过程中二氧化碳排放比较[J]. 化工进展，2016，35（12）：4060-4064.

环境类政策环评模式和技术方法探讨
——以海南省"禁塑"政策为例

李林子　赵玉婷　詹丽雯　李小敏

（中国环境科学研究院，北京 100012）

摘　要：面向环境政策的影响特征和决策需求，构建环境类政策开展环境影响评价的模式，提出环境政策环评的三大技术方法，即基于全生命周期的生态环境影响分析、基于利益相关方的成本收益分析以及基于全生命周期管理的保障措施及制度分析技术。海南省禁塑政策环评案例研究表明，应用生命周期分析技术可以量化分析比较不同政策情景的环境影响大小，识别出可能被忽视的环境影响环节；应用基于利益相关方的成本收益分析技术，可以从环境公共利益最大化和成本共担方面对政策及制度进行优化；应用基于全生命周期管理的保障措施及制度分析技术，可以较为快速地识别出现有保障措施及制度的遗漏或薄弱环节。

关键词：环境政策；政策环评；技术方法；生命周期分析；成本收益分析

Discussion of Modes and Methods of Environmental-friendly Policy Environmental Impact Assessment
— the Case Study of "Plastic Ban Policy" in Hainan

Abstract：To meet the needs of decision-making and adapt the impact characteristics of the environmental-friendly policy，the article constructs a mode to assess the impact of environmental-friendly policy，proposing three analysis methods，namely，ecological environment impact analysis based on life cycle assessment，cost-benefit analysis based on stakeholder analysis，and supporting measures and legal system analysis based on life cycle management theory. The case study of the "plastic ban policy" in Hainan shows that the application of life cycle assessment can quantify and compare the environmental impact of different policy scenarios，and identify the potential environmental impacts. The application of cost-benefit analysis based on stakeholder analysis can optimize the policy from aspects of maximizing the public interest of the ecological environment and

作者简介：李林子（1987—），女，助理研究员，主要从事环境政策、环境影响评价研究。E-mail：lilz@craes.org.cn。

sharing the cost. The application of supporting measures and legal system analysis based on life cycle management can help to identify the omitted or weak links of the policy system quickly.

Keywords：Environmental Policy；Policy Environmental Impact Assessment；Technical Method；Life Cycle Assessment（LCA）；Cost-benefit Analysis

政策环境影响评价（以下简称政策环评）是环境影响评价在更高的政策层次的应用，是新时期我国环境影响评价制度向决策源头延伸、参与宏观综合决策的一项重要制度创新。国际上，美国、加拿大、英国、欧盟等国家和地区，世界银行、联合国环境规划署等国际组织均建立了政策环评制度，或开展了政策环评相关的研究探索[1]。我国法律法规中虽然没有明确出现"政策环评"的字样，但在 2014 年修订的《中华人民共和国环境保护法》中规定，"国务院有关部门和省、自治区、直辖市人民政府组织制定经济、技术政策，应当充分考虑对环境的影响，听取有关方面和专家的意见"，《重大行政决策程序暂行条例》等法规文件也纳入了政策环评相关的要求。在实践中，我国开展了针对农业政策、钢铁行业转型政策、汽车产业政策、贸易政策、城镇化政策等的政策环评案例研究[2-4]，2020 年生态环境部印发《经济、技术政策生态环境影响分析技术指南（试行）》（以下简称《技术指南》），2021 年在全国 9 个省（市）启动了政策环评试点研究。但是总体上，我国政策环评还处于案例研究和试点探索阶段，评价模式和内容尚有争议，技术方法还不完善，已有案例研究对象主要集中在产业政策、贸易政策等少数几类政策，亟待探索开展针对不同类型政策的评价模式和技术方法研究，丰富政策环评案例储备，以支撑政策环评推广应用，发挥政策环评在科学决策和环境治理中的作用。

环境政策通过改变资源利用方式和强度、环境保护行为的区域和范围等手段直接作用于环境，属于应当开展政策环评的对象，然而已有研究中几乎没有针对此类政策的环评案例。随着生态文明建设的深入推进，环境保护融入经济社会发展综合决策，环境政策越来越成为决策的主流类型。不同于具有明显生态环境影响的产业政策、贸易政策等经济政策，环境类政策的影响特征不同，因而，开展环境影响评价的模式、重点和技术方法也应当区别于经济类政策环评。本研究构建针对环境政策的评价模式和技术方法，并以海南省"禁塑"政策为案例开展应用研究，以期为未来开展同类型政策环评提供有益的参考。

1 评价模式和技术方法

1.1 评价模式

政策环评不应局限于固定模式或某种标准程式，评价模式和重点应当与政策类型及特征相适应，面向决策需求[5]。对于环境类政策，在政策环评中需要充分考虑以下几个方面。

第一，与经济政策的"显性"环境影响不同，环境政策的环境影响可能是"隐性"的，然而字面上环境友好的政策是否真正意味着实际上的环境友好，是需要经过科学评估的，尤其是在当前生态文明建设大背景下，很多政策都被冠以"绿色""环保"等环境保护的标签或噱头，而真正的环境影响和环境风险却有可能被忽略。例如，环境政策中典型的禁限型政策经常采用替代策略，那么替代方案与原有方案相比，生态环境影响是不是真的更小？会不会带来新的环境问题和环境风险？这需要政策环评在生态环境影响分析中，从生命周期的全过程去分析、比较替代方案与原有方案的影响。

第二，从支撑决策的需求来看，科学决策需要考量可持续发展的环境、经济、社会等多个维度的影响。与经济、技术政策环评只需要重点关注生态环境影响不同，环境政策不仅要考虑生态环境影响，也要关注社会经济影响。中共中央、国务院《关于深入打好污染防治攻坚战的意见》明确指出，要开展重大生态环境政策的社会经济影响评估。也就是说，环境政策的社会经济影响评估应当是独立开展的，但是，如果环境政策没有进行专门的社会经济影响评估，那么政策环评作为辅助决策的重要工具，就应该把社会经济影响作为评价的一个重要组成部分。

第三，环境政策的初衷固然是保护和改善环境，然而，环境政策的环境友好性是否能充分发挥，依赖于政策配套的保障措施及制度设计，这就决定了此类政策环评需要把制度评价作为评价的重要内容。《技术指南》提出了兼顾影响评价和制度评价的评价路线，对于环境类政策，在评价过程中更应当把保障措施及制度评价作为评价重点，识别现有制度的遗漏和不足，通过强化和完善保障措施及制度，来确保环境政策的环境正效应能够得到充分发挥。

基于以上几点考虑，在《技术指南》提出的一般政策环评"预警+保障"的评价模式基础上，耦合针对环境类政策评价的三大模块，即基于全生命周期的生态环境影响分析模块、经济社会影响分析模块和基于全生命周期管理的保障措施及制度分析模块，形成环境政策环评的评价模式（图1）。

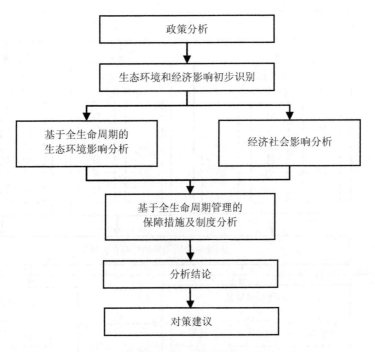

图 1　环境保护类政策的政策环评模式

1.2　技术方法

（1）基于全生命周期的生态环境影响分析技术

在生态环境影响分析模块中，可以采用生命周期分析技术开展生态环境影响分析。生命周期分析（Life Cycle Assessment，LCA），是通过定量化研究能量、物质利用、废弃物的环境排放来评估某种产品、工序或生产活动所造成环境负载的一种技术，核心是"对材料或产品从制造、使用、回收、废弃与处置等全过程中的环境影响进行综合评价"。将 LCA 评价应用于政策环评的生态环境影响分析，通过分析政策情景在生产制造过程、能源消耗过程，以及回收过程的污染特征，识别相应的环境影响类型，构建生命周期环境影响评价模型，可以分析典型污染物在致癌、呼吸系统损害、全球变暖方面对人体健康的破坏影响，毒性物质、无机污染物在生态毒性、酸化、富营养化方面对生态系统的破坏影响，以及资源、化石燃料消耗对资源能源的耗竭影响等，从而实现对政策情景生态环境影响大小的定量化表征、分析和比较。LCA 应用于政策环评的典型技术流程见图 2。

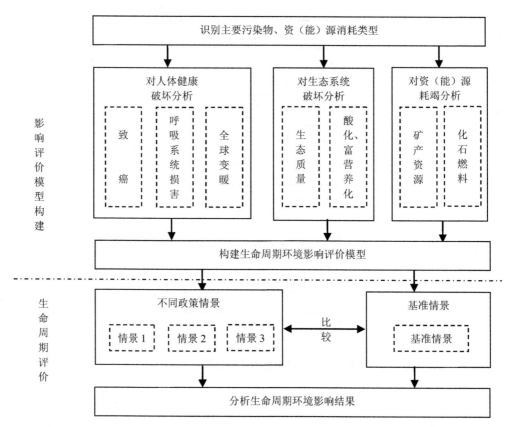

图 2　政策环评的 LCA 评价典型技术流程

　　LCA 应用于政策环评的一个明显优势在于可以用一个数值（环境影响潜值）来定量化表征生态环境影响，比较不同情景方案的生态环境影响类型和大小。同时，可以将影响评价结果直接指向最终的终点保护领域（如人体健康、生态系统、资源能源等），使评价结果更加直观。此外，在学术领域有关 LCA 评价技术的研究和应用已经非常成熟，应用生命周期软件（如 SimoPro 等）进行政策生态环境影响分析，输入清单数据即可快速地得到评价结果，也能够体现政策环评专业化和快速化的特征。然而，数据的可获得性是采用 LCA 进行政策生态环境影响分析的最大困难或局限。开展 LCA 评价的前提是能够获取较为全面和准确的物料、能耗及污染物排放等数据清单，而实际工作中受限于种种原因，数据的获取难度往往很大，在这种情况下也可以通过收集国内外相关领域的 LCA 研究成果，应用其研究成果支撑政策相关的生态环境影响分析。

　　（2）经济社会影响分析技术

　　在经济社会影响分析模块中，建议采用快速简易的经济社会影响分析技术。考虑政策环评的时效性要求，相较于独立开展的环境政策经济社会影响评价，政策环评中的经济社会影响分析可以适当简化，追求有限目标，达到定性和半定量化水平即可。笔者探索将成本收益分析与政策环评中的利益相关方分析相结合，提出基于利益相关方的成本-收益分析技术流程（图 3）。一般的成本—收益分析把政策涉及的所有利益相关方都作为一个整体分析，难以区分是哪些群体承担了主要的政策成本或者获得了主要的政策收益；基于利益相关方的成本—收益分析，从政策的核心利益相关方入手，分析各自分担的成本和获得的收益，可以相对快速简易地识别出成本—收益产生的关键环节，从而形成以最小成本获得最大环境公共效益为目标的政策优化方向。

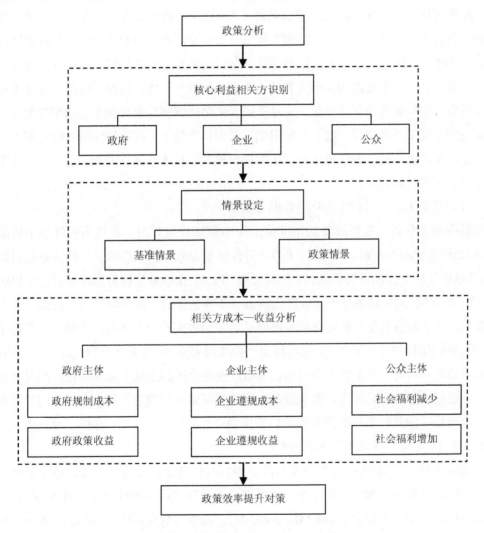

图 3　基于利益相关方的成本—收益分析技术流程

（3）基于全生命周期管理的保障措施及制度分析技术

在保障措施及制度分析模块中，提出基于全生命周期管理的保障措施及制度分析技术。基于全生命周期管理的保障措施及制度分析方法，就是在生命周期分析评价基础上，在生产、流通、使用、废弃、回收和处置等生命周期全过程的各个环节，从减轻不利生态环境影响和增强有利生态环境影响方面，分析现有保障措施及制度的有效性；可以更为全面清晰地识别出现有措施及制度的遗漏或薄弱环节，从而确保环境政策能够真正实现预期的环境正效应。

2 案例研究

海南省作为全国 9 个政策环评试点省（市）之一，选择将海南国家生态文明试验区建设中的标志性政策之一——"禁塑"政策作为评价对象。海南省"禁塑"政策是以地方法规《海南经济特区禁止一次性不可降解塑料制品规定》（2020 年 12 月 1 日实施）为核心的政策体系，主要围绕在海南省禁止生产、运输、销售、储存、使用一次性不可降解塑料袋、塑料餐具等塑料制品，同时发展全生物降解塑料来替代禁止的塑料制品，属于典型的禁限型环境政策。鉴于篇幅限制，海南省"禁塑"政策环评的完整过程不在文中赘述，仅就前文提出的针对环境政策的评价模式和技术方法在海南省"禁塑"政策环评中的应用进行阐述。

（1）基于生命周期的生态环境影响分析

根据政策分析，设置政策的基准情景为不实施政策时的一次性不可降解塑料制品（主要是传统化石基塑料，如 PE、PP），替代情景为政策执行后的全生物降解塑料制品（主要包括生物基生物可降解塑料，如淀粉基、PLA；化石基生物可降解塑料，如 PBAT、PBS），拟采用 LCA 技术分析比较替代情景与基准情景的生态环境影响。然而，在调研中发现，由于海南省全生物可降解塑料制品远未形成完整的上下游产业链，已有的企业都是简单的塑料制品加工企业，原材料生产企业尚未落地，更无从获得企业生产的物料、能耗等数据；同时，全生物可降解塑料制品产业在全国都还处于起步阶段，尚没有客观的行业数据或参数可供参考，而从政策环评的时限要求和物力支持上看，专门开展调研也并不可行，因此，实际数据基础难以支撑独立开展有效的 LCA 评价，故直接应用国内外相关 LCA 研究成果支撑本次分析。

国内外研究[6-9]表明：①生物基可降解塑料与传统化石基塑料相比，能源消耗和二氧化碳排放量更小，如以 1 000 个一次性餐盒为基准流，热塑性淀粉、PLA 餐盒与 PP 餐盒相比，分别节省能源 4 268 MJ、3 653 MJ，减少二氧化碳排放 87 kg、48 kg，按照海南省 2020 年消费塑料餐具 1.2 万 t（约 30 万个 PP 餐盒）估算，如果全部替换为淀粉基和 PLA 餐盒，则分别能节省能源 1 280 GJ 和 1 096 GJ，减少二氧化碳排放 26 t 和 14 t；而化石基可降解塑料与传统塑料相比，能源消耗和二氧化碳排放量可能增加，因为在相同功能单位下，PBS 塑料餐盒与 PP 餐盒相比，能源和物料需求更高；②后端处置方式是决定各类塑料制品生命周期环境影响的重要阶段，重复使用和回收再利用是环境影响最小的方式，焚烧处置对各类塑料制品来说都是其生命周期二氧化碳排放的主要贡献来源，且化石基可降解塑料与传统塑料相比，焚烧处置排放的二氧化碳更多；而目前海南省对可降解塑料废品的处置方式是全部焚烧，在一定程度上制约了可降解塑料替代品的环境效益发挥。

（2）基于利益相关方的成本收益分析

基于利益相关方分析识别出的核心利益相关方（海南省政府相关职能部门、相关行业企业和个体商户、公众），按照成本收益分析框架分析各类利益主体承担的主要成本和获得的主要收益，识别成本收益产生的关键环节（表1）。

表1　核心利益相关方的成本收益环节

利益主体	承担的主要成本	获得的主要收益
政府	• 短期经济成本：传统塑料制品行业退出或转型损失的一定经济成本； • 行政成本：包括政策制定、执行过程中付出的各种成本，其中最主要的是政策执行中的监管成本，包括监管、执法、协调等庞大的费用	• 长期经济效益：带动全生物降解塑料产业发展，相较传统塑料行业能够产生更可观的经济效益，给地方政府带来财政收入； • 新经济增长点：作为全国乃至全球新技术，全生物降解塑料研发及产业化有望成为新的经济增长点； • 社会效益：降低一次性不可降解塑料进入自然环境的风险，有益于海南国家生态文明试验区建设，提升海南形象
企业和商户	• 塑料品生产企业：包括投资成本和运营成本，其中最主要的是运营中的原材料成本，全生物降解塑料原材料成本是传统塑料成本的2倍以上，且省内没有原材料生产企业，需要省外购买，在市场波动和资本炒作下原材料成本还可能暴涨； • 把塑料品作为产品包装物的企业（制造、物流、交通、医疗等）：替代品相较于传统塑料价格上涨，导致企业运营成本上升； • 把塑料品作为商品出售的企业商户（超市、商场等）：基本不承担额外成本； • 农贸市场、流动商贩等商户：为留住客源免费提供塑料袋，替代后增加的成本由商户承担，对普通商贩来说成本增加很大	• 塑料品生产企业：把全生物降解塑料制品出厂价格定在较传统塑料制品更高的水平，以获得盈利； • 把塑料品作为产品包装物的企业（制造、物流、交通、医疗等）：把增加的运营成本分摊到商品和服务价格中，以维持盈利； • 把塑料品作为商品出售的企业商户（超市、商场等）：把全生物降解塑料制品以一定价格出售给消费者，甚至可以获得额外盈利； • 农贸市场、流动商贩等商户：没有盈利
公众	• 价格上升：替代后带来商品和服务价格的上升，需要由消费者承担； • 便利性损失：替代品相较于传统塑料制品，体验感有所降低	• 环境和健康效益：减轻塑料污染，减少不可降解塑料废弃物进入自然环境，降低微塑料对生态环境和人体健康的危害，获得环境和健康效益

基于利益相关方的成本收益分析表明，要使"禁塑"政策以各方可接受的成本顺利实施，可以从共同利益最大化和成本共担方面对政策或制度进行优化：①政策优化的核心应当是确保环境公共利益最大化，即用全生物降解塑料替代一次性不可降解塑料制品，能够产生显著的环境效益；目前学术界对全生物降解塑料替代的环境效益还有比较大的争议，主要是现有技术下可降解塑料品废弃后进入自然环境中并不能快速降解，下一步应当通过技术创新研发支持和国际合作，加快实现真正自然环境可降解的全生物降解塑料替代；在此之前，通过加强对现有可降解塑料应用的规范、处置和保障措施的强化等，确保替代的环境效益最大化。②针对政府主体"自上而下"监管需要承担行政成本过高的问题，可以建立"自下而上"的监管机制，充分调动基层社区力量，强化落实其监督责任，降低政府主体的行政成本；针对企业和公众主体支付的守法成本，减少成本的重点是降低全生物降解塑料制品的制造成本，关键是通过构建省内完整的产业链、采取集中采购等措施大幅降低并稳定原材料成本；针对利益受损较大的农贸市场等商户主体，通过财政补贴等方式进行利益补偿。

（3）基于全生命周期管理的保障措施及制度分析

采用全生命周期管理分析方法，从生产、流通、使用、回收和处置环节，按照保障措施及制度的类型和作用对象，对"禁塑"政策体系涉及的保障措施及制度进行梳理和分类（表2）。可见，"禁塑"政策建立了针对全生物降解塑料替代品生产和流通环节的多种类型的保障措施及制度，基本形成了覆盖一次性不可降解塑料制品全生命周期的保障措施及制度。

表2　基于全生命周期管理的保障措施及制度分析框架

生命周期环节	一次性不可降解塑料制品		全生物降解塑料替代品	
	保障措施或制度	类型	保障措施或制度	类型
生产环节	明确政府相关部门监督管理职责，建立联合执法机制，实施联合惩戒，明确违规处罚措施等	行政监管	有关部门鼓励支持替代品研究、生产，给予资金扶持；对生产替代品的企业，按规定减免税收或行政事业性收费等	财税激励
	公布《海南省禁止生产销售使用一次性不可降解塑料制品名录》等	监管保障	发布全生物降解塑料制品相关地方标准；对生产不符合标准的按规定查处	监管保障
			建立全生物降解塑料制品信息平台和追溯体系，保障全流程可追溯	平台保障
			印发全生物降解塑料产业发展规划，规划产业发展重点领域、布局和任务	产业保障
			规划建设全生物降解塑料基材和产业集群、产业先导示范工程等工程项目	工程保障

生命周期环节	一次性不可降解塑料制品		全生物降解塑料替代品	
	保障措施或制度	类型	保障措施或制度	类型
流通环节	明确政府相关部门监督管理职责，建立联合执法机制，实施联合惩戒，明确违规处罚措施等	行政监管	销售全生物降解塑料制品不符合国家、行业和地方标准的，按规定查处	行政监管
	公布《海南省禁止生产销售使用一次性不可降解塑料制品名录》等	监管保障	有关部门鼓励支持替代品的推广使用，给予资金扶持	财税激励
			规划建设全生物降解塑料行业电子交易平台、国际交流平台等	平台保障
使用环节	明确政府相关部门监督管理职责，建立联合执法机制，实施联合惩戒，明确违规处罚措施等	行政监管	—	—
	公布《海南省禁止生产销售使用一次性不可降解塑料制品名录》等	监管保障		
	加强有关部门、学校和幼儿园、新闻媒体对公众的宣传引导等	宣传教育		
回收处置环节	严格农用塑料薄膜等一次性塑料制品清理、回收的监督管理	行政监管	—	—
	鼓励支持一次性不可降解塑料制品回收利用，资金扶持，减免税收或行政事业性收费等	财税激励		
	探索多元投入、回收、利用处理市场化运营机制，安排回收网点等	市场机制		

　　结合生命周期生态环境影响分析，识别现有保障措施及制度的遗漏或薄弱环节：①生命周期分析表明，使用和处置环节是决定全生物降解塑料制品环境影响大小的重要环节，而现有制度措施几乎是缺失的，需要重点从使用（丢弃）行为的引导约束、处置方式优化和处置设施建设等方面强化保障措施及制度。建议在使用环节，通过加强宣传教育、经济激励措施以及建立垃圾产生者主体回收责任制度等，引导和约束全社会形成重复使用和分类回收的行为习惯；在处置环节，通过引进国内外先进塑料智能分拣技术装备，开展针对可降解塑料工业和家庭堆肥、厌氧消化多种处置方式的环境和经济可行性论证，以及规划可降解塑料处置设施建设等，确保可降解塑料废弃后得到妥善处置并逐步降低焚烧处置比例，以充分发挥可降解塑料替代品的环境效益。②从生命周期全过程生态环境影响来看，不同替代品的环境影响类型和程度具有明显差异，在支持替代品生产流通前端，对替代品环境安全性和可控性的科学论证必不可少，需要加强对相关评价和标准的制度规范。建议尽快开展各类替代品生命周期环境影响评价，加强对不同可

降解塑料降解机理及生态环境影响的研究，健全生物降解塑料标准体系并规范应用领域，避免造成新的环境问题。

3 结 论

环境类政策具有不同于经济类政策的明显特征，环境类政策环评的评价模式和技术方法也应与经济类政策环评有所差异，以适应环境类政策影响特征，支撑决策需求。

（1）针对环境类政策生态环境影响可能是"隐性"的影响特征，提出开展基于生命周期的生态环境影响分析。在数据基础较好的情况下，应用 LCA 评价技术开展政策生态环境影响评价具有明显的优势；在数据获取难度较大的情况下，可以应用国内外相关领域 LCA 评价结果。海南"禁塑"政策环评案例表明，应用 LCA 评价不仅可以量化比较基准情景和不同政策情景的环境影响大小，而且可以识别出政策环境影响可能被忽视的关键环节。

（2）针对决策需要综合考虑环境、经济和社会影响的需求，环境类政策环评应当开展社会经济影响评价。提出一种基于核心利益相关方的成本收益分析技术，不仅可以将成本收益分析与政策环评中利益相关方分析流程充分结合，而且可以较为快速简易地识别出成本收益产生的关键环节。海南"禁塑"政策环评案例表明，应用该技术分析各利益主体的成本收益，可以从环境公共利益最大化和成本共担方面对政策及制度进行优化，从而促使政策以各方可接受的影响顺利实施。

（3）针对环境类政策要充分发挥环境正效应的决策初衷，制度评价对环境类政策环评非常重要，应提出基于全生命周期管理的保障措施及制度分析方法。海南"禁塑"政策环评案例表明，应用该方法可以较为快速地识别出现有保障措施及制度的遗漏或薄弱环节，进而从增强政策有利环境影响方面提出保障措施及制度的强化建议。

参考文献

[1] 李天威. 政策环境评价理论方法与试点研究[M]. 北京：中国环境出版社，2017.

[2] 任景明，喻元秀，张海涛，等. 政策环境评价理论与实践探索[M]. 北京：中国环境出版集团，2018.

[3] 刘懿颉. 中国汽车产业发展环境影响评价与政策模拟研究[D]. 北京：清华大学，2017.

[4] 毛显强，汤维，刘昭阳，等. 贸易政策的环境影响评价导则研究[J]. 中国人口 • 资源与环境，2010，20（8）：86-91.

[5] Dennis V，Agamuthu P. Policy trends of strategic Environmental Assessment in Asia[J]. Environmental Science Policy，2014，41：63-76.

[6] Bishop G，Styles D，Lens P. Environmental performance comparison of bioplastics and petrochemical

plastics: a review of life cycle assessment（LCA）methodological decisions[J]. Resources，Conservation & Recycling，2021，168：1-14.

[7] Gomez I，Escobar A. The dilemma of plastic bags and their substitutes：a review on LCA studies[J]. Sustainable Production and Consumption，2022，30：107-116.

[8] 李德祥，叶蕾，支朝晖，等. 三类典型一次性外卖餐盒的全生命周期评价[J]. 现代食品科技，2022，38（1）：233-237.

[9] 史玉，徐凌，陈郁，等. 基于 LCA 的聚乳酸快递包装环境友好性评价[J]. 中国环境科学，2020，40（12）：5475-5483.

农业政策环评中地下水要素的评价方法研究

龙 汩 梁耀元 祁 娟 王 野

（北京神州瑞霖环境技术研究院有限公司，北京 100192）

摘 要：目前我国开展的政策环评研究暂未实现定性与定量有机结合，且各政策类型的评价体系仍处于空白状态。本文以农业政策为研究对象，从地下水要素评价的角度来探讨政策环评的环境影响识别和评价指标体系，以便对农业政策环评中地下水要素进行定性与定量评价。本文在剖析农业政策对地下水的作用方式和影响途径的基础上，阐述了开展影响地下水环境的政策内容识别，进行农业政策对地下水水质、水资源量和地下水环境敏感程度识别的主要方法。文中建立了农业政策环评中地下水要素的评价指标体系，以环境质量、生态保护、资源消耗和应对气候变化为一级指标，细化为 16 个三级指标，探讨了各项指标的评价内容。

关键词：农业；政策环评；地下水；评价方法

Research on Evaluation Method of Groundwater Elements in Environmental Impact Assessment of Agricultural Policy

Abstract：At present，the policy EIA research in China does not combine qualitative and quantitative，and the evaluation system of various policy types is still in a blank state. Taking agricultural policy as the research object，this paper discusses the identification and evaluation index system of environmental impact of policy EIA from the perspective of groundwater elements evaluation，so as to make qualitative and quantitative evaluation of groundwater elements in agricultural policy EIA. Based on the analysis of the action mode of agricultural policy on groundwater，the influence ways and influencing factors of agricultural policy on groundwater quality and water quantity were identified by the identification method of policy content and sensitivity degree of groundwater environment. In this paper，the evaluation index system of groundwater elements in agricultural policy EIA is established，which takes environmental quality，ecological protection，resource consumption and coping with climate change as the first level index，and is refined into 16 third-level indexes.

Keywords：Agricultural；Policy environmental impact assessment；Groundwater；Evaluation method

作者简介：龙汩（1991—），女，硕士，主要研究方向为水文地质调查和地下水环境影响评价。E-mail：924387449@qq.com。

迄今我国战略环评以规划环评为主，虽然自 1996 年以来，国务院多次提出在重大决策制定过程中要开展环境影响论证，但政策环评仅开展过为数不多的几个案例研究，如汽车产业政策环评、农业政策环评等[1]。不同政策类型的评价理论框架不同，且以上研究均侧重于机制探讨，未提出评价理论框架。本文以农业政策为研究对象，构建了地下水评价理论框架，探讨了农业政策环评中地下水要素的环境影响识别和评价指标体系，并以已有政策为例示范方法应用。首先，通过分析农业政策对地下水的作用方式和环境影响，建立农业政策与地下水影响的联系；其次，从农业政策内容、地下水水质、水资源量、环境敏感程度 4 个方面阐述地下水环境影响识别方法；最后，依据农业政策对地下水可能产生的影响和地下水对人体健康、生态环境等的意义，构建农业政策环评中地下水环境影响评价指标体系。

1　农业活动对地下水影响背景

1.1　我国农业政策发展历程

我国是农业大国，农业问题历来是党和国家制定公共政策的重点领域。改革开放以来，我国的农业政策发展分为 3 个阶段：初步建设小康社会初期（1978—2002 年），政策的基本导向是解决粮食供给问题和农民收入问题；税费改革时期（2003—2012 年），农业政策侧重于社会主义新农村建设、城乡统筹发展以及农业基础设施完善等；全面推进农业农村现代化时期（2013 年至今），党和国家大力推进乡村治理体系和治理能力现代化，不断完善与"三农"相关的政策法规，满足农民群众美好生活的需求[2]。

1.2　地下水资源概况

水资源是人类赖以生存的基础性资源，是国民经济和社会经济可持续发展的重要战略资源。地下水资源是水资源的重要组成部分，具有分布广泛、可恢复、水量和水质稳定、有限性、调蓄能力强和供水保证程度高等特性。地下水循环系统分为浅部地下水循环系统和深部水循环系统。浅部地下水循环系统是地表生态、环境演化的重要因素。在我国，地下水资源被广泛开发利用，不仅是宝贵的饮用水资源，也是我国重要的灌溉水源，尤其在我国北方、干旱半干旱地区的许多地区和城市，地下水成为重要的甚至唯一的水源。据统计，2020 年地下水水源供水量为 892.5 亿 m^3，占供水总量的 15.4%；农业用水总量为 3 612.4 亿 m^3，占用水总量的 62.1%，是最主要的用水行业[3]。

2 农业政策对地下水的影响

2.1 农业政策对地下水的作用方式

2003—2012 年，国家对农业实现了从"取"到"予"的根本性改变，财政政策、补贴政策发挥了主导型作用，国家连续提高粮食最低收购价，全面取消农业税，"四补贴"等重大举措先后出台，农业支持保护水平大幅提高。自 2013 年开始，农业政策着眼于推动乡村全面振兴，强化绿色生态导向。

2000 年以来，政策大力鼓励粮食增产，调动了农民种粮积极性，农业生产对化肥、农药等的依赖性较大，农民对化学品的使用现象愈加严重。根据我国农业数据统计，改革开放以来农作物播种面积逐年增加，农用化肥的施用量节节攀升，2015 年达到最高峰[4]（图 1），这与农业政策变化基本保持一致，但由于政策作用时间，化肥施用量变化稍有滞后。

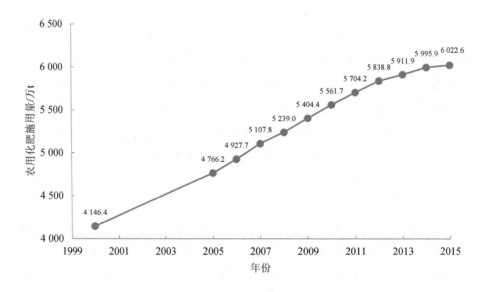

图 1　2000—2015 年我国农业化肥施用量变化趋势

研究表明，在此期间农业活动对地下水水质和水量产生了较大影响：四川盆地是著名农业主产区，四川省水资源公报显示[5]，2000—2015 年全省农业用水量增加 24.4 亿 m^3（图 2）；对河北省 11 个地区连续 7 年地下水 NO_3^--N 含量监测，其平均含量从 2006 年的 6.73 mg/L 增至 2012 年的 9.84 mg/L，其中Ⅳ类和Ⅴ类水质分布比例由 7%上升到 10.6%[6]（图 3）。

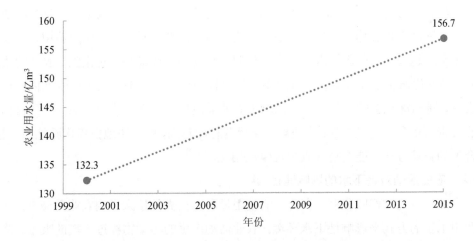

图2　2000—2015 年四川省农业用水量变化趋势

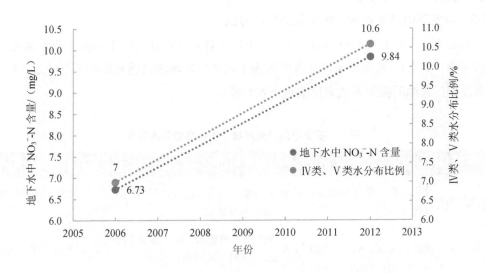

图3　2006—2012 年河北省 11 个地区地下水水质变化趋势

综合上述趋势分析，农用化肥施用量、用水量会因农业政策鼓励生产而增加，从而引起地下水水质恶化、资源量减少。本节将从农业政策对地下水产生影响的措施、农业活动对地下水的影响途径两个方面分析农业政策对地下水的作用方式，并以农业各产业为例，具体分析农业政策变化带来的地下水影响。

2.1.1　农业政策中对地下水产生影响的措施

任景明等指出中国农业政策通过改变农户生产结构、生产方式和生产技术等对农业环境产生影响[7]。农业政策中对地下水产生影响的重点措施主要包括农业种植结构、农业生产技术水平、粮食产量、耕地经营规模、人均非农业收入等。以上措施对化肥、农药使用量、畜禽粪便量和农业用水量的影响表现为：农业种植结构中，经济和园地作物需肥量远远高于粮食作物，鼓励经济、园地作物种植则会明显增大化肥施用量；农业生产技术水平越高，农业新技术的推广和化肥合理使用程度越高，对化肥、农药的依赖性越低，节水灌溉覆盖率越高；过分追求产量目标会导致粮食增产很大程度上依赖化肥过量投入，种植面积会随之扩大，从而增加农业灌溉量，对于畜牧业来说，产量目标增加必然会带来畜禽粪便量增加；耕地集约化经营程度越高，单位耕地面积化肥施用量越少；不合理的补贴方式可能会造成农户过量施用化肥[8,9]。

2.1.2　农业活动对地下水的影响途径

农业政策通过影响化肥、农药等的使用量和畜禽粪便量来影响农业污染源，或改变农业用水量的方式来影响地下水环境：农业活动产生的污染物经过土壤的吸附、降解作用，大部分积累在土壤中，当降水强度和总量较大时，随着降水逐渐渗入含水层；农业用水可能消耗地下水水资源量。

2.1.3　农业不同产业对地下水水质的影响方式

农业不同产业的生产行为差别大，文中以 3 种具体产业为例来探析农业政策对地下水的影响（表 1）。农业政策通过改变对地下水产生影响的措施来影响各产业生产行为，从而改变污染源源强的方式来影响地下水环境。

表 1　农业不同产业对地下水水质的影响方式

产业类型	种植业	畜牧业	渔业
生产行为	化肥、农药施用量增加，污水量增加	粪便量、污废水增加，饲料、药物使用量增加	饲料、肥料、化学药剂使用量增加
污染源	化肥、农药、农产品加工污水	粪便、养殖废水、畜产品加工污水、饲料、疾病防治药物	饲料、肥料、化学药剂
污染途径	经降水淋融进入含水层；污水经地表垂直渗入含水层	饲料和药物中的成分（如氮、添加剂等）通过粪便排至地表；粪便、污水随意排放后垂直渗入含水层	过度投放饲料、化学药剂、肥料后，导致养殖水体水质变化，养殖水侧向入渗或垂直渗入含水层
地下水水质变化	氮污染、有机农药污染和无机农药污染	氮污染、磷污染、粪大肠菌群和蛔虫卵浓度升高	酸碱失衡、溶解氧含量降低、氮污染
政策影响作用方式	通过影响生产行为间接影响地下水环境质量		

2.2　农业活动对地下水的环境影响

（1）农业活动对地下水水质的影响

化肥、农药的大量施用会直接或间接导致土壤、地下水中出现"三氮"、有机污染物超标的污染问题，危害生态环境和人类健康[10]。

国内农业化肥和农药施用导致地下水氮污染问题普遍存在，如华北平原典型浅层地下水中 NO_3^--N，NH_4^+-N 以及 NO_2^--N 含量超标（分别为 11.43%、57.14%和 12.5%），主因是化肥和农药污染[11]；李政红等认为农业施肥是厦门市地下水氮污染的主要来源[12]。使用农药导致地下水污染的案例有：厦门市砷酸铅农药导致地下水铅污染[12]；太原市小店区污灌区地下水普遍受到有机氯农药的污染，并检测出 8 种多环芳烃[13]。

农药使用也会危害人类健康。美国加利福尼亚州 1988—2010 年共有 3 600 名从事农业生产活动的工人被检查出患有不同种类的癌症，发病率约为 2.58%。由于长期接触和暴露在含有大量农药的环境中，这些工作者的家属，特别是孩子也有患癌的高风险性[14]。

（2）农业活动对地下水水资源量的影响

农业活动对地下水水资源量的影响主要表现为农业活动开采地下水导致地下水水位不断下降，尤其在北方缺水地区表现更为明显。1975—2005 年石家庄地区水浇地面积以 8 066.67 hm^2/a 的速度扩大，地下水开采井数量增加近 3 倍，其农业开采量已成为区域地下水水位不断下降的主导因素[15]。2005—2015 年，内蒙古自治区通辽市科尔沁区和开鲁县的地下水水位下降的主要原因是农业开采量增大[16]。

3　农业政策环评中地下水环境影响识别与评价指标体系构建

3.1　地下水环境影响识别

影响识别的目的是初步判断政策内容对地下水的影响情况，识别方法按影响地下水环境的农业政策内容、农业政策对地下水水质、水资源量影响和地下水环境敏感程度 4 个维度展开。

3.1.1　影响地下水的农业政策内容识别

农业政策内容识别是指识别实施后可能对地下水环境产生影响的政策内容。依据农业政策对地下水的环境影响，以农业政策中农业种植结构、生产方式、农业生产技术水平、农产品产量、耕地经营规模、人均非农业收入等会带来农业污染源变化的政策内容为识别对象，识别农业政策内容对地下水环境的影响。

3.1.2　农业政策对地下水水质影响识别

由于农业政策影响地下水水质的生产活动要素和因素多样，为了能准确地针对具体政策内容，将识别内容分为生产活动要素和影响因素两部分，先识别生产活动要素，再识别农业政策中的农业产业对应的污染因素。

根据农业政策实施是否直接改变农业生产行为，将影响地下水水质的生产活动要素分为直接和间接两种。农业政策内容中直接影响地下水的生产活动要素包括经营规模、生产方式、种植/养殖面积等，表现为农业政策内容会直接引起农业生产活动要素变化，从而导致污染源变化；间接影响地下水的生产活动要素包括优异种质资源、农业补贴、肥料和药物价格等，表现为农业政策内容会使农民对化肥、药物、种质资源的选择产生变化，间接引起农业生产活动要素变化而产生污染物。

由于各产业对水质污染结果不同，为精准识别内容，将污染因素按各产业中的污染源进行分类。污染因素识别后推荐采取专家审查法初步判断农业政策对地下水水质的影响程度（表2）。为体现"农业政策—对生产活动要素的影响—对地下水的影响"的链条关系，表中加入了影响地下水的农业政策内容。为简化表格，仅在"直接影响"中的"经营规模"要素后给出了完整的污染因素识别分类，应用时，其他生产活动要素的污染因素识别参照即可。

表2　影响地下水水质的生产活动要素、污染因素识别

影响方式	生产活动要素	污染因素	农业政策内容				
			农业种植结构	农业生产技术水平	产量	经营规模	人均非农业收入
直接影响	经营规模	种植业 化肥	"+" "–" "/" [①]				
		种植业 农药					
		污水					
		畜牧业 粪便					
		畜牧业 污水					
		饲料、药物					
		渔业 饵料、肥料					
		化学药剂					
	生产方式						
	种植/养殖面积						
	总产量						
	绿色高效技术装备						
	其他						

影响方式	生产活动要素	污染因素	农业政策内容				
			农业种植结构	农业生产技术水平	产量	经营规模	人均非农业收入
间接影响	优异种质资源						
	农业直接补贴						
	农业绿色发展补贴						
	养殖补贴						
	新型农业补贴						
	化肥、饵料、鱼类肥料的价格						
	药物价格（农药、畜药等）						
	其他						
污染程度②		种植业					
		畜牧业					
		渔业					

注：①"＋"表示有利影响，"－"表示不利影响；既有有利影响也有不利影响用"＋－"表示；"/"表示没有影响；
②"污染程度"可根据影响识别结果初步判断，分为重大、中等、轻微3种不同影响程度。

以自然资源部办公厅发布的《关于保障生猪养殖用地有关问题的通知》（自然资电发〔2019〕39号）[17]为例，该政策仅涉及畜牧业，政策内容中影响生产活动要素的内容可归为"经营规模"，会影响5个生产活动要素，故表3中仅在"农业政策内容——经营规模"下体现识别符号。详细分析如下：①"生猪养殖用地手续简单，鼓励利用荒山、荒沟、荒丘、荒滩和农村集体建设用地安排生猪养殖生产"等政策内容会改变生猪养殖生产方式，部分散养户放牧的生产方式改为圈养或二者结合的方式，圈养可以减少粪便、污水的随意排放，但养殖数量增加的同时也会增加地下水污染风险，部分仍采取"放牧"方式的，其养殖数量增加对地下水的污染风险会大大增加；也会直接引起"经营规模""种植/养殖面积""总产量"增加，从而增加畜禽粪便、养殖污废水、饲料与药物的数量，可能会污染地下水水质；②"增加附属设施用地规模，取消其上限，保障生猪养殖生产的废弃物处理等设施用地需要"的要求有利于增加增强"绿色高效技术装备"，合理处置猪粪便、污废水，减少地下水水质污染。

表3 示例政策影响地下水水质的生产活动要素、污染因素识别

影响方式	生产活动要素	污染因素	农业政策内容				
			农业种植结构	农业生产技术水平	产量	经营规模	人均非农业收入
直接影响	经营规模	畜牧业 粪便	/			−	/
		畜牧业 污水	/	/	/	−	/
		畜牧业 饲料、药物	/	/	/	−	/
	生产方式	畜牧业 粪便	/	/	/	+ −	/
		畜牧业 污水	/	/	/	+ −	/
		畜牧业 饲料、药物	/	/	/	+ −	/
	种植/养殖面积	畜牧业 粪便	/	/	/		/
		畜牧业 污水	/	/	/		/
		畜牧业 饲料、药物	/	/	/		/
	总产量	畜牧业 粪便	/	/	/	−	/
		畜牧业 污水	/	/	/	−	/
		畜牧业 饲料、药物	/	/	/		/
	绿色高效技术装备	畜牧业 粪便	/	/	/	+	/
		畜牧业 污水	/	/	/	+	/
		畜牧业 饲料、药物	/	/	/	+	/
	其他	/	/				
污染程度[②]		种植业	/	/	/		/
		畜牧业		/	/	中等	/
		渔业	/	/			/

注：①"+"表示有利影响，"−"表示不利影响；既有有利影响也有不利影响用"+−"表示；"/"表示没有影响；
②"污染程度"可根据影响识别结果初步判断，分为重大、中等、轻微3种不同影响程度。

3.1.3 农业政策对地下水资源量影响识别

农业政策对地下水资源量的影响为地下水水位变化，其影响识别针对生产活动要素（表4）。推荐采取专家打分法初步判断农业政策中的生产活动要素对地下水资源量的影响程度。

表 4 对地下水资源量的影响途径识别

影响方式	生产活动要素	农业政策内容				
		农业种植结构	农业生产技术水平	产量	经营规模	人均非农业收入
直接影响	经营规模	"+" "−" ①				
	生产方式					
	种植/养殖面积					
	总产量					
	绿色高效技术装备					
	农业基础设施					
	其他					
间接影响	优异种质资源					
	农业直接补贴（农机购置、耕地地力保护）					
	农业绿色发展补贴					
	养殖补贴					
	新型农业补贴					
	化肥、饵料、鱼类肥料的价格					
	药物价格（农药、畜药等）					
	其他					
	污染程度②					

注：① "+"表示有利影响，"−"表示不利影响；既有有利影响也有不利影响用"+−"表示，"/"表示没有影响；
②"污染程度"可根据影响识别结果初步判断，分为重大、中等、轻微 3 种不同影响程度。

3.1.4 地下水环境敏感程度识别

参照《环境影响评价技术导则 地下水环境》（HJ 610—2016）中的地下水环境敏感程度分类方法[18]，考虑到农业政策环评的大空间尺度、地下水资源的广泛分布特征，可忽略"不敏感"的级别，将地下水环境敏感程度分为敏感、较敏感两级（表 5）。农业政策环评的空间范围广，识别后需对评价范围内的敏感程度进行分区。

表5 地下水环境敏感程度分级

敏感程度	地下水环境敏感特征
敏感	集中式地下水饮用水水源（包括已建成的在用、备用、应急水源，在建和规划的地下水饮用水水源）准保护区；除集中式地下水饮用水水源以外的国家或地方政府设定的与地下水环境相关的其他保护区，如热水、矿泉水、温泉等特殊地下水资源保护区
较敏感	集中式地下水饮用水水源（包括已建成的在用、备用、应急水源，在建和规划的地下水饮用水水源）准保护区以外的补给径流区；未划定准保护区的集中式地下水饮用水水源，其保护区以外的补给径流区；分散式地下水饮用水水源地；特殊地下水资源（如热水、矿泉水、温泉等）保护区以外的分布区等其他未列入上述敏感分级的环境敏感区[①]

注：① "环境敏感区"是指《建设项目环境影响评价分类管理名录》中所界定的涉及地下水的环境敏感区。

3.2 农业政策环评中地下水环境影响评价指标体系

3.2.1 指标体系构建

以系统性、典型性、科学性等为原则，根据农业政策对地下水的作用方式和影响结果，结合地下水环境变化对人群健康、生态系统、水资源等气候领域的影响，注重农业政策对地下水环境的历史影响、累积影响，定性与定量结合分析，制订农业政策环评中地下水要素的评价指标体系，选择环境质量、生态保护、资源消耗、应对气候变化作为一级指标。细化一级指标中与地下水相关的内容，形成二级指标。将二级指标中，由农业政策实施产生的地下水环境影响确定为三级指标（表6）。

表6 农业政策环评中地下水要素的评价指标体系

评价指标			评价内容
一级指标	二级指标	三级指标	
环境质量	水污染物排放水平	是否增加水污染物排放量	调查已有农业政策对水污染物排放量的影响； 调查水污染物排放量现状； 分析政策是否会增加水污染物排放量
	化学用品的使用情况	是否增强化学用品对地下水的影响程度	调查已有农业政策对化学用品使用的影响情况，评估化学用品的使用量、面积与种类现状； 判断政策实施后由于生产行为变化引起的化学用品使用量、使用面积与类别变化，分析其变化对地下水水质的污染趋势，如污染物浓度、污染影响面积、污染物种类变化趋势； 分析对地下水水质的累积影响
	农业固体废物产生情况	是否促进农业固体废物减量化与无害化	分析政策实施后农业固体废物的产生量与综合利用率的变化情况，是否促进固体废物减量化、无害化

评价指标			评价内容
一级指标	二级指标	三级指标	
环境质量	地下水环境质量	是否影响地下水水质	调查已有农业政策对地下水水质的影响趋势； 分析地下水水质现状； 分析政策实施是否会对农业污染源的总量和种类产生变化，对地下水水质的影响趋势和累积影响
		是否影响饮用水水源安全（人群健康）	分析农业政策实施是否影响地下水饮用水水源地水质，是否增加地下水污染风险； 调查已有农业政策对人群健康的影响情况，如是否产生了与农业源地下水污染相关的新型疾病，或显著增加某疾病的发病率等； 评估与农业源地下水污染相关的人群健康现状，如疾病种类，发病率，发病人群年龄特征与区域分布等特征； 分析地下水水质变化、未来的化学用品使用情况对与水质、农药等化学用品相关的地方病的影响趋势，包括是否会扩大疾病发病范围、增加疾病种类、严重程度与发病率，是否影响发病人群年龄特征，对人群健康产生的累积影响等
生态保护	重点生态功能区保护与修复	是否影响重点生态功能区的保护与修复	分析政策是否涉及重点生态功能区，已有农业政策对该区产生的影响； 描述该区现状，如种类、位置、面积和保护管控措施等要素； 分析政策内容由于对地下水产生影响是否会引起该区内的植物、地表水等的变化，给出变化趋势； 判断是否影响该区的自我修复
	地下水生态服务功能	是否影响地下水生态服务功能	调查区域水文地质条件，分析含水层地下水赋存特征； 进行地下水生态服务功能调查[19]，分析已有农业政策对地下水生态服务功能的影响趋势； 描述地下水生态服务功能现状，如地下水生态服务功能类型、需水量等； 分析政策实施后地下水的变化趋势对地下水生态服务功能的影响
资源消耗	地下水资源消耗强度	是否影响地下水资源消耗方式	分析已有农业政策对地下水资源消耗方式的影响趋势； 调查地下水资源消耗方式现状，如灌溉方式，节水灌溉占比情况，农产品加工用水方式等； 分析农业政策可能带来的地下水消耗方式、节水措施变化情况，如灌溉方式变化，农产品加工用水方式变化等，并根据用水定额来分析地下水资源的消耗量，是否会减少地下水资源消耗强度

评价指标			评价内容
一级指标	二级指标	三级指标	
资源消耗	地下水资源节约集约利用水平	是否增加地下水用水量	调查已有农业政策对地下水用水量的影响； 给出生活用水量、农业生产用水量、农业加工用水量的变化趋势； 给出农业政策实施后，农业地下水用水量占区域地下水用水量的比例变化趋势
		是否提高地下水资源节约集约利用水平	分析已有政策对地下水资源节约集约利用水平的影响情况； 调查地下水资源节约集约利用现状水平； 分析地下水资源节约集约利用方式和数量的变化趋势，判断是否促进地下水资源节约集约利用
		是否减弱地下水资源承载力	水资源承载力分析：可利用地下水资源量，地下水资源开发利用率，单位（种植/养殖）面积用水量、牲畜用水量
应对气候变化	水资源的脆弱性	是否影响地下水水位	分析已有农业政策对地下水水位的影响； 调查地下水水位现状； 分析政策可能引起的地下水水位变化趋势
		是否影响大气降水量	调查区域多年大气降水量，分析变化趋势和原因
		是否影响地表水水质	调查已有农业政策对接受地下水补给的地表水水质的影响； 分析地表水水质现状； 分析地表水水质的影响趋势，判断是否会影响地表水功能
	生态系统的脆弱性	是否增加地下水依赖型生态系统（GDEs）的脆弱性	调查已有农业政策对 GDEs 的影响； 调查 GDEs 现状，地下水需求量； 分析地下水变化趋势对 GDEs 中植被生理、生态特征、群落分布状况等的影响趋势
		是否影响土壤环境质量	分析因引起地下水水位变化导致的土壤环境质量变化

对需进一步说明的指标和评价中应注意的内容如下。

（1）是否增强化学用品的影响程度指标

化学用品是指农业活动中使用的可能会污染地下水水质的肥料、农药、化学药剂、饵料等化学用品。目前市面上大力推广新型农药，应关注新型农药的使用是否会带来新的地下水污染。

（2）是否影响饮用水水源安全（人群健康）指标

该指标评价应重点关注孕妇、婴幼儿等特殊人群。

（3）是否影响重点生态功能区的保护与修复指标

重点生态功能区主要包括国际重要湿地、国家重要湿地和有重要生态保护意义的湿地；国家级和省级自然保护区的核心区和缓冲区；干旱半干旱地区天然绿洲及其边缘地区、有重要生态意义的绿洲走廊。

（4）是否增加地下水依赖型生态系统的脆弱性

广义的地下水依赖型生态系统（GDEs）包括寄宿在地下水环境的生态系统、依赖地下水露出地表部分的生态系统和直接依赖地下水的陆地生态系统。溶洞、泉水、湿地、河流、河口、沼泽等都属于GDEs。地下水是维系GDEs生态服务功能的核心资源，经济规模迅速扩大导致GDEs生态用水和生产用水矛盾突出。特别是在干旱区，社会对灌溉农业的高度依赖使得地下水资源被掠夺性开发，严重威胁GDEs生态健康和系统稳定性[20]。

3.2.2　指标体系应用示例

以《关于保障生猪养殖用地有关问题的通知》为例，采用上述指标体系简要分析地下水影响。该政策实施会扩大生猪养殖规模、养殖面积，增加疫苗防疫、生病治疗所需的药品量和生猪产量，对地下水的影响体现在以下几个方面。

（1）地下水环境质量：政策会增加水污染物排放量、增强兽用药品对地下水的影响程度，并不促进农业固体废物减量化和无害化，污废水与畜禽粪便增加会影响地下水水质。部分地区的荒沟、荒滩包气带大多防污性能弱，其下游可能存在分散式和集中式饮用水水源地，若随意排放生猪粪便与废水，或养殖区、废水处理区域的防渗等级未达标，污染物容易入渗含水层，影响地下水水质，导致氮污染、兽用药物污染、微生物超标等，危害饮用水水源水质和人群健康。

（2）生态保护：贫水地区若养猪场长期开采地下水，可能会因水位下降而影响下游小范围内的地下水供给。

（3）资源消耗：生猪养殖的用水方式为养殖区冲洗、产品加工、牲畜饮用，养猪场增加会影响地下水资源消耗方式、增加用水总量，目前多数养猪场的用水方式未达到节约集约利用水平，但由于养猪场规模限制，用水量总体增幅相对较小。

（4）应对气候变化：长期开采地下水会形成地下水降落漏斗；政策中鼓励养殖的荒滩属于GDEs，在该区域内建设养殖场、开采地下水、粪便和污水排放均会增加系统脆弱性；位于地表水水体旁的养猪场可能会影响地表水水质；猪粪便、养殖污废水合理处置后可增强土壤肥力，但直接排放会导致大量无机盐、有机质积聚在土壤中，影响土壤环境质量。

4 结论

本文首次说明了农业政策环评中地下水环境影响识别方法和识别内容，建立了地下水要素的评价指标体系，从环境质量、生态保护、资源消耗和应对气候变化 4 个维度探讨了各指标的评价内容。评价时除了农业政策对地下水环境本身的影响，还应关注因地下水环境变化引起的地下水的资源价值、对人群健康、气候领域的影响。

农业政策环评的地下水要素分析需要合适的分析方法、影响结果判定标准。由于农业政策环评的理论研究较少，缺少实践数据，文中的方法主要从理论层面进行分析，在实践中需要不断改进。为完善农业政策环评中地下水要素的评价方法，建议加强农业政策与地下水环境的关联研究，选择有代表性的农业政策进行示范跟踪。

参考文献

[1] 耿海清，李天威，徐鹤. 我国开展政策环评的必要性及其基本框架研究[J]. 中国环境管理，2019（6）：23-27.

[2] 李青，钱再见. 中国农业政策变迁的注意力分布及其逻辑阐释[J]. 华中农业大学学报（社会科学版），2021（4）：108-118.

[3] 中华人民共和国水利部. 2020 年中国水资源公报[R/OL].（2021-07-09）[2022-05-16]. http：//www. mwr. gov. cn/sj/tjgb/szygb/202107/t20210709_1528208. html.

[4] 国家统计局. 中国统计年鉴 2021 年[R/OL].（2021-10-09）[2022-05-16]. http：//www. stats. gov. cn/tjsj/ndsj/2021/indexch. html.

[5] 四川省水利厅. 2000 年、2015 年四川省水资源公报[R/OL].（2019-04-16）[2022-06-14]. http：//slt. sc. gov. cn/scsslt/szyzwgk/2019/4/16/e67685e7d0154d66862bde9baec1c71c. shtml.

[6] 茹淑华，张国印，孙世友，等. 河北省地下水硝酸盐污染总体状况及时空变异规律[J]. 农业资源与环境学报，2013，30（5）：48-52.

[7] 任景明，喻元秀，王如松. 中国农业政策环境影响初步分析[J]. 中国农学通报，2009，25（15）：223-229.

[8] 张海涛，任景明. 农业政策对种植业面源污染的影响分析[J]. 生态与农村环境学报，2016，32（6）：914-922.

[9] 陈飞，范庆泉，高铁梅. 农业政策、粮食产量与粮食生产调整能力[J]. 经济研究，2010（11）：101-140.

[10] 钱红. 修复地下水氮污染的活性介质作用特性研究[D]. 长春：吉林大学，2017.

[11] 万长园，王明玉，王慧芳，等. 华北平原典型剖面地下水三氮污染时空分布特征[J]. 地球与环境，2014，42（4）：472-479.

[12] 李政红，郝奇琛，李亚松，等. 福建厦门市地下水质量及开发利用建议[J]. 华东地质，2022，43（1）：40-48.

[13] 李佳乐，张彩香，王焰新，等. 太原市小店污灌区地下水中多环芳烃与有机氯农药污染特征及分布规律[J]. 环境科学，2015，36（1）：172-178.

[14] Daniels J L，Olshan A F，Savitz D A. Pesticides and childhood cancers[J]. Environ Health Perspect，1991，105（10）：1068-1077.

[15] 刘中培. 农业活动对区域地下水变化影响研究——以石家庄平原为例[D]. 北京：中国地质科学院，2010.

[16] 苏茹梅. 西辽河平原农业活动对地下水环境的影响研究[D]. 长春：长春工程学院，2018.

[17] 中华人民共和国自然资源部. 关于保障生猪养殖用地有关问题的通知[R/OL]. （2019-09-04）[2022-06-14]. http：//www. farmer. com. cn/2019/09/08/99842618. html.

[18] 中华人民共和国环境保护部. 环境影响评价技术导则　地下水环境（HJ 610—2016）　[R/OL]. （2016-01-07）[2022-05-16]. https：//www. mee. gov. cn/ywgz/fgbz/bz/bzwb/other/pjjsdz/201601/t20160113_326075. shtml.

[19] 中华人民共和国生态环境部. 生态环境损害鉴定评估技术指南　环境要素　第 1 部分：土壤和地下水 [R/OL]. （2020-12-29）[2022-05-16]. https：//www.mee.gov.cn/ywgz/fgbz/bz/bzwb/other/qt/202012/t20201231_815717. shtml.

[20] 刘鹄，赵文智，李中恺. 地下水依赖型生态系统生态水文研究进展[J]. 地球科学进展，2018，33（7）：741-750.

下 篇

政策环评试点案例研究

数据中心政策生态环境影响评价案例研究

蒋洪强[1]　李　勃[1]　张　伟[1,2]　卢亚灵[1,3]　张　静[1,2]

（1. 国家环境保护环境规划与政策模拟重点实验室，生态环境部环境规划院，北京 100012；2. 京津冀区域生态环境研究中心，生态环境部环境规划院，北京 100012；3. 企业绿色治理研究中心，生态环境部环境规划院，北京 100012）

摘　要：近年来，随着互联网技术与产业不断升级换代，中国信息化进程加速发展。数据中心作为数据的承载体也与日俱增，建设体量和建设规模不断扩大。然而，由于数据中心需要大量电力维持服务器、存储设备、备份装置和冷却系统等基础设施运行，依赖传统化石能源供电的数据中心面临严峻的节能降耗和温室气体排放挑战。根据生态环境部印发的《经济、技术政策生态环境影响分析技术指南（试行）》，从资源消耗和应对气候变化等方面对数据中心相关政策开展生态环境影响评价，分析相关政策实施可能带来的潜在生态环境影响，并选取《新型数据中心发展三年行动计划（2021—2023 年）》（工信部通信〔2021〕76 号）开展案例研究，为新型数据中心实现绿色高质量发展提供参考依据。

关键词：数据中心；政策生态环境影响评价；案例研究

Case Study of Data Center Policy Environmental Impact Assessment

Abstract：In recent years，with the continuous upgrading of the Internet technology and industries，China's informatization process has accelerated. As the carrier of data，the construction volume and scale of data centers are constantly expanding. However，since data centers require a large amount of power to maintain operation activities such as servers，storage devices，backup devices，and cooling systems，it has become big challenges in energy saving and greenhouse gas emissions that most of data centers currently rely on traditional fossil energy power supplies. According to the "Technical Guidelines for Ecological and Environmental Impact Analysis of Economic and Technological Policies

基金项目：国家自然科学基金项目（91846301）。

作者简介：蒋洪强（1975—），男，博士，研究员，主要研究方向为环境规划与政策模拟技术。E-mail：jianghq@caep.org.cn。

（Trial）" issued by the General Office of the Ministry of Ecology and Environment，conducting ecological and environmental impact assessments on data center-related policies from the perspectives of resource consumption and response to climate change is necessary. "Three-Year Action Plan for the Development of New Data Centers（2021-2023）" was selected as a case study to analyze potential ecological and environmental impact for reference to achieve green and high-quality development in the future.

Keywords：Data Center；Environmental Impact Assessment of Policy；Case Study

1　开展数据中心政策生态环境影响评价的背景与意义

近年来，随着互联网技术与产业不断升级换代，中国信息化进程加速发展。2020 年，全国数字经济总量规模和增长速度居世界前列，规模达到 39.2 万亿元，占 GDP 比重为 38.6%[1]。随着我国云计算、大数据、人工智能、互联网和 5G 等技术的迅猛发展，数据中心作为数据的承载体也与日俱增，建设体量和建设规模不断扩大。统筹推进新型数据中心发展，构建以新型数据中心为核心的智能算力生态体系，实现绿色低碳的高质量发展尤其值得关注。然而，由于数据中心需要大量电力维持服务器、存储设备、备份装置和冷却系统等基础设施运作，依赖化石能源供电的数据中心也正在面临严峻的节能降耗和温室气体排放挑战。中国电子技术标准化研究院发布的《绿色数据中心白皮书 2020》[2]指出，我国数据中心能效水平不断提高，部分优秀案例已在全球领先。但目前我国数据中心能耗总量仍在高速增长，明显高于世界平均水平。一方面是因为我国数据中心建设规模增速较快；另一方面我国数据中心节能降耗存在较大的提升空间。到 2020 年，数据中心耗电量约为 1 507 亿 kW·h，占全社会用电量的 2.01%，年均二氧化碳排放量为 1 亿～1.5 亿 t，占全国二氧化碳排放量的 1%～1.5%[3-5]。

根据生态环境部印发的《经济、技术政策生态环境影响分析技术指南（试行）》（以下简称《指南》），选择数据中心相关政策作为本研究的生态环境影响分析试点对象。建立评价方法，从资源消耗和应对气候变化等方面对数据中心相关政策开展生态环境影响评估，分析数据中心相关政策实施可能带来的潜在生态环境影响。

2　数据中心政策生态环境影响评价框架与方法

依据《指南》确定评价框架与方法，解析政策要素，梳理数据中心建设布局的目标、内容、措施及利益相关方，识别潜在生态环境影响政策要素，对环境质量、生态保护、资源消耗、应对气候变化 4 个方面可能存在的生态环境影响进行研判与分析（图 1）。

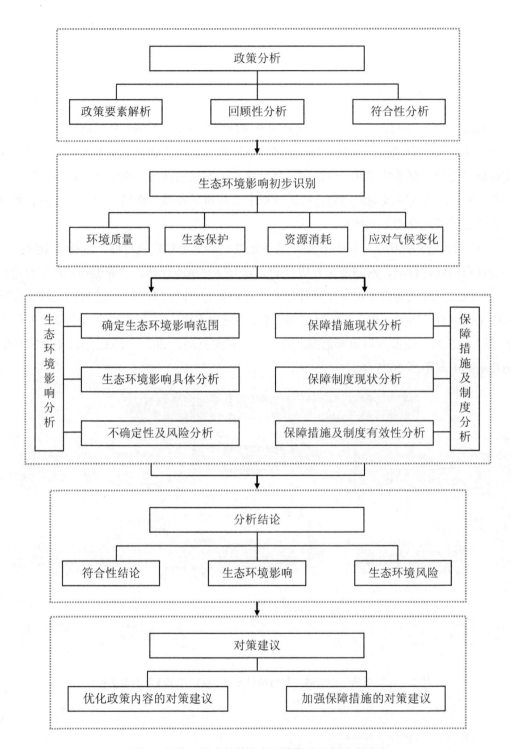

图1　经济、技术政策生态环境影响分析技术路线

3   案例研究

3.1   评估对象

2021 年 7 月 4 日，工业和信息化部印发《新型数据中心发展三年行动计划（2021—2023 年）》（工信部通信〔2021〕76 号）（以下简称《行动计划》）。作为指导未来三年新型数据中心建设纲领性文件，旨在切实贯彻落实国家战略部署，统筹引导新型数据中心建设，推动解决现阶段短板问题，打造数据中心高质量发展新格局，构建以新型数据中心为核心的智能算力生态体系。

《行动计划》提出了一个总目标，数条定性、半定量和定量目标，包括新型数据中心建设布局优化行动、网络质量升级行动、算力提升赋能行动、产业链稳固增强行动、绿色低碳发展行动和安全可靠保障行动 6 个行动任务，同时布局了云边协同工程、数网协同工程、数云协同工程、产业链增强工程、绿色低碳提升工程和安全可靠保障工程六大工程（图 2）。政策内容地域范围涉及全国，时间范围为 2021—2023 年，本研究将生态环境影响展望至 2025 年。

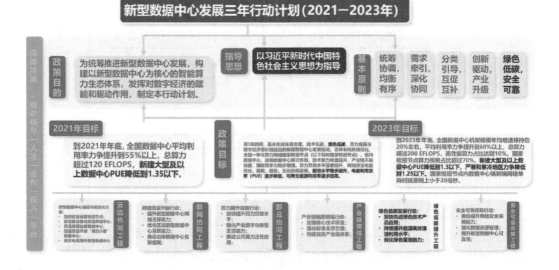

图 2   新型数据中心发展三年行动计划（2021—2023 年）政策框架

3.2   生态环境影响初步识别

根据政策要素解析，通过生态环境影响作用方式识别矩阵（表 1），《行动计划》中的网络质量升级行动、产业链稳固增强行动和安全可靠保障行动等政策内容不造成生态环境直接影响和间接影响，可进行剔除。数据中心的碳排放贯穿其全生命周期[6]，从建造阶段的能源消耗与建材消耗到运营阶段用电，再到后生命周期、改造阶段的能源消耗与建材消耗。其中运营阶段能源消耗最多[7]，数据中心结构如图 3 所示。运营阶段数据中心能源消耗包括：①IT 设备[8]，机房内服务器运行所需要的电力消耗是数据中心的主要能耗之一；②空调设备[9,10]，由于机房内服务器运行所需要降温而配备的空调设备的制冷和运行也是数据中心的主要能耗之一；③办公区域人员用电；④其他装置设备用电。

表 1　生态环境影响指标识别矩阵

一级指标	二级指标	《新型数据中心发展三年行动计划（2021—2023 年）》	
		指标研判	指标筛选结果
环境质量	大气污染物排放（如二氧化硫、氮氧化物、颗粒物、挥发性有机物、有毒有害物质和其他污染物）是否影响环境空气质量	√	二氧化硫、氮氧化物、颗粒物排放
	水污染物排放（如化学需氧量、氨氮、总磷、总氮、石油、重金属和其他污染物）是否影响地表水水质、地下水水质、近岸海域水质和海洋水质及饮用水水源安全	√	废水排放
	农业化肥、农药等的施用是否影响土壤、地表水、地下水环境质量	—	—
	是否影响固体废物产生量、固体废物综合利用率，是否促进固体废物减量化和无害化，进而影响环境质量	√	建筑垃圾
生态保护	是否影响重点生态功能区和重要生态系统保护与修复	—	—
	是否影响生物多样性保护网络构建	—	—
	是否影响各类生态系统稳定性、生态服务功能和自然生态的完整性	—	—
资源消耗	是否促进资源节约集约利用，降低能源、水、土地消耗强度	√	水资源、能源消耗
应对气候变化	是否影响温室气体排放	√	二氧化碳排放
	是否增加水资源、农业、海岸带、生态系统等气候敏感领域的脆弱性		

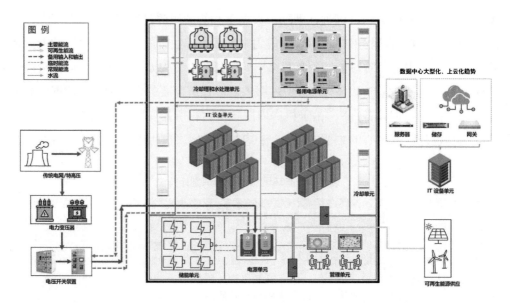

图 3　数据中心结构示例

针对新型数据中心《行动计划》的实施可能引起的数据中心总量变化、结构变化、技术升级和效率优化等效应，从环境质量、生态保护、资源消耗和气候变化 4 个方面识别政策可能存在的生态环境影响。通过专家访谈和实地调研，数据中心对生态环境影响主要集中在以下几个方面：

（1）数据中心新建、改造和拆除过程中涉及的施工行为所引起的建设用地增加、固体废物产生等对生态环境的影响；

（2）数据中心的备用柴油发电机工作时带来的大气污染物排放以及冷却水排放带来的水污染；

（3）数据中心运行阶段主要的资源消耗是电和水资源，需求量较大；

（4）维持运行大量耗电进而引起二氧化碳的排放，且呈现显著增长的趋势。

本研究目前主要针对数据中心运行阶段主要的电力消耗及其二氧化碳排放开展政策生态环境影响评价。

3.3　生态环境影响评估

3.3.1　2021 年政策目标生态环境影响

《行动计划》2021 年目标为"到 2021 年年底，全国数据中心平均利用率力争提升到 55% 以上，总算力超过 120 EFLOPS（每秒所执行的浮点运算次数），新建大型及以上数据中心 PUE（数据中心消耗的所有能源与 IT 负载消耗的能源的比值）降低到 1.35 以下"。以此为数据中心产业发展和约束条件，开展分析。

　　根据测算，完成《行动计划》2021 年目标后，全国数据中心机架规模达到 540 万架左右，较 2020 年增加 27%；2021 年平均 IT 负荷利用率达到 55%，较 2020 年提高 28%；PUE 达到 1.35。2021 年电力消费达到 2 166 亿 kW·h，较 2020 年增加 44%；二氧化碳排放量达到 1.35 亿 t 左右，较 2020 年增加 3 915 万 t。2020 年、2021 年各地区数据中心节能指标变动情况如图 4 所示。

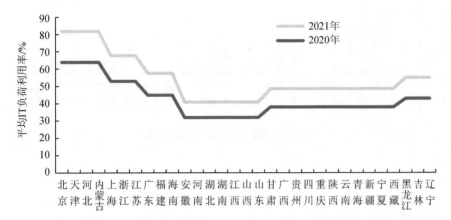

（a）各地区平均 IT 负荷利用率变化情况

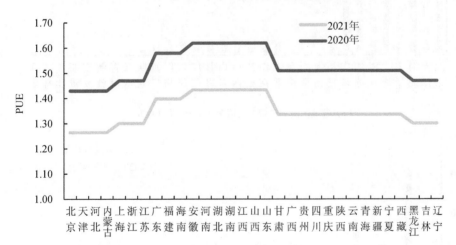

（b）各地区 PUE 变化情况

图 4　2020 年、2021 年各地区数据中心节能指标变动情况

　　从各地区来看，完成 2021 年目标后，北京市及其周边地区（包括北京、天津、河北和内蒙古）机架规模达到 119 万架，电力消费达到 723 亿 kW·h，二氧化碳排放量达到 5 886 万 t；上海市及其周边地区（包括上海、浙江和江苏）机架规模达到 138 万架，电力消费达到 577 亿 kW·h，二氧化碳排放量达到 3 328 万 t；广州市、深圳市及其周边地区（包括广东、福建和海南）机架规模达到 73 万架，电力消费达到 291 亿 kW·h，二氧化碳排放量达到 1 278 万 t（图 5）。

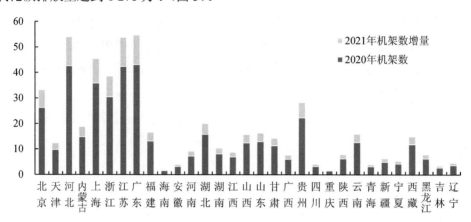

（a）各地区机架数变化情况（单位：万架）

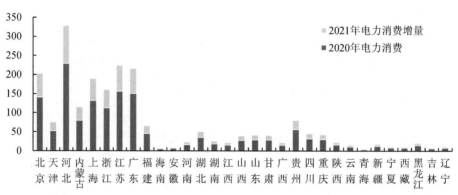

（b）各地区电力消费变化情况（单位：亿 kW·h）

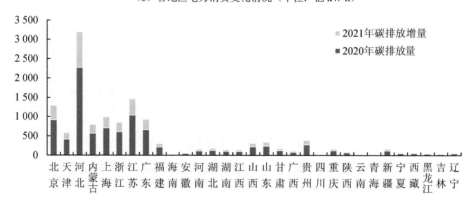

（c）各地区二氧化碳排放情况（单位：万 t）

图 5　2020 年、2021 年《行动计划》政策生态环境影响

3.3.2　2023 年政策目标生态环境影响

《行动计划》2023 年目标为"到 2023 年年底，全国数据中心机架规模年均增速保持在 20%左右，平均利用率力争提升到 60%以上，总算力超过 200 EFLOPS，高性能算力占比达到 10%。国家枢纽节点算力规模占比超过 70%。新建大型及以上数据中心 PUE 降低到 1.3 以下，严寒和寒冷地区力争降低到 1.25 以下。国家枢纽节点内数据中心端到端网络单向时延原则上小于 20 ms"。以此为数据中心产业发展和约束条件，开展分析。

根据测算，完成《行动计划》2023 年目标后，全国数据中心机架规模达到 703 万架左右，较 2020 年提高 92%，年均增速 30.6%；2023 年平均 IT 负荷利用率达到 60%，较 2020 年提高 31%；PUE 达到 1.32；电力消费达到 3 020 亿 kW·h，是 2020 年的 1.04 倍；二氧化碳排放量达 1.9 亿 t，较 2020 年增加 0.9 亿 t，较 2021 年增加 4 947 万 t。2020 年、2021 年、2023 年各地区数据中心节能指标变动情况如图 6 所示。

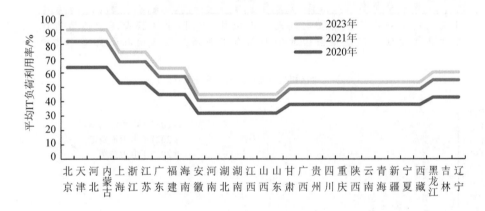

（a）各地区平均利用率变化情况

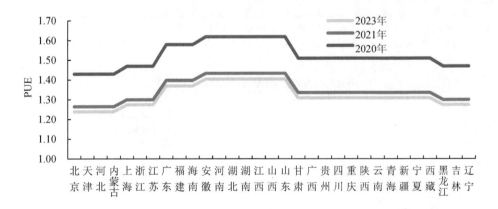

（b）各地区 PUE 变化情况

图 6　2020 年、2021 年、2023 年各地区数据中心节能指标变动情况

从各地区来看，完成 2023 年目标后，北京市及其周边地区机架规模达到 153 万架，电力消费达到 1 008 亿 kW·h，二氧化碳排放量达到 8 041 万 t；上海市及其周边地区机

架规模达到 179 万架，电力消费达到 804 亿 kW·h，二氧化碳排放量达到 4 547 万 t；广州市、深圳市及其周边地区机架规模达到 95 万架，电力消费达到 405 亿 kW·h，二氧化碳排放量达到 1 746 万 t（图 7）。

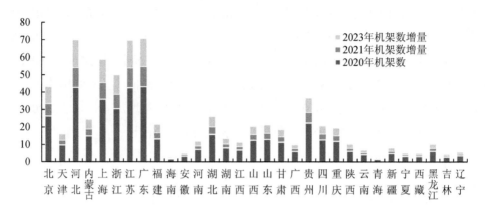

（a）各地区机架数变化情况（单位：万架）

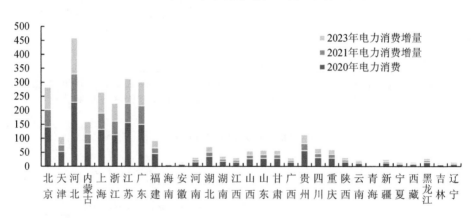

（b）各地区电力消费变化情况（单位：亿 kW·h）

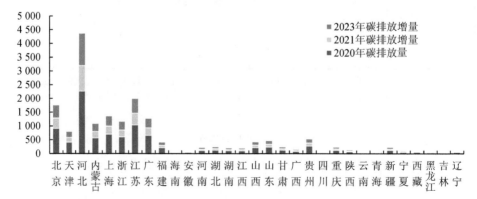

（c）各地区二氧化碳排放情况（单位：万 t）

图 7　2020 年、2021 年、2023 年《行动计划》政策生态环境影响

3.3.3　长期累积生态环境影响评估

根据测算，2025 年全国数据中心机架规模达到 759 万架左右，较 2020 年、2021 年分别增加 70%、40%；2025 年平均 IT 负荷利用率达到 65%，较 2020 年、2021 年分别提高 52%、19%；PUE 达到 1.30，CUE（碳利用率）达到 0.76。2025 年电力消费消耗达到 3 500 亿 kW·h，较 2020 年、2021 年分别增加 132%、62%，占 2025 年全社会用电量的 4%；二氧化碳排放量达到 2.1 亿 t，较 2020 年、2021 年分别增加 117%、54%，占 2020 年全国二氧化碳排放量的比例接近 2%。2020 年、2021 年、2025 年各地区数据中心节能指标变动情况如图 8 所示。

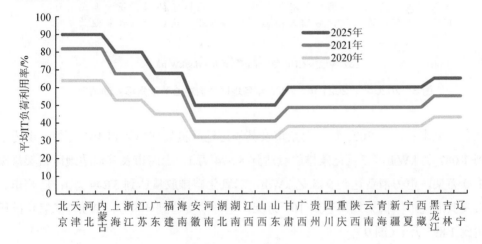

（a）各地区平均利用率变化情况

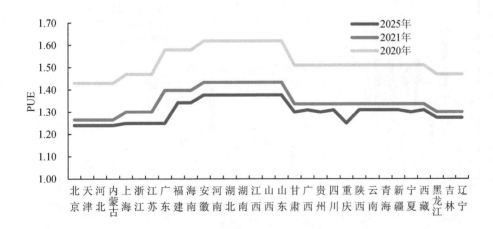

（b）各地区 PUE 变化情况

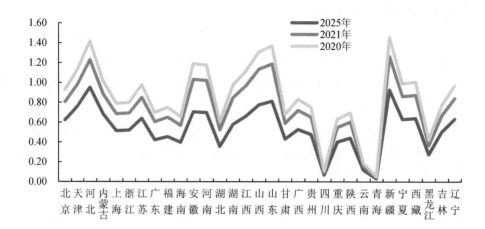

（c）各地区 CUE 变化情况（单位：kg/kW·h）

图 8　2020 年、2021 年、2025 年各地区数据中心节能指标变动情况

从各区域来看，到 2025 年，北京市及其周边地区机架规模达到 166 万架，电力消费达到 1 087 亿 kW·h，二氧化碳排放量达到 8 574 万 t；上海市及其周边地区机架规模达到 190 万架，电力消费达到 945 亿 kW·h，二氧化碳排放量达到 5 244 万 t；广州市、深圳市及其周边地区机架规模达到 101 万架，电力消费达到 449 亿 kW·h，二氧化碳排放量达到 1 895 万 t（图 9）。

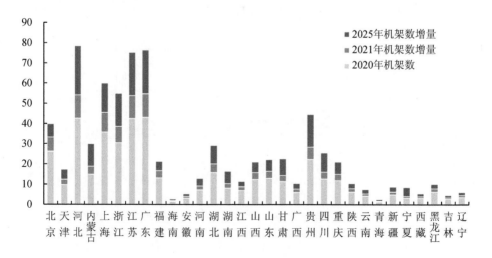

（a）各地区机架数变化情况（单位：万架）

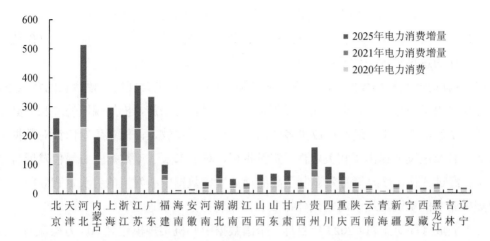

（b）各地区电力消费变化情况（单位：亿 kW·h）

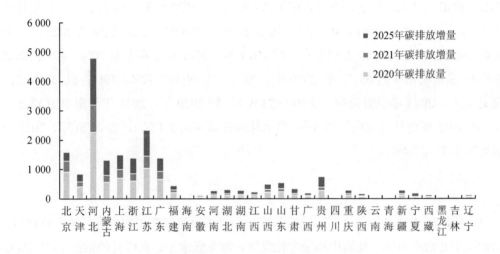

（c）各地区二氧化碳排放情况（单位：万 t）

图9　2020 年、2021 年、2025 年数据中心电力消费及碳排放分布

4　结论与建议

4.1　主要结论

（1）《行动计划》符合党中央、国务院关于生态文明建设和生态环境保护的决策部署。《行动计划》的发展目标和六条重点任务及六大工程符合党中央、国务院关于生态文明建设、节能、"碳达峰"以及生态环境保护等决策部署要求，评估对象符合中共中央、国务院关于"生态文明建设""生态环境保护""数字经济"和"碳达峰碳中和"的一系列决策部署，与《中华人民共和国国民经济和社会发展第十四个五年规划和 2035 年远景目标纲要》和《中共中央　国务院关于完整准确全面贯彻新发展理念做好碳达峰碳中和工作的意见》等文件精神吻合。

（2）《行动计划》在数据资源需求显著增加，数据中心机架规模大幅增长的背景下，评估对象给出了数据中心产业高质量发展的方向、目标与措施，机架规模的增长势必带来大量的资源消费需求，进而排放更多的温室气体与污染物，评估对象专门针对数据中心节能降耗绿色发展提出了相关定性、定量指标，对于未来三年数据中心绿色发展有重要意义。经过评估，该政策有效遏制了高能耗低效率数据中心发展的势头，有效降低了机架规模带来的资源消耗、温室气体排放和污染物排放增加速度。

（3）完成《行动计划》2023 年目标，全国数据中心机架规模达到 703 万架左右，较 2020 年提高 92%，年均增速 30.6%；2023 年平均 IT 负荷利用率达 60%，较 2020 年提高 31%；PUE 达 1.32；电力消费达 3 020 亿 kW·h，是 2020 年的 1.04 倍；二氧化碳排放量达 1.9 亿 t，较 2020 年增加 0.9 亿 t，较 2021 年增加 4 947 万 t。展望到 2025 年，全国数据中心机架规模达 759 万架左右，较 2020 年、2021 年分别增加 70%、40%；2025 年平均 IT 负荷利用率达 65%，较 2020 年、2021 年分别提高 52%、19%；PUE 达 1.30，CUE 达 0.76。2025 年电力消费达 3 500 亿 kW·h，较 2020 年、2021 年分别增加 132%、62%，占 2025 年全社会用电量的 4%；二氧化碳排放量达 2.1 亿 t，较 2020 年、2021 年分别增加 117%、54%。

4.2　对策建议

（1）推动源头减量。从生态环境的角度开展"东数西算"工程生态环境影响评价，推动数据中心向集约化、规模化和绿色化发展，避免低水平、高能耗的数据中心重复建设；出台数据中心和 5G 等新型基础设施依托"三线一单"生态环境分区管控实现绿色高质量发展的相关技术文件与指导意见，落实数据中心电能利用率（PUE）、水利用率（WUE）、碳利用率（CUE）和可再生能源利用率（RER）等核心资源利用效率指标进入生态环境分区管控方案和生态环境准入清单，建立更立体的数据中心绿色低碳发展评估指标体系；针对数据中心和 5G 等新型基础设施，出台"三线一单"生态环境分区管控与环境准入、节能审查和能耗双控等政策衔接的技术文件，捋清数据中心本身、数据中心能源消耗、数据中心二氧化碳排放等管理权责，推动数据中心节能降碳协同增效。

（2）优化数据中心用能结构。推动可再生能源供给与数据中心等发展日益成熟的、大规模的、有持续载能需求的战略新兴产业形成合力，创新数据中心就地消纳可再生能源的用电机制，鼓励"数据中心与可再生能源"深度融合，真正做到"业务流""能源流"和"信息流"多流合一；支持数据中心集群配套可再生能源电站，支持数据中心采用大用户直供、拉专线、建设分布式光伏等方式提升可再生能源电力消费；建议在相关政策层面可考虑扩大可再生能源市场化交易的试点范围、拓展绿证核发范围，鼓励数据中心企业参与可再生能源市场交易；加快以数据中心作为用电方参与到碳市场交易，出台数据中心和 5G 等新型基础设施相关碳排放权登记、管理和结算细则。

（3）创新节能技术。从高效 IT 设备、高效制冷系统、高效供配电系统和高效辅助系统 4 个方向大力推广整机柜服务器技术、温水水冷服务器、水冷技术、空调技术、不间断电源（UPS）、模块化不间断电源（UPS）和绿色运维管理技术产品包括集群系统综合调度节能方法及装置等目前已经具有一定应用及占有率的节能技术；重点突破和继续研发冷板式冷服务器、液冷技术、10 kV 交流输入的直流不间断电源系统、绿色运维管理技术产品包括集群系统综合调度节能方法及装置和数据中心能耗监测及智能运维管理系统等前沿节能技术，推动构建数据中心节能技术体系。

（4）提升能效管理水平。推动数据中心企业建立碳资产盘查—核算—认证的统计体系，依托绿色运维管理技术产品包括集群系统综合调度节能方法及装置和数据中心能耗监测及智能运维管理系统等前沿节能技术，完善节能减碳管理机制，加强数据中心企业自身低碳节能意识与相关管理能力，以绿色金融和 ESG（环境、社会和公司治理）等手段推动企业加强碳信息披露和公开。

参考文献

[1] 中国互联网协会. 中国互联网发展报告[M]. 北京：电子工业出版社，2021.

[2] 中国电子学会. 中国绿色数据中心发展报告 2020[R]. 北京：中国电子学会，2021.

[3] 叶睿琪，等. 中国数字基建的脱碳之路数据中心与 5G 减碳潜力与挑战[R]. 北京：绿色和平，2021.

[4] 王文佺，等. 点亮绿色云端中国数据中心能耗与可再生能源使用潜力研究[R]. 北京：绿色和平，2021.

[5] 中国信息通信研究院. 2020 年数据中心白皮书[R]. 北京：中国信息通信研究院，2021.

[6] 张兴，过增元. 绿色数据中心的全生命周期建设[J]. 信息技术与标准化，2018（10）：2.

[7] 张忠斌，邵小桐，宋平，等. 数据中心能效影响因素及评价指标[J]. 暖通空调，2022，52（3）：10.

[8] 李振刚. 数据中心 IT 设备的能耗分析与节能研究[J]. 科技和产业，2014（4）：124-126.

[9] 黄庆河，曹连华，马春霞. 数据中心空调系统新风节能设计研究[J]. 暖通空调，2020，50（3）：4.

[10] 彭伟，杨学宾，邹佳庆，等. 数据中心机房运行时空调设备电能利用效率评价[J]. 暖通空调，2018，48（8）：114-118，29.

黄河流域城镇污水资源化利用政策环境影响研究

李 倩[1] 李王锋[1] 谢 丹[2] 汪自书[2]

（1. 北京清华同衡规划设计研究院有限公司，北京 100085；

2. 清华大学，北京 100084）

摘 要：黄河流域生态保护和高质量发展是当前的重大国家战略，因地制宜实施污水资源化利用是共同抓好大保护、协同推进大治理的重要组成内容，水资源短缺、水环境污染和水生态破坏是目前制约我国高质量发展的突出"瓶颈"和生态文明建设的突出短板。本文通过对黄河流域城镇污水排放和处理、污水再生利用现状及历史趋势评估，合理预测 2025 年黄河流域城镇污水再生利用情况，并选取不同情景分别进行测算分析，进而提出污水资源化政策建议。现阶段黄河流域内污水再生利用水平存在差异，未来还有进一步提升空间。未来污水再生利用可以作为供水途径的一个重要组成，且对水环境污染物减排具有重要作用。

关键词：黄河流域；污水资源化利用；环境影响

Study on Environmental Impact of Wastewater Reuse Policy in the Cities of Yellow River Basin

Abstract：The ecological conservation and high-quality development of the Yellow River Basin is a major national strategy at present，the implementation of wastewater reuse according to local conditions is an important component to work together to protect and harness the Yellow River. The shortage of water resources，water environment pollution and water ecological damage are the prominent bottlenecks restricting China's high-quality development and the prominent weaknesses of ecological civilization construction. Based on the assessment of the current situation and historical trend of wastewater discharge，treatment，wastewater reuse in the Yellow River Basin，this paper reasonably predicts situations of wastewater reuse in the Yellow River Basin in 2025，and selects different scenarios for calculation，and then puts forward policy suggestions on wastewater reuse. At present，

作者简介：李倩（1986—），女，高级工程师，硕士，主要研究方向为战略环境评价与环境规划管理、地图学与地理信息系统等。E-mail：liqian@thupdi.com。

there are differences in the level of water reuse in the Yellow River Basin，and there is still room for further improvement in the future. In the future，wastewater reuse can be an important part of water supply and play an important role in reducing water environmental pollutants.

Keywords：the Yellow River Basin；Wastewater Reuse；Environmental Impact

1　研究背景

党的十八大以来，习近平总书记多次实地考察黄河流域生态保护和经济社会发展情况，强调黄河流域生态保护和高质量发展是重大国家战略，要共同抓好大保护，协同推进大治理。2021 年 1 月，国家发展改革委、科技部等十部门联合发布《关于推进污水资源化利用的指导意见》，提出了一系列切合我国实际的有力措施；2022 年 4 月，住建部、国家发展改革委等四部门联合印发《关于加强城市节水工作的指导意见》，指出了全国地级及以上缺水城市再生水利用目标；2021 年 8 月，国家发展改革委、住建部联合下发《"十四五"黄河流域城镇污水垃圾处理实施方案》；2021 年 10 月，中共中央、国务院印发《黄河流域生态保护和高质量发展规划纲要》，规划纲要中指出"因地制宜实施污水、污泥资源化利用"。

水资源短缺、水环境污染和水生态破坏是目前制约我国高质量发展的突出"瓶颈"和生态文明建设的突出短板。我国人均水资源量少，时空分布不均，北方资源性缺水严重，污水资源化利用是破解上述问题的有效措施和多赢途径，是高质量发展的必然要求。清华大学环境学院胡洪营教授指出提升城镇污水资源化利用水平，为黄河流域高质量发展提供可持续保障[1]；张震宇等以宿迁市为研究区域，从主体责任、规划布局及资金筹措等方面探讨了水环境敏感区域的污水资源化利用策略[2]；史海春等以 2010—2018 年统计数据为基础，就水资源短缺对甘肃省人口聚集、城市化、产业发展带来的影响进行综合评估，并提出进一步提升水资源保护及综合利用水平的具体建议[3]；马东春等分析了再生水利用中存在的管理法规不完善、相关激励政策不足、系统的管理体系尚未建立、监督和应急管理制度缺失等主要问题[4]；张新等重点关注了天津市中心城区污水再生利用存在的问题[5]；刘天旭分析了河北省非常规水源开发利用存在的问题[6]；颜秉斐等从再生水利用运营保障机制方面指出应建立区域再生水循环利用长效运营机制和标准与规范，并注重区域再生水循环利用的风险防范[7]；李溯研究表明包头市实行污水资源化无论在技术、经济、实践等方面都是可行的，如能实现可取得良好的生态效益与经济效益[8]。

黄河流域横跨东中西部地区，是我国人口活动和经济发展的重要区域，具有举足轻重的战略地位。总体来看黄河流域属于中度缺水地区，9 省（区）中有 4 省（区）极度缺水（山西、山东、河南、宁夏），仅有 2 省属于丰水地区（四川、青海）。2020 年黄河流域水资源总量为 6 490.8 亿 m^3，占全国总量的 21%；黄河流域人均水资源量为 1 542 m^3/人，低于全国平均水平的 2 240 m^3/人，约为全国水平的 69%。

2 研究方法

确定评价范围与评价对象。根据《"十四五"黄河流域城镇污水垃圾处理实施方案》，确定黄河流域 9 省（区）（山西、内蒙古、山东、河南、四川、陕西、甘肃、青海及宁夏）全域为评价范围。评价对象以《关于推进污水资源化利用的指导意见》《"十四五"黄河流域城镇污水垃圾处理实施方案》《"十四五"城镇污水处理及资源化利用发展规划》《关于加强城市节水工作的指导意见》污水资源化利用相关政策中规定为主。

研判未来城镇污水排放情况。根据黄河流域过去 10 年城镇污水排放和处理情况，判断"十四五"期间城镇污水排放和处理情况。2011—2020 年黄河流域城镇污水排放量年平均增速为 4%，随着黄河流域城市规模进一步发展，未来城镇污水排放量势必增加，在此假设到 2025 年黄河流域城镇污水排放年均增速仍为 4%。

确定污水资源化利用情景的相关目标。《关于推进污水资源化利用的指导意见》中明确到 2025 年，全国地级及以上缺水城市再生水利用率达到 25%以上，京津冀地区达到 35%以上；《"十四五"黄河流域城镇污水垃圾处理实施方案》中明确"上游地级及以上缺水城市再生水利用率达到 25%以上，中下游力争达到 30%"；《"十四五"城镇污水处理及资源化利用发展规划》中明确全国地级及以上缺水城市再生水利用率达到 25%以上，京津冀地区达到 35%以上，黄河流域中下游地级及以上缺水城市力争达到 30%；《关于加强城市节水工作的指导意见》中明确到 2025 年，全国地级及以上缺水城市再生水利用率达到 25%以上，京津冀地区达到 35%以上，黄河流域中下游力争达到 30%。根据以上污水资源化利用相关文件，设置 2025 年黄河流域上游城镇污水再生利用率达到 25%，中下游城镇污水再生利用率达到 30%；其中现状年已达到 2025 年目标的，保持现状水平不变，未达到 2025 年目标的，按照目标值进行测算（表 1）。

表 1 黄河流域 2025 年城镇污水再生利用率目标设置

省（区）	流域分区	目标/%	省（区）	流域分区	目标/%
山西	中下游	30	陕西	中下游	30
内蒙古	中下游	38	甘肃	上游	25
山东	中下游	43	青海	上游	25
河南	中下游	37	宁夏	上游	25
四川	上游	25			

环境影响分析。测算不同情景下城镇污水资源化利用对总用水量、水环境污染物减排等的影响，并基于此环境影响提出污水资源化利用的政策建议。技术路线如图 1 所示。

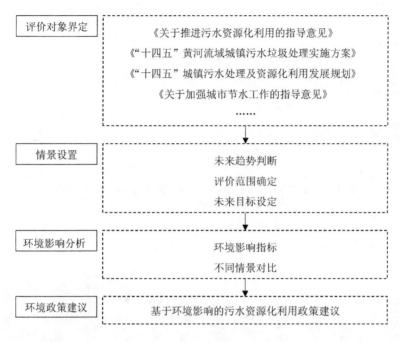

图 1　技术路线

本研究中城镇污水排放量、城镇污水处理量、市政再生水利用量均来自中国城市建设统计年鉴，城市指经国务院批准设市建制的城市市区（城区），不包括行政区内市区之外的其他区域。

3　城镇污水资源化利用现状及历史趋势

图 2 为 2011—2020 年黄河流域城镇污水排放和处理趋势。2020 年黄河流域城镇污水排放量为 118.36 亿 t，占全国总量的 21%。2011—2020 年黄河流域城镇污水排放量占全国总量的比例在 20%～22%，与水资源占全国总量比例基本一致。黄河流域城镇污水排放量集中于山东、四川、河南等省份，与人口分布密切相关。

2020 年黄河流域城镇污水处理量为 115.70 亿 m^3，占全国总量的 20.76%。2020 年黄河流域城镇污水处理率为 97.76%，略高于全国平均水平（97.53%）。2011—2020 年黄河流域城镇污水处理率从 85.75% 升至 97.76%，与全国城镇污水处理率水平基本保持一致。2020 年黄河流域城镇污水处理率最高的地区为山西（99.6%），最低的地区为青海（95.31%）。

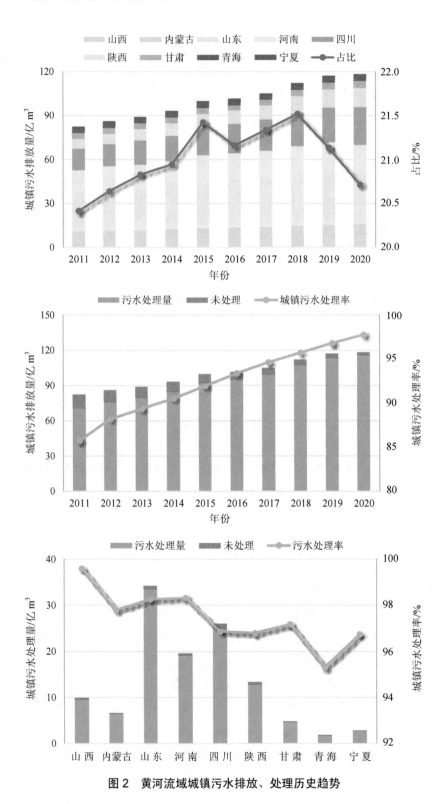

图 2　黄河流域城镇污水排放、处理历史趋势

图 3 为 2011—2020 年黄河流域污水再生利用历史趋势。2020 年黄河流域污水再生利用量为 34.46 亿 m³，占全国总量的 25.46%。黄河流域污水再生利用集中在山东、河南等地区，约占流域总量的 64%。2020 年黄河流域污水再生利用率为 29.12%，高于全国平均水平（23.69%）。流域内污水再生利用率较高的地区为山东、内蒙古、河南、山西及宁夏等。2011—2020 年黄河流域污水再生利用量从 5.76 亿 m³ 增长到 34.46 亿 m³，增长近 5 倍，高于全国平均水平（4 倍左右）；流域内 2011—2020 年污水再生利用量增长最快的地区为四川，其次为青海、河南、陕西。2011—2020 年黄河流域污水再生利用率增长 22 个百分点，高于全国增幅（17 个百分点），流域内增幅较大的地区为河南、山东和内蒙古。其中黄河流域 68 个主要城市中 17 个城市再生水利用率超过 35%，5 个城市的再生水利用率处于 30%~35%，9 个城市处于 25%~30%，25 个城市污水资源化利用率在 25% 以下。[9]

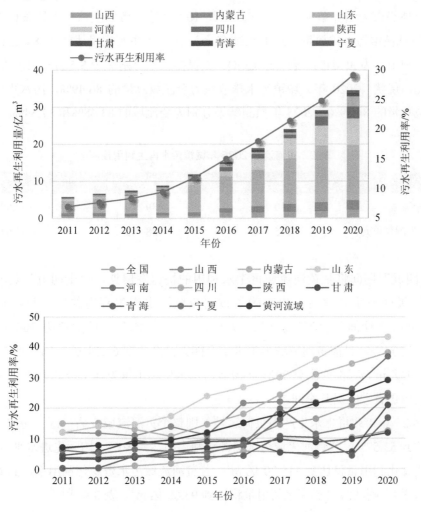

图 3　黄河流域污水再生利用历史趋势

4 污水资源化利用环境影响

在以上情景设置下，以 2020 年为基准年，以省为测算单元，到 2025 年黄河流域城镇污水排放量将达到 144 亿 m³，污水再生利用量达到 48.94 亿 m³，流域污水再生利用率为 33.99%，污水再生利用量为 2019 年流域用水总量的 37%。根据以上污水再生利用量测算，如果将城镇污水处理厂出水标准从一级 A 标准提高到准Ⅳ类［排放的尾水中 COD、氨氮和 TP 等主要指标达到《地表水环境质量标准》（GB 3838—2002）中的Ⅳ类标准，其他指标达到《城镇污水处理厂污染物排放标准》（GB 18918—2002）中的一级 A 标准］进行回用，整个黄河流域 COD、氨氮将会分别减少排放量 9.8 万 t 和 1.7 万 t。2019 年黄河流域 COD、氨氮排放量分别为 129.3 万 t 和 11.3 万 t，全流域 COD、氨氮测算减排量分别为现状排放量的 8% 和 15%。

若以地级市为测算单元，9 省（区）共 100 个地级市以上情景设置条件不变，到 2025 年流域城镇污水排放量达到 120.21 亿 m³，污水再生利用量达到 42.84 亿 m³，流域污水再生利用率为 35.64%（表 2）；COD、氨氮排放量分别减少 8.6 万 t、1.5 万 t。以地市为单元，现状（2020 年）城镇污水排放量为全流域总量的 86.49%，污水再生利用量为全流域总量的 84.89%；2025 年预测结果分别为全流域的 83.48% 和 87.54%。

表 2 黄河流域 2025 年城镇污水再生利用预测

	城镇污水排放量/万 m³	污水再生利用量/万 m³	污水再生利用率/%
全流域	1 439 976	489 389	33.99
以地市为测算单元	1 245 404	428 413	35.64

"十四五"期间将是黄河流域再生水利用的快速发展期。《"十四五"黄河流域城镇污水垃圾处理实施方案》中明确了黄河流域污水再生利用的发展目标和重要任务，"十四五"期间黄河流域新建、改建和扩建再生水生产能力约为 300 万 m³/d，即 1 095 亿 m³/a。目前黄河流域再生水生产能力已经达到 66.19 亿 m³/a，到 2025 年将达到 77.14 亿 m³/a。根据测算 2025 年流域污水再生利用量为其生产能力的 63.45%，城镇污水利用仍有较大提升空间。

若 2025 年市政再生水生产满负荷运转，则整个黄河流域 9 省（区）污水资源化利用率将达到 53.57%；若黄河流域污水资源化利用率达到 80%（国际先进水平），则其城镇污水资源化利用量将达到 115.20 亿 m³；若黄河流域污水资源化利用率达到 65%（国内先进水平），则其污水资源化利用量将达到 93.60 亿 m³（表 3）。[9]

表3　黄河流域2025年不同情景污水再生利用预测

	情景一	情景二（满负荷）	情景三（国际先进）	情景四（国内先进）
污水资源化利用量/万 t	489 389	771 355	1 151 981	935 984
污水资源化利用率/%	34	53.57	80	65
化学需氧量减排/万 t	9.79	15.43	23.04	18.72
氨氮减排/万 t	1.71	2.70	4.03	3.28

5　结论与建议

总体来看，黄河流域属于中度缺水地区，流域城镇污水排放量、城镇污水处理量及处理率均与流域水资源总量水平基本保持一致。近10年黄河流域城镇污水处理率提高12个百分点，略低于全国平均水平；流域城镇污水再生利用不论是总量还是利用率均高于全国水平，近10年流域城镇污水再生利用量增速也快于全国平均水平。

黄河流域内各省（区）水资源情况差异显著，城镇排水、污水处理及再生利用情况也不尽相同。流域内城镇污水排放量集中于山东、四川、河南等省份，与人口分布密切相关；流域内城镇污水处理率最高的地区为山西，提升幅度最快的是青海；流域内城镇污水再生利用量集中于山东、河南，污水再生利用量增长幅度最快的地区为四川，其次为青海、河南、陕西；污水再生利用率较高的地区为山东、内蒙古、河南、山西及宁夏等，除内蒙古为轻度缺水地区以外，其余各省（区）均为极度缺水地区。山东、河南等地人口分布众多，且处于极度缺水地区，故污水再生利用是解决其水资源短缺问题的有效途径；中度缺水的甘肃、陕西在流域内的污水再生利用水平并不高，未来还有进一步提升的空间。

《关于推进污水资源化利用的指导意见》等文件的发布将有效提高黄河流域城镇污水资源化利用水平，节水减污。到2025年，若以"十四五"目标为依据，黄河流域污水再生利用量将达到现状用水总量的37%，流域污水再生利用率将达到34%，污水再生减少的COD、氨氮排放量分别将达到现状排放总量的8%和15%。可见未来污水再生利用是解决流域用水、水污染物减排等问题的一个有效途径。在不同情景下黄河流域城镇污水资源化利用量将达到现状用水的37%~88%，是用水的有效补充及替代，水环境污染物将进一步减排。再生水利用途径涉及景观环境利用、工业利用、城市杂用、农林牧渔业利用和补充水源水等方面，但不同利用途径的再生水利用量数据尚不明确，再生水的利用途径仍需探索。

值得注意的是，流域内极度缺水且人口分布众多的地区（如山东、河南等），现状污水再生利用水平已经是流域内较高水平，且高于黄河流域"十四五"规划设定的目标，未来污水再生利用水平如何进一步提高值得探索。2022年4月山东省住建厅、省发展改革委等5部门联合印发了《山东省城市排水"两个清零、一个提标"工作方案》，方案进一步明确了山东省的再生水利用目标及再生用途等内容。未来黄河流域内各省（区）还将继续探索明确各自的污水再生利用目标、措施及用水途径等。

参考文献

[1] 胡洪营. 提升城镇污水资源化利用水平为黄河流域高质量发展提供可持续保障[J]. 中国经贸导刊，2021，9：18.

[2] 张震宇，孙广东，田川，等. 水环境敏感区域污水资源化利用策略研究——以宿迁市中心城市西南片区为例[J]. 实践应用，2022，3（4）：60-63.

[3] 史海春，康旺儒，马小蕾，等. 提升甘肃水资源保护及综合利用水平的对策研究[J]. 发展，2021，3：20-25.

[4] 马东春，唐摇影，于宗绪. 北京市再生水利用发展对策研究[J].西北大学学报（自然科学版），2020，50（5）：779-786.

[5] 张新，李育宏. 天津市中心城区污水再生利用现状与发展[J]. 天津建设科技，2019，29（3）：58-60.

[6] 刘天旭. 河北省非常规水源开发利用[J]. 水科学与工程技术，2015（4）：28-31.

[7] 颜秉斐，夏瑞，魏东洋，等. 黄河流域区域再生水循环利用对策建议[J]. 环境保护，2021，49（13）：15-16.

[8] 李溯. 包头市城市污水资源化研究[D]. 呼和浩特：内蒙古大学，2012.

[9] 郝姝然，陈卓，徐傲，等. 黄河流域主要城市再生水利用状况及潜力分析[J]. 环境工程，2022（5）.

广东省新能源汽车产业政策生态环境影响研究

吴锦泽　李朝晖　王明旭　蔡思彤　曾梓莹

（广东省环境科学研究院，广州 510000）

摘　要：为了探索产业类政策环境影响分析的评价方法，综合采用列表分析法、情景趋势分析法、全生命周期评价法等方法对广东省新能源汽车产业政策开展了环境影响分析研究。结果表明：广东省新能源汽车产业政策实施主要对环境质量、应对气候变化、环境风险等领域产生影响，对生态保护的影响不明显；与传统燃油汽车相比，新能源汽车产业发展总体上具有较好的减污、节能和降碳效应，但是在废旧动力电池回收处理方面存在一定的环境风险；为更好地发挥政策的有利影响同时减缓不利影响，建议进一步优化政策内容及相关配套，包括加大粤东西北地区新能源汽车推广应用力度、积极推进能源绿色低碳转型、强化废旧动力电池环境风险管控等。

关键词：新能源汽车；环境质量；应对气候变化；环境风险

Research on the Ecological Environment Impact of New Energy Vehicle Industry Policy in Guangdong Province

Abstract：In order to explore the environmental impact assessment methods of industrial policies，the environmental impact analysis of the new energy vehicle industry policies in Guangdong Province was carried out by comprehensively adopting the method of list analysis，scenario trend analysis，and full life cycle assessment. The results showed that the implementation of the new energy vehicle industry policy in Guangdong Province mainly affected the fields of environmental quality，climate change and environmental risks，and had no obvious impact on ecological protection. Compared with traditional fuel vehicles，the development of the new energy vehicle industry generally had better pollution reduction，energy saving and carbon reduction effects，but there was certain environmental risk in the recovery and treatment of scrapped power batteries. In order to better play the favorable impact of the policy and mitigate the adverse impact，it was recommended to further optimize the policy content and relevant supporting facilities，including increasing the promotion and application of new energy vehicles

作者简介：吴锦泽（1991—），男，硕士，工程师，研究方向为环境规划。E-mail：619376676@qq.com。

in the east, west and north of Guangdong Province, actively promoting the green and low-carbon transformation of energy, and strengthening the environmental risk control of waste power batteries.

Keywords: New Energy Vehicle; Environmental Quality; Combat Climate Change; Environmental Risk

《中华人民共和国环境保护法》第十四条明确规定"国务院有关部门和省、自治区、直辖市人民政府组织制定经济、技术政策，应当充分考虑对环境的影响，听取有关方面和专家的意见"。2021 年 11 月，中共中央 国务院《关于深入打好污染防治攻坚战的意见》明确要求，开展重大经济技术政策的生态环境影响分析。《中华人民共和国环境影响评价法》仅对建设项目环境影响评价和规划环境影响评价进行规定，缺乏对政策生态环境影响评价的规范性规定[1]。政策作为决策链的最高层，是环境影响评价的源头，建立与完善政策环境影响评价制度，对缓解经济建设与环境保护之间的矛盾和政策法制化建设具有重要意义[2]。目前，政策环评在实际管理中应用较少[3]，仅在汽车产业政策[4]、农业政策[5]、贸易政策[6]等少数领域开展了初步探索，至今尚未完全形成完善的政策环境影响分析工作程序和方法体系[7]。

2020 年 11 月，生态环境部办公厅印发了《经济、技术政策生态环境影响分析技术指南（试行）》（环办环评函〔2020〕590 号），为开展政策生态环境影响分析提供技术参考。2021 年，生态环境部组织部分省（市）和相关单位开展政策生态环境影响分析试点。广东省作为试点省份，选取了新能源汽车产业政策开展生态环境影响分析研究，以期探索产业类政策环境影响分析的评价模式和技术方法，更好地发挥生态环境保护参与综合决策的作用。

1 产业发展概况

广东省是人口及经济大省，机动车保有量约占全国的 1/10[8]，随着经济及产业不断发展，机动车数量将进一步增加，所带来的资源承载与环境污染压力持续增大。新能源汽车产业是国家重点支持的战略性新兴产业，在"双碳"背景下，发展新能源汽车产业成为应对气候变化、推动绿色发展的战略举措[9]。2018 年 6 月，《广东省人民政府关于加快新能源汽车产业创新发展的意见》（粤府〔2018〕46 号）（以下简称《意见》）出台，大力支持新能源汽车产业创新发展。在政策的作用下，广东省新能源汽车产业加速发展，并且处于国内领先水平[10,11]，基本形成以广州和深圳为核心，珠三角及粤东西北相关地市配套发展的新能源汽车产业发展格局，拥有广汽传祺、比亚迪、小鹏汽车等新能源汽车自主品牌。2018—2020 年，新能源汽车产量逐年增加，3 年产量依次为 13.08 万辆、15.59 万辆、20.87 万辆，年均增长 26.3%，其中，2020 年增长 33.9%，增速呈现加快趋势。新能源汽车推广应用工作也取得明显进展，2018 年和 2019 年，广东省新能源汽车推广数量分别为 18.85 万辆和 18.62 万辆，均为 2017 年的 2.3 倍，2020 年下降至 10.11 万辆。截至 2020 年年底，广东省新能源汽车保有量约 80 万辆，全国排名第一。全省新能源汽车市场渗透率已达 14.6%，比全国高 5.2 个百分点。

2　研究范围与方法

2.1　研究范围

本次生态环境影响分析对象为《意见》。政策的出台旨在增强新能源汽车产业竞争力，加快新能源汽车的推广应用。《意见》主要明确了八个方面的政策：加快新能源汽车规模化生产，强化研发创新能力建设，加快新能源汽车充电、加氢基础设施建设，加强新能源汽车推广应用，推进产业集聚发展，加强质量保障体系建设，强化人才队伍支撑，强化保障措施。分析范围定为广东省，分两个阶段对政策实施的生态环境影响进行分析，第一阶段为 2018—2020 年，第二阶段为 2021—2025 年（考虑五年计划时限，将"十四五"时期作为未来实施阶段进行情景分析）。

2.2　研究方法

2.2.1　生态环境影响初步识别

为全面、准确地识别政策生态环境影响，按照《经济、技术政策生态环境影响分析技术指南（试行）》推荐的技术流程，采用列表分析法开展生态环境影响初步识别（表 1）。结果表明，政策对生态保护指标无明显相关性影响，对环境质量、应对气候变化、环境风险 3 个指标存在影响，拟针对上述 3 个指标开展具体生态环境影响分析。

表 1　生态环境影响初步识别

指标	主要影响方式	具体影响政策	产生的环境影响
环境质量	直接影响	加快新能源汽车规模化生产，推进产业集聚发展	驱动的生产项目落地，直接带来大气等污染物排放增量
	间接影响	加强新能源汽车推广应用，加快新能源汽车充电、加氢基础设施建设	驱动新能源汽车替代传统燃油汽车，间接可能带来污染物排放削减效应
生态保护	关联性不大	—	—
应对气候变化	间接影响	加强新能源汽车推广应用，加快新能源汽车充电、加氢基础设施建设	驱动新能源汽车替代传统燃油汽车，间接可能带来能源消耗、碳排放削减效应
环境风险	间接影响	建立完善废旧汽车拆解回收利用体系；建设粤东西两翼新能源汽车产业基地，集约发展废旧动力电池梯级利用和回收产业	驱动废旧动力电池回收产业布局，间接可能带来污染转移和事故性环境风险问题

2.2.2 "十四五"情景预测

《意见》实施后，2018—2020 年，广东省共推广应用新能源汽车 47.6 万辆，新能源汽车推广应用速度持续加快。汽车保有量发展趋势与经济发展水平和人民生活水平息息相关，吴锦泽等[8]采用 2010—2020 年广东省千人汽车保有量、人均 GDP 统计数据构建回归模型预测了"十四五"时期广东省汽车保有量，预计"十四五"时期广东省将新增汽车 1 200 万辆。"十四五"时期新能源汽车渗透率参考《广东省空气质量全面改善行动计划（2021—2025 年）》（征求意见稿）提出的 20%，在此情景下"十四五"时期广东省将推广应用新增新能源汽车约 240 万辆。为便于分析，车辆类型结构按现有水平估算，即乘用车、出租车、公交车、物流车占比分别约为 77%、10%、5%、8%。

2.2.3 生态环境影响分析

采用情景趋势分析法、全生命周期评价法开展具体的生态环境影响分析。

（1）环境质量

由于新能源汽车替代的燃油车类型主要为汽油车，环境质量指标重点关注汽油车排放量较大且对广东省臭氧污染影响较为敏感的的氮氧化物（NO$_x$）、挥发性有机物（VOCs）两个因子。新能源汽车与传统汽车的大气污染物排放差异主要在于使用阶段，尽管以电能驱动为主的新能源汽车行驶阶段不排放大气污染物，但其前端的火力发电系统仍会排放大气污染物，实际上造成了大气污染转移效应。为便于分析，核算基于如下假设：①纳入核算的新能源汽车型均为纯电动汽车；②每年新增新能源汽车等量替代燃油汽车；③新能源汽车电力消费中的省外电力输入结构按全国平均水平。污染减排效应核算公式如下：

$$E_{NO_x/VOCs} = \sum_{i=1}^{n} A_i \times (P_i - Q_i kq) \qquad (1)$$

式中，$E_{NO_x/VOCs}$ 为新能源汽车相对于传统燃油车的 NO$_x$ 或 VOCs 排放减少量，万 t/a；A_i 为不同类型车辆推广量，万辆；P_i 为不同类型燃油车的 NO$_x$ 或 VOCs 排放系数，参考第二次污染源普查系数取值，t/（辆·a）；Q_i 为不同类型新能源车的年耗电量，采用年行驶里程和百公里电耗折算，行驶里程参考《道路机动车大气污染物排放清单编制技术指南（试行）》，百公里电耗取 15 kW·h；k 为火电结构，依据《2021 年中国电力统计年鉴》中广东省内发电、省外输入电量情况折算；q 为火力发电的 NO$_x$ 或 VOCs 排放系数，参考 2020 年环境统计数据取值，t/（kW·h）。

（2）应对气候变化

应对气候变化指标重点关注能耗、碳排放两个因子。新能源汽车与传统汽车能耗、碳排放差异贯穿汽车的全生命周期过程，采用全生命周期评价方法[12-14]分别核算新能源汽车、传统燃油汽车的能源消耗和温室气体排放量。基于数据的可获得性，利用 SimaPro

和 GREET 模型工具并对能源结构、车辆结构等部分参数进行本地化后开展汽车车辆链（原料开采+生产+回收）和燃料链（使用）全生命周期评价。新能源汽车电力消费的能耗、碳排放基于广东省内发电、省外调电中的火力发电结构折算，1 kW·h 电力消费的能源消耗为 9.27 MJ，温室气体排放量为 0.73 kgCO$_2$ eq。燃油车化石燃料消费的能耗、碳排放参考《综合能耗计算通则》（GB/T 2589—2020）和《省级温室气体清单编制指南》的系数和方法折算。节能减碳效应基本公式如下：

$$G_{e/c} = G_0 - G_n \tag{2}$$

式中，$G_{e/c}$ 为新能源汽车相对于传统燃油车的能源消耗或者碳排放减少量；G_0 为若不实施新能源汽车政策的燃油汽车能耗或温室气体排放量；G_n 为实施新能源汽车政策后的能耗或温室气体排放量。

其中，能耗单位为万 tce、碳排放单位为万 t CO$_2$eq。

（3）环境风险

环境风险指标重点考虑废旧动力电池回收处置环境风险，并结合现有回收处置体系分析其环境风险，废旧动力电池数量通过报废新能源汽车数量进行估算。近年来，广东省新能源汽车报废数量逐年增长，假设"十四五"期间新能源汽车报废数量增长变化速率与现状一致，首先基于 2018—2021 年报废新能源汽车数量构建基于年份的回归函数，预测"十四五"期间新能源汽车报废情况；其次参考王艺博等[15]研究方法及动力电池参数选取（表 2），分车型对废旧动力电池产生量进行核算，废旧一次电池回收量与废旧二次电池回收量比值约为 1∶5。

表 2　不同类型新能源汽车动力电池质量参数　　　　　　　单位：kg/台

项目	纯电动		混合动力	
	乘用车	商用车	乘用车	商用车
质量	300～800	800～3 000	150～400	120～350
平均质量	550	1 900	275	235

3　结果与讨论

3.1　环境质量影响分析

2018—2020 年，广东省新能源汽车推广应用的 47.6 万辆新能源汽车，相对于传统燃油车而言，产生的 NO$_x$、VOCs 污染物年减排量分别为 3.21 万 t、0.44 万 t，分别占 2017 年纳入广东省环境统计的机动车相应污染物排放量的 7.93% 和 1.32%。2018—2020 年，广东省 AQI 达标率由 92.7%提升至 95.5%，$PM_{2.5}$ 浓度由 29 μg/m³ 降至 22 μg/m³。可见，新能源汽车的推广应用直接驱动了机动车领域大气污染物减排，促进环境空气质量改善。

按前文"十四五"情景分析，预计到 2025 年，广东省新能源汽车新增推广应用相对于传统燃油车产生的新增 NO_x、VOCs 污染物削减量分别约为 8.10 万 t、0.75 万 t，分别占 2020 年纳入环境统计的广东省机动车相应污染物排放量的 21.69%和 4.84%。因此，在政策的持续作用下，广东省新能源汽车产业发展对主要大气污染物减排工作将产生持续有利的贡献（图 1）。

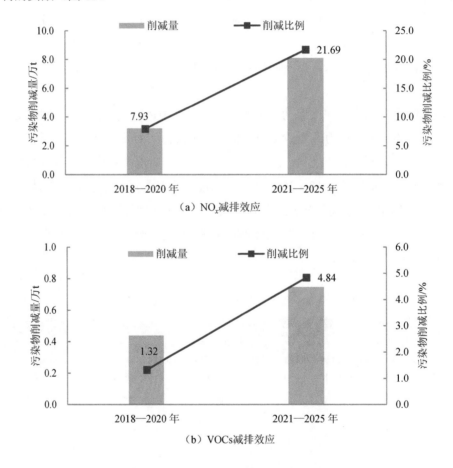

图 1　新能源汽车的主要污染物削减情况

现有政策在新能源汽车推广应用方面对珠三角地区和粤东西北地区力度有所差异，特别是对珠三角地区提出更为严格的目标指标要求，当下广东省新能源汽车推广工作仍主要在珠三角地区。2020 年，珠三角地区 9 市新能源汽车推广数量占广东省新能源汽车的 94%，粤东西北地区 12 市仅占 6%。可见，当前广东省新能源汽车推广产生的污染减排贡献仍主要在珠三角地区，对粤东西北地区减排贡献有待加强。从全省环境空气质量改善形势来看，尽管粤东西北地区主要大气污染物排放总量基数较小，但其环境空气质量考核目标总体比珠三角地区更高，随着"十四五"期间重大石化、钢铁等产业加快向珠三角以外区域布局，粤东西北地区环境空气质量高水平保优工作将面临更大的污染减排压力，而当地新能源汽车的污染减排潜力仍相对可观。因此，有必要从政策层面加大粤东西北地区新能源汽车推广应用力度，更好地发挥新能源汽车对区域的污染减排贡献。

3.2 应对气候变化影响分析

基于全生命周期评价的思路，核算了广东省新能源汽车生产阶段、推广使用、回收处理能源使用与温室气体排放。结果表明，与传统燃油汽车相比，新能源汽车在使用阶段和回收阶段具有较强的节能降碳效应，但在生产阶段却增加了能耗和温室气体排放。具体而言，2018—2020 年，广东省生产的新能源汽车在生产过程中增加能源消耗 831 万 tce，增加温室气体排放 1 540 万 tCO₂eq；推广使用过程中降低能源消耗 2 909 万 tce，减少温室气体排放 6 020 万 t；回收处理过程中降低能源消耗 290 万 tce，减少温室气体排放 599 万 t CO_2eq。从全生命周期角度，2018—2020 年，广东省新能源汽车与所替代的燃油车相比，共节约能源 2 368 万 tce，减少温室气体排放 5 079 万 tCO₂eq，节能和降碳比例分别达到 42.98%和 42.02%。

"十四五"期间，假定新增的 240 万辆新能源汽车全部在广东省生产、使用和回收，在生命周期阶段可节能 1.28 亿 tce，减排 2.73 亿 tCO₂eq。如果按每辆车平均寿命周期10 年计算，则平均年节约能耗 1 275 万 tce、减少温室气体排放 2 730 万 tCO₂eq，分别占 2020 年广东省能耗和温室气体排放的 3.70%和 4.85%（图 2）。因此，在政策的持续作用下，新能源汽车产业发展总体上将对节能减碳工作产生持续有利贡献。

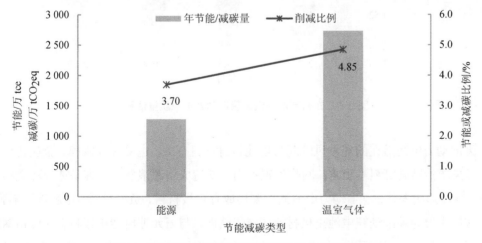

图 2 "十四五"时期新能源汽车的年均节能减碳效应

现有政策提出"珠三角打造新能源汽车产业集群"的新能源汽车产业布局导向，将驱动提高珠三角现有新能源汽车产业规模，而生产的新能源汽车并非全部在珠三角使用。由于新能源汽车生产阶段相对于传统燃油车不具有节能降碳效益，生产环节产生的能耗、碳排放增加不利区域实现"碳达峰"，因此有必要优化相关政策，合理规划新能源汽车产能，通过提高清洁生产水平和优化能源结构推动新能源汽车生产端节能减碳。此外，新能源汽车减污降碳效应主要在推广使用过程中，其效应大小实际上主要取决于前端电力结构中的火力发电比例，而现有政策尚未关注前端电力配套措施，建议加强优化能源结构的政策配套，积极推进能源绿色低碳转型，更好地促进新能源汽车产业节能降碳。

3.3　环境风险影响分析

根据商务部"全国汽车流通信息管理平台"统计，2018—2021年，广东省共回收拆解报废新能源汽车8 402辆。核算结果表明，"十四五"期间，广东省新能源汽车报废拆解量将超过10万辆，其中2025年报废拆解量达到3.8万辆；新能源汽车废旧动力电池质量将达到31.12万t，其中2025年新能源汽车废旧动力电池质量达到11.69万t，是2021年的6.42倍（图3）。可见，"十四五"时期，新能源汽车推广应用产生的废旧动力电池将持续增长，会带来更多不确定性环境风险。

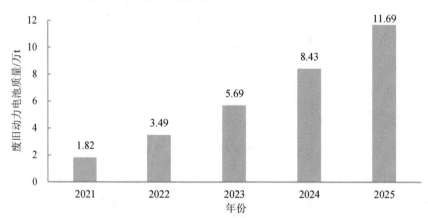

图3　广东省新能源汽车废旧动力电池质量估算

废旧动力电池潜在的环境风险既与电池自身材料有关，也受废弃规模、金属再生技术、污染防治措施等因素影响；回收处置不当，既造成资源浪费，又容易造成环境污染事故，继而影响人体健康。动力电池的主要构成有正极材料、负极材料、电解液和隔膜。正极材料主要为磷酸铁锂电池正极材料（磷酸铁锂）与三元锂电池正极材料（镍钴锰酸锂）；负极材料主要是石墨；电解液主要为六氟磷酸锂。尽管动力电池材料不含汞、镉、铅等毒性大的重金属元素，但正负极材料、电解质溶液等物质仍然含有多种有毒有害物质，容易造成环境重金属钴、锰、镍污染，以及非金属砷、氟等元素的化合物污染，甚至可能产生新污染物污染风险[16,17]。

现有政策提出"在我省销售的新能源汽车生产企业应在每个销售城市设立 1 个以上动力电池回收服务网点，支持创新商业模式，建立完善回收服务网络"，促进了广东省动力电池回收利用体系建设。2021 年年底，全省已建有动力电池回收网点 1 399 个，实现了 21 个地级以上城市全覆盖。但是，由于废旧动力电池回收再生利用链条长、环节多、范围广，涉及管理制度、政策衔接及市场机制诸多方面，健全的回收利用体系建设仅靠回收网点发力显得较为薄弱，回收效果欠佳。另外，相对直接拆解而言，动力电池回收再利用如储能、梯级利用等延长使用寿命周期的方式，更有利于资源节约和减缓环境风险。建议政策优化中进一步强化废旧动力电池环境风险管控，加快建立生产者责任延伸、动力电池全生命周期追踪管理体系，开展先进技术回收利用试点示范，率先推进回收利用相关环境标准体系建设，通过多方面政策组合发力有效防范环境风险。

4 结论与展望

广东省新能源汽车产业政策实施主要对环境质量、应对气候变化、环境风险等领域产生影响，对生态保护的影响不明显。环境质量方面主要为大气污染物排放影响，政策实施有效驱动了机动车领域大气污染物减排，促进环境空气质量改善。应对气候变化方面主要为能源消耗、碳排放影响，新能源汽车生产阶段增加了能耗和碳排放，但考虑使用、回收阶段节能减碳的正向效益后，政策实施整体有利于"双碳"战略实施。环境风险方面主要为废旧动力电池回收处置环境风险，政策实施带来废旧动力电池数量持续增长，会带来更多不确定性环境风险。为更好地发挥政策的有利影响同时减缓不利影响，建议进一步优化政策内容及相关配套，包括加大粤东西北地区新能源汽车推广应用力度、积极推进能源绿色低碳转型、强化废旧动力电池环境风险管控等。

新能源汽车产业是一个复杂的、动态的、不确定性的系统，受到宏观经济形势、居民消费意愿等因素的影响较大，政策执行过程具有较大的不确定性，政策实施产生的生态环境影响类别和程度难以准确估量，生态环境影响的分析结果也具有一定不确定性。综合采用列表分析法、情景趋势分析法、全生命周期评价法等方法可以对产业类政策生态环境影响进行定量与定性分析，充分考量政策实施产生的直接和间接环境影响。受到基础数据获取、参数选取等多种因素限制，现有分析领域及深度仍有不足，对于产业类政策的生态环境影响分析方法仍需持续探索。

参考文献

[1]　刘经纬. 我国政策环境影响评价制度的证成与展开[D]. 泉州：华侨大学，2019.

[2]　杨宜霖. 政策的环境影响评价研究[D]. 杭州：浙江农林大学，2018.

[3]　汪自书，谢丹，李洋阳，等. "十四五"时期我国环境影响评价体系优化探讨[J]. 环境影响评价，2021，43（1）：7-12，16.

[4]　李巍，杨志峰. 重大经济政策环境影响评价初探——中国汽车产业政策环境影响评价[J]. 中国环境科学，2000（2）：114-118.

[5]　张婷婷. 试论农业政策的环境影响评价[J]. 科技资讯，2018，16（21）：97-98.

[6]　毛显强，宋鹏. 探路中国政策环境影响评价：贸易政策领域先行实践[J]. 环境保护，2014，42（1）：37-40.

[7]　耿海清，李天威，徐鹤. 我国开展政策环评的必要性及其基本框架研究[J]. 中国环境管理，2019，11（6）：23-27.

[8]　吴锦泽，王明旭，尹倩婷. 广东省移动源控制措施减排潜力研究[J]. 环境科学与管理，2021，46（12）：24-28.

[9]　何文韬，郝晓莉，陈凤. 基于生命周期的新能源汽车碳足迹评价[J]. 东北财经大学学报，2022（2）：29-41.

[10]　刘雅琴，余谦. 新能源汽车产业技术创新网络的时空演化与创新集聚[J]. 大连理工大学学报（社会科学版），2020，41（6）：36-44.

[11]　谢文浩，曾栋材. 基于新钻石模型的广东省新能源汽车产业竞争力评价实证研究[J]. 科技管理研究，2019，39（9）：56-61.

[12]　金莉娜，陆怡雅，谢婧媛，等. 基于 GREET 模型的新能源汽车全生命周期的环境与经济效益分析[J]. 资源与产业，2019，21（5）：1-8.

[13]　Verma S，Dwivedi G，Verma P. Life cycle assessment of electric vehicles in comparison to combustion engine vehicles：A review[J]. Materials Today：Proceedings，2021.

[14]　Xiong S，Wang Y，Bai B，et al. A hybrid life cycle assessment of the large-scale application of electric vehicles[J]. Energy，2021，216：119314.

[15]　王艺博，郭玉文，孙峙，等. 我国废动力电池回收处理过程环境风险及其管理对策探讨[J]. 环境工程技术学报，2019，9（2）：207-212.

[16]　王佳，黄秀蓉. 废旧动力电池的危害与回收[J]. 生态经济，2021，37（12）：5-8.

[17]　蒋京呈，菅小东，林军，等. 锂动力电池产业有毒有害物质筛查及对策研究[J]. 环境污染与防治，2021，43（6）：801-806.

交通运输高质量发展政策环境影响分析试点研究

吴亚男[1]　崔　青[1]　欧　阳[1]　刘晓华[2]　胡茂杰[2]

［1. 生态环境部环境工程评估中心，北京 100012；

2. 江苏省生态环境评估中心（江苏省排污权登记与交易管理中心），南京 210003］

摘　要：本文在江苏省交通运输高质量发展政策生态环境影响分析试点研究的基础上，探索了系统分析、矩阵分析、对比分析和情景分析等技术方法在政策环境影响分析的政策要素解析、生态环境影响识别、环境影响分析等分析环节的应用。同时，分析认为政策实施过程中的基础设施建设存在较大的占地需求以及穿越生态环境敏感区的可能，交通运输结构调整对降低能耗和碳减排有一定的促进作用，但碳减排压力仍然存在。

关键词：政策环境影响分析；交通运输；生态影响；碳减排

Pilot Study on Environmental Impact Analysis of High-quality Transportation Development Policies

Abstract：Based on the pilot study of ecological environment impact analysis of high-quality transportation development policy in Jiangsu Province，this paper explores the application of technical methods such as system analysis，matrix analysis，comparative analysis and scenario analysis in policy elements analysis，ecological environmental impact identification，environmental impact analysis and other analysis links of policy environment impact analysis. The analysis shows that after the implementation of the policy，the infrastructure construction may cross eco-environmental sensitive areas and has a large demand for land occupation；the adjustment of transportation structure plays a certain role in reducing energy consumption and carbon emission reduction，but the pressure of carbon emission reduction still exists.

Keywords：Policy Environmental Impact Analysis；Transportation；Ecological impact；Carbon emission reduction

　　为推动环境与发展综合决策、增强决策科学性，落实《中华人民共和国环境保护法》

基金项目：生态环境部重大经济、技术政策生态环境影响分析试点项目。

作者简介：吴亚男（1982—），女，高级工程师，硕士，主要从事政策环评、战略环评研究。E-mail: wuyn@acee.org.cn。

关于"组织制定经济、技术政策,应当充分考虑对环境的影响"的规定,生态环境部 2014 年起组织开展政策环评试点研究,并于 2019 年印发了《经济、技术政策生态环境影响分析技术指南(试行)》(以下简称《技术指南》),为开展生态环境影响分析提供可操作的技术路径。交通运输作为国民经济的重要基础产业,对经济社会发展具有战略性、长期性影响,同样交通运输设施建设、交通运输工具在运行过程中,可能会产生生物生境破坏、自然生态环境破碎化程度加剧、能源消耗、污染物及碳排放等生态环境影响。交通运输综合指导类政策空间范围广、时间跨度长、综合程度高、涉及内容全,对交通运输业发展具有宏观指导作用,同时对生态环境的影响也具有其复杂性。在此背景下,江苏省以《关于全面推进江苏交通运输现代化示范区建设的实施意见》(以下简称《实施意见》)为试点研究对象,组织开展了生态环境影响分析工作,一方面研究交通运输领域综合指导类政策的生态环境影响,为优化政策内容保障支撑实施提供支持;另一方面探索交通运输领域政策生态环境影响分析的技术方法,为完善政策环境评价方法框架和技术体系提供参考。

1　研究方法及技术路线

　　本文参照《技术指南》提出的技术路径,开展了政策要素解析、生态环境影响识别、生态环境影响分析和能耗及碳减排分析,并根据分析结果提出对策建议,技术路线如图 1 所示。

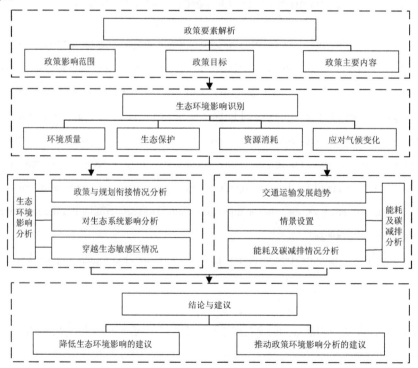

图 1　技术路线

在政策要素解析环节采用了系统目标树方法梳理了政策的目标及内容,在生态环境影响识别环节采用列表法从环境质量、生态保护、资源消耗、应对气候变化四个方面识别了政策的直接和间接影响,在生态环境影响环节采用对比分析法分析了政策实施对生态系统的影响,采用情景分析法分析了政策实施对能耗和碳排放的影响。

2 政策目标及内容解析

影响范围:时间范围为未来 15 年,空间范围为以苏南地区为重点的江苏省 13 个地级市辐射周边省市,作用对象涵盖各种运输方式,全面布局于海、陆、空三维的立体空间。

政策目标:以苏南地区为引领,逐步实现江苏省交通运输现代化,并推动交通运输总体发展水平进入世界先进行列,具体政策目标如图 2 所示。

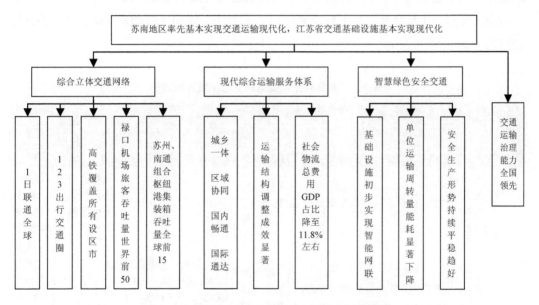

图 2 《实施意见》"十四五"时期政策目标解析

政策内容:包括重大交通基础设施布局、交通运输一体化发展、高效绿色发展等。

(1)基础设施向强枢纽、强通道、强网络转型

《实施意见》提出了"十四五"时期重点任务,开工建设及规划的高铁线路、公路和水运网络、枢纽板块及不同层级的综合交通枢纽建设基本覆盖江苏省 13 地市。在苏锡常地区、南通以及张家港布局城际铁路和市域铁路建设项目,在南通、连云港、盐城建设深水航道及专业化码头,在南京、苏州打造专业化沿江港口,在无锡、苏州、徐州、淮安、宿迁规划建设集装箱作业区等。

（2）客货运输向高效率、低成本、促联运转型

在综合运输服务领域，推动绿色出行、城乡交通运输一体化、城际客运转型发展、水运江苏、多式联运等，促进交通运输高效发展。

（3）交通发展向低排放、促生态、促安全转型

在资源节约利用、能源结构转型、污染防治、"碳达峰"等方面进行了重点任务安排，同时提出了疏港铁路和铁路专用线建设、"公转铁""公转水"和"散改集"等运输结构调整政策措施。

3 政策生态环境影响识别

《实施意见》涉及轨道交通、公路交通、机场及相关工程、港口、码头、航道等交通运输方式的建设及运营，本文梳理了不同交通运输方式的生态环境影响因子，结合《技术指南》推荐的指标体系，从不同交通运输方式的施工期和运营期角度进行了生态环境影响因子识别[1,2]（表1）。

表1 《实施意见》实施的生态环境影响因子

一级指标	二级指标	施工期				运营期			
		轨道交通	公路交通	机场相关工程	港口、码头、航道	轨道交通	公路交通	机场相关工程	港口、码头、航道
环境质量	大气污染物排放	TSP、扬粉尘、运输车辆尾气等			扬粉尘、TSP，汽车尾气等	—	汽车尾气	飞机、车辆尾气，无组织排放等	道路扬尘、粉尘、废气，船舶废气
	水污染物排放	施工机械及人员活动污废水，pH、COD_{Cr}、石油类、SS、NH_3-N、BOD_5等			疏浚挖泥、吹填抛泥，SS、石油类排放	列车运行污水，pH、COD_{Cr}、石油类、SS、NH_3-N、BOD_5等	初期雨污水，pH、COD_{Cr}、石油类、SS、高锰酸盐指数等	污水处理站污水排放	码头及船舶生产生活污水及初期雨污水，SS、石油类、COD、BOD_5等
	噪声污染	施工噪声、运输车辆噪声			机械噪声、交通噪声	铁路噪声、环境噪声	交通噪声、环境噪声	飞机、车辆、风机噪声	装卸机械、交通、船舶噪声
	环境振动					铅垂向Z振动			
	电磁环境	—	—	—	—	工频及通信基站电磁影响		飞行信号干扰，导航台站电磁波辐射	

一级指标	二级指标	施工期				运营期			
		轨道交通	公路交通	机场相关工程	港口、码头、航道	轨道交通	公路交通	机场相关工程	港口、码头、航道
环境质量	固体废物产生及排放	取弃土，工程出渣		建筑垃圾，填方、弃土	—	—	—	供热锅炉炉渣	生产废物、生活垃圾
生态保护	重点生态功能区、重要生态系统保护	水土流失，生态敏感区、脆弱区及其分布	—	生态敏感区	—	—	—	—	—
	生物多样性保护网络	—	—	—	水生生物群落及多样性影响	屏蔽、过滤或阻断生态过程			
	生态系统稳定性、生态服务功能和自然生态的完整性	自然生态面积减少、分隔；地面覆盖状况改变；植被破坏，珍稀生物及其生境破坏		土地利用类型变更，原生环境改变，动植物资源受到影响	陆生、水生及滩涂湿地生态服务功能损失	—			陆生、水生生态及渔业资源受影响；底栖生物及沉积物环境的破坏
	其他生态影响	自然景观、人文景观影响；农业损失		水文流向，地下水补给影响	—	水文影响，水量、水深等		—	—
资源消耗	能源消耗、土地占用	能源消耗、土地占用				电力消耗	车辆运行耗能	燃料消耗	燃料消耗
应对气候变化	温室气体排放	—	—	—	—	列车运行耗能	车辆温室气体排放	飞机、运输车辆温室气体排放	船舶及其他设施温室气体排放
经济社会		居民拆迁、征地安置、文化财产等				交通条件、居民就业和生活条件改变等			

初步分析可知，交通运输基础设施建设及运营期间对生态功能区、重要生态系统、生物多样性、自然生态完整性等生态保护要素影响重大，运营期间噪声及污染物排放对周边敏感目标影响较大；建设绿色交通网络、推进运输结构调整、推进多式联运对节能降碳具有较大正效应。鉴于交通设施运营期污染物排放与运输量和交通运输设施有密切关系，但可在规划及建设项目设计阶段采取相应的措施进行防控。本文从交通运输基础设施布局、综合运输的规模结构等角度考虑，主要分析基础设施建设的生态影响、交通运输结构调整对能源消耗及碳排放情况。

4　政策生态环境影响分析

4.1　政策的生态影响分析

《实施意见》为交通运输领域指导性政策，仅提出政策方向及部分定量政策目标，为更好地分析政策内容中基础设施建设部分的生态环境影响，研究梳理了江苏省"十四五"及中长期交通运输领域专项规划，将政策内容进行对照（表2），并开展生态影响分析。涉及专项规划包括《江苏省"十四五"公路发展规划》《江苏省"十四五"铁路发展暨中长期路网布局规划》《江苏省"十四五"水运发展规划》《长江干线过江通道布局规划（2020—2035年）》《江苏省"十四五"民航发展规划》等。

表2　《实施意见》与专项规划对照情况

基础设施类型	实施意见	专项规划
高速公路	新增约600 km，扩建约450 km	新增约600 km，扩建约450 km以上
干线公路	省际、市际未贯通路段建设，城镇连绵区快速干线公路建设	续建1 200 km，新开工1 000 km
农村路	推进建设	新改建道路14 000 km，改造桥梁3 000座
过江通道	加快7座过江通道建设，推进2座前期研究	公路：续建并建成6座，新开工5座，储备3座；铁路：规划新增4座单方式、5座多方式通道
普通铁路		新增铁路里程约1 000 km
高速铁路	新增高铁约800 km	新增高铁785 km，高铁县（市）覆盖率达到90%；续建项目4个，开工14个，规划研究8个
城际和市郊	开工建设4条线路	已建及在建里程增加725 km
航道	加快建设千吨级以上干线航道，联通85%以上的县级及以上节点	全省千吨级航道里程达2 700 km，覆盖全省87%的县级及以上节点，60%的省级及以上开发区。五年规划完成高等级航道整治277 km

基础设施类型	实施意见	专项规划
沿海港口	补齐深水海港短板，连云港港、通州湾海港、盐城港	打造连云港港，建设通州湾海港（南通港、苏州港江海联运新出海口）
沿江港口	南京区域性航运物流中心，苏州集装箱干线港	太仓港区为重点加快推进苏州集装箱干线港建设，打造南京区域性航运物流中心
内河港口	推动 5 个内河港口的集装箱作业区建设	打造 5 个特色内河集装箱港
交通枢纽	建设南京国际性综合交通枢纽，扬州、镇江融入南京枢纽。建设苏州—无锡—南通全国性综合交通枢纽，苏州国际铁路枢纽，常州、盐城、泰州区域性交通枢纽。徐州—连云港—淮安全国性综合交通枢纽，宿迁区域性交通枢纽	重点推动南京、苏锡通、徐连淮三大枢纽集群建设。南京—扬州—镇江；苏州（铁路）—无锡（综合）—南通（新出海口），泰州、常州、盐城融入；徐州（陆港）—连云港（海港）—淮安（航空货运），宿迁协同发展
机场航空	强化南京禄口机场区域航空枢纽国际运输功能，推进苏南硕放区域性枢纽机场建设，开工建设南通新机场，提升淮安涟水机场货运枢纽功能，推动常州奔牛、连云港花果山、扬州泰州等机场扩容。推进六合马鞍机场军民合用，积极推动苏州、宿迁规划建设运输机场	建成投运连云港花果山机场，南京禄口机场 T1 航站楼南指廊，苏南硕放机场快速脱离道等项目，常州奔牛、徐州观音、扬州泰州、淮安涟水、盐城南洋等机场改、扩建。加快推进扬州泰州机场二期；南通新机场、连云港花果山机场二期、南京禄口机场三期、苏南硕放机场二跑道和 T3 航站楼前期

　　近年来，江苏省生态系统整体人为干扰强度较大，因丘陵山区开发、公路建设、拦河筑坝、围湖造田、滩涂资源开发和海洋海岸工程等人类活动的增多，生物的野生分布生境遭到破坏，分布区日益缩小，栖息地破碎化严重，景观类型的原始自然特性不断降低，自然生态环境破碎化程度加剧。

　　由于《实施意见》并未提及全部项目名称，无法明确具体线路位置及走向，且在实际实施中局部路段可能调整，点状工程边界范围也存在调整的可能，因此生态影响具有很大的不确定性。配合江苏省储备项目规划路线分析可知，部分交通基础设施能够完全避让生态空间保护区域，部分预留生态保护红线廊道，但同时有项目涉及穿越生态保护红线或各类生态空间管控区，包括重要湿地、自然与人文景观保护区、清水通道维护区、洪水调蓄区、饮用水水源地保护区、特殊物种保护区等。总体来看线性工程涉及生态空间保护区域的比例较大，点状、块状工程设计生态空间保护区域比例相对较小。

4.2　政策对能源消耗及碳排放的影响分析

　　从全国层面来看，近年来交通领域的碳排放占终端碳排放的 10%左右，且年均增速在 5%以上。江苏省交通运输还处于较快发展阶段，交通运输需求在较长时间内仍将呈现增长态势。为更好地分析交通运输结构调整及综合运输水平提升对交通运输行业能源消耗及碳排放的影响，研究采用了情景分析方法[3]对货运体系中碳排放比例较高的公路运输及水路运输的能耗及碳排放情况进行分析。

第一步，采用趋势外推法，通过 2015—2020 年江苏省货物周转量变化趋势，估算 2025 年公路及水运货物周转量；参考《江苏省"十四五"绿色交通发展规划》，设定单位运输周转量能耗及二氧化碳排放下降比例。研究设定"十四五"期间，水运货物周转量占比逐步提升至 61.9%，公路货物周转量占比逐步下降至 30.7%；营运货车、船舶单位运输周转量能耗分别下降 2.8%、2.7%，营运车辆、船舶单位运输周转量二氧化碳排放量均下降 3%。

第二步，进行情景设置。

情景一：现状水平，即以 2020 年作为基准年，保持现有运输结构、能源结构及能耗水平。

情景二："零方案"情景，即保持现有能源结构及能耗水平，按交通运输发展规模及速度，趋势外推构建 2025 年发展情景。

情景三："政策"情景，交通运输结构、能源结构及能耗水平提升至政策目标值，按交通运输发展规模及速度，趋势外推构建 2025 年发展情景。

基于前述分析可知 3 种情景下，交通运输规模、结构、能耗水平及排放水平如表 3 所示。

表 3　江苏省交通运输结构调整情景设置

分析指标	货运方式	现状水平 （2020 年）	"零方案"情景 （2025 年）	"政策"情景 （2025 年）
货物周转量/ 亿 tkm	铁路	321	490	490
	公路	3 524	4 881	4 881
	水运	7 037	9 839	9 839
能耗强度/ （kg 标准煤/10^2 tkm）	铁路	—	—	—
	公路	2.73	2.73	2.65
	水运*	3.74	3.74	3.64
碳排放系数/ （kgCO$_2$/10^2 tkm）	铁路	—	—	—
	公路	5.74	5.74	5.57
	水运**	6.47	6.47	6.276

注：*单位为 t 标准煤/万 t；**单位为 tCO$_2$/万 t。

第三步，针对情景二和情景三进行能耗及碳排放情况分析。

2020 年基准情景公路、水运货运能耗总量分别为 962.05 万 tce 和 263.18 万 tce，碳排放总量分别为 2 022.78 万 tCO$_2$eq 和 455.29 万 tCO$_2$eq。

"零方案"情景下，运输规模增加，但运输结构及能耗水平不变。初步测算 2025 年公路、水运货运能耗总量分别为 1 332.51 万 tce 和 367.98 万 tce，碳排放总量分别为 2 801.69 万 tCO$_2$eq 和 636.58 万 tCO$_2$eq，公路货运能耗及碳排放量较 2020 年增长 38.51%，水运货运能耗及碳排放量较 2020 年增长 39.82%。《江苏省"十四五"绿色交通发展规划》提出，"十四五"期间江苏省交通运输业预期能源消耗增量共计 537 万 tce，碳排放增量共计 1 083 万 tCO$_2$eq；公路及水运两种货运方式能源消耗及碳排放增长量合计占"十四五"时期江苏省交通运输业预期增长量的 88.50% 和 88.66%。

"政策"情景下，运输规模增加，但运输结构优化及能耗水平提高。2025 年公路、水运货运能耗总量分别为 1 293.47 万 tce 和 358.14 万 tce，碳排放总量分别为 2 718.72 万 tCO$_2$eq 和 617.50 万 tCO$_2$eq，公路货运能耗及碳排放量较 2020 年增长 34.45% 和 34.41%，水运货运能耗及碳排放量较 2020 年增长 36.08% 和 35.63%。公路及水运两种货运方式能源消耗及碳排放增长量合计占"十四五"时期江苏省交通运输业预期增长量的 79.40% 和 79.24%。

表 4　不同情景下公路及水运能耗及碳排放情况

分析指标	货运方式	现状水平 （2020 年）	"零方案"情景 （2025 年）	"政策"情景 （2025 年）
能耗总量/万 tce	公路	962.05	1 332.51	1 293.47
	水运	263.18	367.98	358.14
碳排总量/万 tCO$_2$eq	公路	2 022.78	2 801.69	2 718.72
	水运	455.29	636.58	617.50

5　结论和建议

通过分析可知，《实施意见》涉及的基础设施建设项目仍存在较大的占地需求以及穿越生态环境敏感区的可能；政策实施后能源消耗及碳排放量增幅有所降低，但由于交通运输业发展需求仍呈上升趋势，交通运输业二氧化碳排放量仍将呈上升趋势。从《实施意见》政策执行及交通运输领域政策环境影响分析两个方面提出建议如下所述。

一是进一步优化交通基础设施布局，加强结构减排和技术减排。加强生态选线，合理避开环境敏感区；统筹利用通道线位资源，鼓励高速公路、普通公路共走廊建设，推进公路与铁路、城市交通合并过江，充分利用地上、地下空间，节约集约用地。结构优化促进了公路运输碳减排，但同时铁路、水路客运碳排放量增加，技术进步的情况下不同运输方式均会出现明显的减排效果[4]，为应对交通运输需求增长带来的减排压力，应进一步加强技术进步的减排效果。

二是加强政策环境影响分析与规划环评以及基础设施国土空间控制规划联动，充分考虑宏观政策内容及执行过程不确定性，加强政策环境影响分析预测的准确性，并可将政策对于不同交通运输方式综合影响分析的评价结论和建议反馈至交通运输领域专项规划及国土空间规划编制部门。

参考文献

[1] 环境保护部环境工程评估中心. 交通运输类环境影响（上）[M]. 北京：中国环境科学出版社，2011.

[2] 环境保护部环境工程评估中心. 交通运输类环境影响（下）[M]. 北京：中国环境科学出版社，2011.

[3] 朱祉熹. 我国战略环境评价中的情景分析研究[D]. 天津：南开大学，2010.

[4] 王靖添，闫琰，黄全胜，等.中国交通运输碳减排潜力分析[J]. 科技管理研究，2021，41（2）：200-210.

我国废弃电子产品处理基金政策环境影响分析及政策建议

尚浩冉　黄德生　韩文亚　郭林青　刘智超　陈　煌　朱　磊

（生态环境部环境与经济政策研究中心，北京 100029）

摘　要： 本研究以废弃电子产品处理基金政策为例，采用政策环评的 4 步流程，对基金补贴调整后可能产生的环境影响进行分析，提出完善处理基金制度的政策建议。结果表明：基金补贴下调后，短期内可能会增加处理企业成本，流入非法渠道的废弃电子产品处置量可能增多，产生固体废物、碳排放环境风险，降低资源循环利用水平；但长期来看，对于发挥市场机制促进资源合理配置、减少长距离运输带来的污染排放以及降低行业对补贴的依赖具有积极作用。建议加快明确各类产品补贴标准，建立处理基金的动态调整机制，健全废弃电子产品回收渠道，落实多方主体回收处置责任，以加强"城市矿产"回收利用对循环经济和减污降碳的支持。

关键词： 废弃电子产品；处理基金；政策环评

Environmental Impact Assessment and Suggestion of Waste Electronic Products Disposal Fund Policy in China

Abstract: According to the four-step process of the policy EIA, this study analysed the possible environmental impact after the adjustment of the waste electronic products disposal fund policy，and put forward policy suggestions for improving the fund treatment system. The results show that the reduction of the fund subsidy may lead to an increase in the disposal cost of enterprises in the short term，and the disposal of waste electronic products flowing into illegal channels may increase, resulting in environmental risks of solid waste and carbon emissions，and reducing the level of resource recycling. But in the long run，it will play a positive role in leveraging the market mechanism to promote the rational allocation of resources，reducing pollution emissions caused by long-distance transportation，and reducing the industry's reliance on subsidies. It is recommended to speed up the clarification of subsidy standards for various products，establish a dynamic adjustment mechanism for disposal funds,

作者简介：尚浩冉（1991—），男，硕士研究生，生态环境部环境与经济政策研究中心助理研究员，主要从事政策环境影响评价、环境经济政策、产业绿色低碳发展等相关领域的研究。E-mail：shang.haoran@prcee.org。

improve the recycling channels for waste electronic products，and implement multi-party recycling and disposal responsibilities，so as to strengthen the recycling and utilization of "urban minerals" and generate circular economy and carbon reduction benefits.

Keywords：Waste Electronics；Disposal Funds；Policy EIA

政策环评对我国加强生态环境治理源头预防、构建现代环境治理体系具有重要意义，近年来在研究和实践中得到发展和应用。《中华人民共和国环境保护法》第十四条规定各部门和地方政府制定经济、技术政策时应当充分考虑对环境的影响，2020 年生态环境部发布的《经济、技术政策生态环境影响分析技术指南（试行）》（环办环评函〔2020〕590 号，以下简称《指南》）提出了政策环评的适用范围和技术流程。本研究以《指南》为指导，遵循"初步识别、预测评价"两个阶段，按照"政策分析、环境影响识别、环境影响预测、保障建议"4 步流程，对废弃电器电子产品处理基金政策开展研究，分析判断政策调整后的生态环境影响。同时参考借鉴"预警+保障"的政策环评框架[1]，分析总结基金补贴政策制度存在的短板，提出基于完善处理基金制度的政策建议。

1 政策分析

1.1 评价对象

电子废物管理是世界各国面临的重大环境问题，我国在借鉴欧盟、美国、日本等国家和地区的实践经验的基础上，形成以废弃电器电子产品处理基金（以下简称处理基金）为核心内容的生产者责任延伸制度[2]。2009 年国务院发布《废弃电器电子产品回收处理管理条例》（以下简称《条例》），从法律上明确废弃电器电子产品回收处理的相关方责任，规定对废弃电器电子产品处理实行目录管理，建立废弃电器电子产品处理基金，用于回收处理费用的补贴。2010—2012 年，财政部、国家发展改革委、环境保护部陆续发布了《废弃电器电子产品处理基金征收使用管理办法》《废弃电器电子产品处理目录（第一批）》《废弃电器电子产品处理资格许可管理办法》等，初步建立了废弃电器电子产品基金补贴的相关制度。2021 年，生态环境部发布《吸油烟机等九类废弃电器电子产品处理环境管理与污染防治指南》，进一步明确对处理企业拆解吸油烟机等 9 类产品的环境管理和污染防治要求，我国电子废物环境管理体系和技术要求进一步得到完善。本研究以财政部牵头发布的废弃电器电子产品处理基金补贴政策为评价对象，分析补贴金额调整变化对回收处理行业和生态环境要素产生的影响，提出减缓环境风险、完善生产者责任延伸制度的相关建议。

1.2　政策回顾分析

基金补贴政策自 2012 年发布实施后,共经历了 2015 年、2021 年的两次调整(图 1)。2010 年 9 月,国家发展改革委等部门发布《废弃电器电子产品处理目录(第一批)》,将电视机、洗衣机、电冰箱、房间空调器和微型计算机(以下简称"四机一脑")列入处理目录。2012 年 5 月,财政部发布的《废弃电器电子产品处理基金征收使用管理办法》,首次明确"四机一脑"补贴标准。2015 年 2 月,国家发展改革委发布《废弃电器电子产品处理目录(2014 版)》,在原有"四机一脑"产品基础上,新增吸油烟机等 9 类废弃电器电子产品。2015 年 11 月,财政部发布《废弃电器电子产品处理基金补贴标准》,第一次对"四机一脑"补贴标准进行调整,整体下调电视机和电脑处理补贴,大幅上调洗衣机和空调机的处理补贴。2021 年 3 月,财政部发布《关于调整废弃电器电子产品处理基金补贴标准的通知》,对"四机一脑"基金补贴标准再次调整,基金补贴标准整体下降。

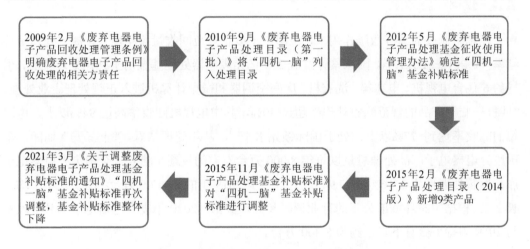

图 1　废弃电器电子产品处理基金政策历程

从补贴金额来看(图 2),2012 年基金补贴政策明确对处理企业按照实际完成拆解处理的电视机、电冰箱、洗衣机、房间空调器和微型计算机的数量给予定额补贴。2015 版补贴政策将电视机和微型计算机的处理补贴下调 15~25 元/台,同时对 14 寸以下阴极射线管(黑白、彩色)电视机不予补贴;洗衣机部分型号补贴金额小幅上调 10 元/台;房间空调器补贴则由原来的 35 元/台大幅上调至 130 元/台。2021 年 3 月全面下调各类产品补贴金额,将电视机、微型计算机处理补贴下调 20~25 元/台,洗衣机处理补贴下调 10~15 元/台,电冰箱、房间空调器分别下调 25 元/台、30 元/台。

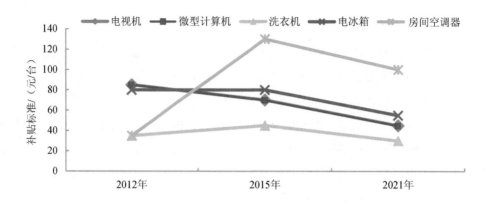

图2　"四机一脑"产品处理基金补贴金额变化

1.3　政策实施效果

在基金制度的经济激励作用下，中国电子废物规范回收量逐年增长，规范处理量持续攀升。2012—2019 年，国家累计发放 219 亿元废电器处理基金用于补贴处理企业，引导约 6 亿台电视机、电冰箱、洗衣机、房间空调器和微型计算机进入正规处理企业处理，"四机一脑"产品的规范回收处理率超过 40%，其中电视机回收率高达 94%以上，电冰箱的回收率达到 77%以上，处于国际领先水平[2]。从年处理量看，"十三五"期间，全国废弃电器电子产品处理总量以每年 8 000 万台左右的量逐步增长。全国废弃电器电子产品拆解处理量从 2016 年的 7 943.6 万台增至 2019 年的 8 417.0 万台（图3），年平均增长 2%。根据生态环境部公示的行业调研和处理数据，2020 年废弃电器电子产品处理量与 2019 年持平微有下降，约为 8 300 万台。

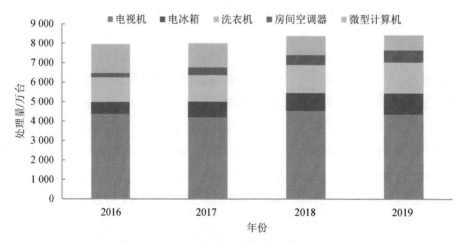

图3　2016—2019 年各类废弃电器电子产品拆解处理情况

从回收处置产品种类来看，通过处理基金标准的优化调整，"四机一脑"产品处理比例得以优化。自 2012 年 7 月实施基金制度以来，已纳入基金补贴范围的"四机一脑"流入正规拆解渠道的回收率从 20%跃升至 40%，虽有大幅攀升，但回收种类仍以电视机为主，其余废旧家电回收量不足两成。5 种产品中，电视机拆解量占比最大，其次为洗衣机与微型计算机，2019 年拆解量分别为 4 355.2 万台、1 582 万台、770.4 万台。2015 年基金补贴调整后，电视机、微型计算机补贴标准下降，房间空调器补贴标准上升。自 2016 年以来，受基金补贴调整政策影响，电视机拆解比例从 2016 年的 55.1%降低到 2019 年的 51.7%，电冰箱、洗衣机、房间空调器拆解比例逐年增长[3]。

2　生态环境影响识别

2.1　政策生态环境影响作用方式分析

废弃电器电子产品处理基金作为单一经济政策，通过补贴影响行业企业生产经营行为从而造成生态环境影响。一是直接增加处理企业利润，企业有足够动力促进用户将报废产品投放到网点，提高废弃电子产品进入正规渠道的处理率，从而减缓固体废物污染、提高资源循环利用率。对废房间空调器、电冰箱的回收处理能够显著降低含氟制冷剂等温室气体排放[4]。二是促进回收处理行业规模化发展。在基金补贴的激励下，大量资本投入回收处理行业，龙头企业加快布局新增产能，拆解量向头部企业聚集，规模效应促进资源循环率大幅提高。根据生态环境部数据，全国共有 29 个省（区、市）建成 109 家正规废电器处理企业纳入处理基金补贴名单，年处理能力合计达到 1.64 亿台。但行业规模扩张的同时也可能引起能源消费的增加、增加局部地区空气污染和碳排放。三是推进拆解处置行业技术进步。资质管理、资金发放审核、污染防治指南等配套政策促进企业精细化管理水平不断提高，推进行业标准的制定，拆解处置效率大幅提高，资源环境效益明显。中国家用电器研究院的研究显示，2020 年，洗衣机、房间空调器和平板电视/显示器产品的平均拆解效率，分别较上年提高 19.7%、18.6%、16.9%[5]。处理基金政策生态环境影响树分析如图 4 所示。

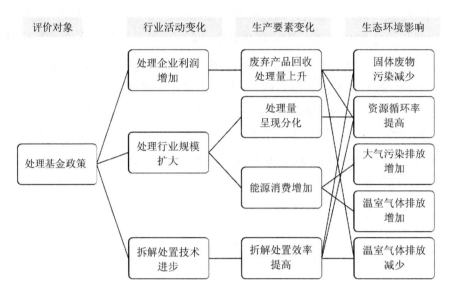

图 4　处理基金政策生态环境影响树分析

2.2　识别判断政策生态环境影响

　　按照《指南》，从环境质量、生态保护、资源消耗、应对气候变化 4 个方面识别政策可能存在的生态环境影响[6]（表 1）。2021 年 3 月财政部发布的《关于调整废弃电器电子产品处理基金补贴标准的通知》，对"四机一脑"基金补贴标准整体下调。补贴下调直接引起处理行业利润下降，短期内可能会增加处理企业成本，流入非法渠道的废弃电子产品处置量可能增多，产生直接环境风险；对于处理行业而言，企业可能通过减产来缓解经营压力，可能轻微降低能源消费量；而补贴下调对于既有拆解技术水平、拆解处置效率不产生显著影响。

表 1　处理基金补贴下调政策生态环境影响初步识别

影响因素		影响方式	
一级指标	二级指标	直接影响	间接影响
环境质量	空气质量	/	+1
	水环境质量	/	/
	土壤环境质量	/	/
	固体废物	−2	/
生态保护	生态保护红线或生态空间	/	/
	生物多样性	/	/

影响因素		影响方式	
一级指标	二级指标	直接影响	间接影响
生态保护	生态系统稳定性	/	/
	生态服务功能	/	/
资源消耗	资源节约集约利用	−2	/
应对气候变化	温室气体排放量	−2	+1
	气候敏感领域的脆弱性	/	/

注："+"表示有利影响，"−"表示不利影响，"/"表示不产生影响，"1、2、3"分别表示轻微影响、中等影响、重大影响。

3 处理基金调整的环境影响分析

3.1 直接增加处理行业成本，带来环境风险

根据 2021 年基金补贴标准，"四机一脑"产品处理补贴全面下调。从短期来看，补贴下调直接增加处理企业生产成本，加剧企业经营压力，行业整体利润下降，对废弃电器电子产品处理行业发展壮大带来一定冲击。补贴下调后，企业可以通过减产降低处置量缓解经营压力，在市场上报废回收总量不变或趋增的情况下，流入非法回收处理渠道的废弃电器电子产品处理量可能增多，致正规企业处置量的短期下降。非正规渠道处理企业多采用简单拆解、粗放回收方式对废电子产品加以利用，污染防治能力和技术水平较低，容易带来重金属等环境污染问题，增加固体废物环境管理压力。与此同时，废弃电器电子产品综合回收率降低导致资源循环利用不足，不利于循环经济发展和生产消费的减污降碳。从长期来看，处理基金补贴下调后，行业企业将逐步重新"洗牌"和优化调整，加上严厉打击非法非正规回收处理企业等配套政策，具有成本和技术等优势的处理企业将逐步适应、转型、升级，并有效提高节能减排水平，而规模小、技术落后、污染防治能力差的企业将逐步退出淘汰，从而使整个行业得到系统升级和规范化发展，同时也有利于资源生态环境保护。

3.2 规范市场经营秩序，促进资源合理流动配置

处理基金制度建立初期，部分企业为获取利润，通过提高回收价格争夺产品回收量，致使市场回收价格虚高，破坏市场秩序，影响回收处置产业的绿色发展。一些企业为了获取基金补贴，盲目追求规模，扩大产能；通过提高回收价格，争夺产品回收，致使市场产品回收价格严重偏离其价值。甚至有一些回收企业铤而走险产品造假，严重扰乱了

行业市场经济秩序。补贴下调可有效遏止此类破坏市场行为，将回收处置价格和成本维持在合理稳定的区间，同时限制处理企业产能盲目扩张，避免造成局部地区产能过剩和能耗增加。以严密的法制和监管保障市场规范运行，依据市场报废量、技术、成本的变化，动态调整基金补贴标准，推进资源合理流动配置，对绿色消费、节能减排、处理行业绿色低碳发展有显著促进作用。

3.3　减少长距离运输处置带来的资源环境影响

目前我国废弃电器电子产品拆解能力分布不均，导致废弃电子产品的省域间流动距离较大，长距离运输给节能减排造成了更大压力。例如，华东、华中、华南等地区的废弃手机拆解能力过剩，而西北、华北、东北地区废弃手机拆解能力不足。李嘉文依据我国废弃手机产生量及各区域废弃手机拆解能力建立模型测算得出，现阶段我国废弃手机的省域间平均流动距离约为 2 万 km[7]。废弃电器电子产品拆解处置能力区域分布不均衡[8]，导致废弃电器电子产品的处置跨区域流动频繁，长距离运输带来处置成本增加、资源浪费和生态环境影响。基金补贴下调后，考虑成本和利润因素，将有效减少企业跨区域长距离回收运输行为，同时为区域合理规划建设废弃电器电子产品处置能力带来一定缓冲期，促使处理企业优先回收拆解本区域或相关部门规划区域范围内的废弃电器电子产品。处理基金的适时、适度下调，减少跨区域长距离运输的道路货运排放，也有助于各地区回收产业规模化发展，引导构建绿色低碳的循环经济体系。

4　处理基金制度问题分析

4.1　补贴覆盖产品种类不全，实施效果呈现差异

目前我国仅针对《废弃电器电子产品处理目录（2014 年版）》中的"四机一脑"产品制定了补贴标准，享受处理基金补贴的产品种类较少。虽然在产品目录的调整中增加了热水器、吸油烟机、打印机等 9 类产品，但尚未制定明确的补贴标准。同时，随着电器电子产品的发展，一些产品目录以外的小型废弃电器电子产品未能得到基金补贴，如微波炉、净水器等易报废产品。据刘志峰等调研福建省废旧家电回收处理企业情况可知，目前非基金类电子废弃物回收量大大超过基金类废弃产品回收量，由于没有基金补贴，广大正规回收企业无力处置非基金类电子废弃物，导致其多数流向非正规拆解作坊[9]。此外，处理基金对不同产品回收处置量的影响出现明显分化，2019 年电视机、洗衣机产品处理占比分别可达 51.7%、18.8%，而房间空调器和微型计算机的处理占比仅有 7.4%、9.2%[5]，其中房间空调器回收价格受地区影响的差异较大。市场回收行为基于利益最大化原则开展，由于各品类产品残值不一、各地区经济发展水平和处理成本的差异，各种

类产品回收比例存在不均衡现象，不利于废弃电子产品回收率的提高和循环经济的发展。

4.2 回收体系不健全，正规企业出现"吃不饱"现象

基金补贴制度的实施集中于废弃电器电子产品的处理环节，但产品回收环节的实施难度、成本要远远大于处理环节[10]。国内大多数废电器仍旧是"有价商品"，一般采取售卖的方式进行回收。正规拆解企业的废弃电器电子产品回收来源大多集中在政企单位，有固定的回收平台和机构，而市场最大的居民散户的回收"主力军"仍是个体商贩。当前我国废电器回收制度体系缺乏综合统一规划和具体分类指导，与分类制度配套的回收体系仍然缺位，政府运营的制度成本依然高昂，居民、企业等主体在废电器回收领域的参与度和积极性仍在低位[11]。此外，正规企业处理能力与回收量不匹配。由于废电子产品的回收价格没有竞争优势，我国大多数拥有资质的废电器正规回收企业常常出现"吃不饱"的现象，企业废电器处理能力过剩的问题时有发生。据统计，我国只有约28%的废弃电器电子产品能够通过正规渠道回收处理。大部分拆解企业每年的实际拆解量都低于拆解能力的一半。甚至有资质处理的企业不得不从个体商户手中高价购买"货源"以维持运营，这也导致处理基金补贴中有大量的资金流向并未开展实际处理的中间散户，处理基金补贴的作用大打折扣。

4.3 基金运行效率低，行业经营高度依赖补贴

2019年生态环境部发布了《废弃电器电子产品拆解处理情况审核工作指南》，推动处理企业不断提升管理水平，处理规范率逐步提高。但由于基金补贴审核过程烦琐、运转效率较低，处理基金面向拆解产品的生产者和进口商进行征收，由中央财政统一管理，基金发放需经过企业所在的区（县）、市、省三级生态环境部门严格审核并公示，同时由国家进行抽查。烦琐的审核程序虽然保证了资金安全，但严重影响了基金的发放速度，处理企业常常在12~18个月后才能资金到账。回收处理企业在运营期间资金流动受到影响，需要垫付大量经营成本，一些企业甚至不得不做减产处理，调低废弃电器电子产品处理能力以保资质。从行业经营状况来看，国内正规拆解处理企业补贴收入约占拆解业务收入的60%[12]，企业经营高度依赖基金补贴。正规回收处理企业的回收渠道主要依赖第三方回收商，正规企业自行开展绿色回收的成本高昂，废弃电子产品回收所产生的物流、仓储、人工等成本远远高于走街串巷的小商贩的回收成本。随着物价上涨与回收人员成本持续升高，越来越多的回收从业人员退出回收行业，在一定程度上也造成市场"劣币驱逐良币"的现象突出。

5 加快完善处理基金制度的政策建议

5.1 加快制定"九类产品"补贴标准

针对产品目录中的"九类产品"及目录以外的中小型废弃电器电子产品尚无明确标准的问题，建议合理预估各类废弃电子产品报废量，结合各类产品处置技术和成本现状，加快补齐明确目录产品的细化补贴标准。建立信息化数据平台，加强对纳入目录的产品流向监管。根据废弃电器电子产品市场发展情况，做好处理产品目录的更新完善。研究逐步扩大目录和基金补贴覆盖范围，建立覆盖全品类废弃电子产品的处理监管手段，以减缓目录外产品流入非法渠道带来的环境风险。

5.2 建立处理基金的动态调整机制

随着经济与社会的快速发展，废弃电器电子产品的回收价值不断变动，相应的废弃电器电子产品的回收处置量也处于动态变化当中，对废弃电器电子产品实行固定统一的补贴标准不利于及时应对危险废物堆存带来的环境风险。建议根据市场行情和处置成本变化，充分利用大数据和互联网手段，建立基金补贴动态调整机制。对于废空调、废电脑等回收价值高并且回收困难的产品，可以适当提高补贴标准；针对废电视机、废电池、废小型电子产品等种类多、回收量大的产品，按照产品的尺寸大小分类制定补贴标准，以适应快速变化的报废回收市场。充分发挥市场在资源配置中的决定性作用，激发各类市场主体的回收处置活力，改善产品结构和处理能力的分化现象，对资源节约降碳和循环经济发展提供有力支撑。

5.3 健全废弃电子产品回收渠道

丰富废弃电器电子产品的回收路径，依托正在试点的可再生资源回收渠道，构建新型废旧电器电子产品回收网络。创新使用"互联网+"模式回收废弃电器电子产品，在家庭、社区回收点与可再生资源回收处理中心之间建设回收处置网点，采用微信、支付宝等小程序方式开展预约回收。依托正在开展的垃圾分类试点工作，对各垃圾分类点、中转站开展统一回收和运输管理，以最大限度提高报废回收率。开展废弃电器电子产品污染防治与回收宣传，培养废弃电子产品回收用户习惯，缓解处理企业"无米之炊"的困境。

5.4 落实多方主体回收处置责任

构建多主体参与的激励与协调机制。目前我国处理基金政策在执行上主要以生产者为责任主体，突出强调了生产者的责任承担，相对忽略了其他主体的责任约束与激励。建议针对电器电子产品在生产、流通、消费使用、回收利用全生命周期环节进行环境管理，建立科学合理的延伸责任分担机制。建议明确界定各相关方在产品生命周期内承担的相关义务，进一步完善以生产者、进口者责任为主，销售者、消费者和处理者等责任主体责任规制与责任分担的激励与协调机制，确保处理基金制度发挥实效。

5.5 完善处理产业发展的市场化机制

创新废弃电器电子产品回收利用的商业模式。加强市场准入、绿色消费和质量安全监管，探索废弃电器电子产品回收和高值利用的商业模式，降低处理企业对基金的依赖。对于回收价值较高的废线路板等产品，加强处理基金的审核完善和动态调节，积极促进以市场为主的回收机制；对于含铅玻璃等残值较低、环境污染较大的废弃电器电子产品，加强政府对小散乱污处理企业监管的同时，政府补贴向加强回收渠道建立、绿色低碳节能处理技术研发倾斜。建立和完善企业综合信用评价机制。对未严格落实相关法律法规的废弃电器电子产品处置企业，给予补贴扣除、信贷等惩罚措施。鼓励在有条件的地区先行先试，建立废弃电器电子产品处置示范基地，培育龙头企业，发挥规模优势，降低环境风险。

6 结论与展望

本文在回顾我国电子废物环境综合管理政策脉络的基础上，按照《指南》的技术方法，预测处理基金调整后的环境影响，从加强"城市矿产"回收利用制度完善的角度提出建议。同时以废弃电子产品为案例，完善政策环评的"两个阶段"和"四步流程"分析框架，为其他领域经济政策制度实施前的环境影响分析提供借鉴。未来应继续针对区域发展、产业布局、进出口贸易等出台政策并开展前瞻性研究，探索以专家打分、问卷调查为核心的快速评价方法，为更好地将生态环境影响纳入我国重大决策考量提供技术储备。

参考文献

[1] 李天威，耿海清. 我国政策环境评价模式与框架初探[J]. 环境影响评价，2016，38（5）：1-4.

[2] 中国电子废物环境综合管理（2012—2021）[R]. 生态环境部固体废物与化学品管理技术中心，2021：5.

[3] 李文军，郑艳玲. 中国废弃电器电子产品行业发展及 EPR 制度效应[J]. 数量经济技术经济研究，2021，38（1）：98-116.

[4] 刘宜，苏夏. 废弃电器电子产品处理行业污染分析及防治综述[J]. 四川环境，2019，38（4）：202-210.

[5] 中国废弃电器电子产品回收处理及综合利用行业白皮书2020[J]. 家用电器，2021（6）：68-87.

[6] 生态环境部. 经济、技术政策生态环境影响分析技术指南（试行）（环办环评函〔2020〕590号）[EB/OL]. https：//www. mee. gov. cn/xxgk2018/xxgk/xxgk06/202011/t20201110_807267. html.

[7] 李嘉文. 废弃手机跨区域流动特征及其对资源化环境效益的影响[D]. 上海：上海第二工业大学，2019.

[8] 宋鑫，王恒广，窦从从，等. 中国废弃电器电子产品处理产业布局合理性研究[J]. 环境科学与管理，2021，46（7）：9-13.

[9] 刘志峰，薛雅琼，黄海鸿. 我国大陆地区电器电子产品报废量预测研究[J]. 环境科学学报，2016，36（5）：1875-1882.

[10] 范亦霞. 我国废旧废弃电子产品回收处理现状及对策研究[J]. 物流科技，2017，40（8）：62-64.

[11] 罗锦程，徐紫寅，李淑媛，等. 我国废弃电器电子产品回收管理体系存在的问题及对策[J]. 环境保护，2021，49（5）：73-75.

[12] 孙玥，徐宁静. 废弃电器电子产品拆解企业面临的问题及原因分析[J]. 物流工程与管理，2019，41（3）：123-125.

市（县）级政策生态环境影响分析方法探索
——以山东省邹平市工业固体废物利用处置政策为例

冯翰林[1,2]　常　圆[3]　张乐乐[4]　叶　斌[5]　何　皓[5]　王文燕[5]

（1. 山东师范大学，济南 250014；2. 山东纵横德智环境咨询有限公司，济南 250102；
3. 滨州市生态环境服务中心，滨州 256603；4. 滨州市生态环境局，滨州 256603；
5. 生态环境部环境工程评估中心，北京 100012）

摘　要： 我国在政策环评领域开展了一定的研究和实践工作，主要以大空间尺度政策为主。参考国际经验，政策环评根据评价对象和政策类型不同，多采取对政策内容或者对政策实施可能造成的生态环境影响进行评价。本研究结合山东省邹平市政策生态环境影响分析试点，分析工业固体废物污染防治政策实施的潜在生态环境影响，并对不同的政策方案进行评价比选，为相关政策实施提供对策和建议。研究结果表明，对于市县级政策的评价应重点考虑政策实施后的环境影响效应，引导市（县）级政府落实政策时采取绿色低碳循环措施。同时要适当兼顾对政策设计的评估，促进政策决策部门完善相关政策及配套制度。

关键词： 政策环评；市县级；固体废物政策

Study on the Method of County Level Policy Environmental Assessment—Taking the Prevention Policy of Industrial Solid Waste in a County of Shandong Province as a Case

Abstract： In recent years，China has promoted several rounds of pilot study of policy environmental impact assessment，but these are mainly on a regional and provincial scale. According to the internationally adopted methods，the policy impact assessment can adopt the method of evaluating the policy design or the potential ecological environment impact of policy implementation according to the different evaluation objects and policy types. This study based on the pilot project of policy ecological environment impact analysis in Zoupin City，Shandong Province，the evaluation object，studies the

基金项目：滨州市固体废物利用处置政策生态环境影响分析试点。

作者简介：冯翰林（1985—），男，高级工程师，博士，研究方向为环境规划与政策研究。E-mail: 376576367@qq.com。

potential ecological and environmental impact of the implementation of industrial solid waste pollution control policies，evaluates and compares different policy schemes，provides countermeasures and suggestions for the implementation of relevant policies. The results show that the evaluation of county-level policies should focus on the environmental impact effect after the implementation of the policies，and guide the city（county）governments to take green and low-carbon recycling measures when implementing policies. At the same time，it is necessary to give due consideration to the evaluation of policy design，and promote policy decision-making departments to improve relevant policies and supporting systems.

Keywords：Policy EIA；County/City-level；Solid Waste Policy

1　国内外政策环评实践进展

　　我国部分政策因制定时未考虑环境友好性而引致重大生态环境不良影响，为进一步探索并完善我国环评制度体系，拓展其参与不同层级政府综合行政决策的广度与深度，实现源头防控环境污染、保障生态安全提供了背景。结合国内外学者对政策环评的定义[1,2]，政策环评是一种政策评估机制，它通过对政策及可选方案进行系统科学的生态环境影响评价，提高政策决策质量，促进经济、社会和环境的协调性，实现可持续发展。包括欧盟在内的美国、澳大利亚、泰国、中国、智利等 60 多个国家和地区通过法律明确了开展政策环评的框架和原则，部分出台了技术方法指南以指导政策环评具体工作的开展。例如欧盟 2001 年通过了战略环评指令（2001/42/EC），该指令对战略（政策）环评的工作程序有具体规定，并强调了公众参与在政府决策中的作用。美国 1969 年颁布的《国家环境政策法》（NEPA）提出各项提案、法律草案、建议报告以及其他重大联邦行为，其起草部门要提报决策的环境影响、替代方案、环境成本等。我国香港特别行政区《香港策略性环境评估手册》提出了开展相关政策环评的基本步骤和各方参与评价的方法。在国际实践中，政策（战略）环评多用于空间规划，以及交通、能源和资源等领域的影响评估[3,4]。

　　党的十四大以来，我国开始将决策科学化作为政治体制改革重要内容，并不断完善决策程序。2019 年国务院印发《重大行政决策程序暂行条例》明确了在重大行政决策制定过程中要考虑资源环境成本和效益的要求。2020 年生态环境部发布《经济、技术政策生态环境影响分析技术指南（试行）》，提出了政策评价分析的范围和基本方法。在实践方面，2009 年开始环境保护部先后组织了五大区域重点产业，西部大开发重点区域和行业，中部地区，京津冀、长三角、珠三角地区战略环评以及重大经济、技术政策环评等多轮次政策（战略）环评试点研究工作。我国的政策环评方法、模式和工作机制在不断探索中积累了丰富的经验。在环境保护部组织实施的系列重点区域、重点行业战略环评试点工作中，一般会根据经济和产业发展不同情景，利用压力—状态—响应模型对人口、产业和经济政策实施后的区域生态环境压力进行影响预测，并提出减缓生态环境风险的对策和建议。2014 年环境保护部组织的新型城镇化和经济发展转型政策环评试点研究提出了"预警+保障"的评价模式，该模式能够识别政策的中长期环境风险预警因素，并对政策实施的配套政策进行评估，提出优化政策实施的制度建设建议[1]。目前国内对市（县）级政策环评的研究还较少，毛显强等以迁安市小麦种植业为例，研究了农业贸易政策对当地小麦种植业直接和间接产生环境污染的影响[5]。黄妍莺等分析了云南德宏州口岸贸易政策的调整对全市不同行业特征污染物的排放变化情况的影响[6]。上述研究主要是对政策实施后的潜在生态环境影响进行分析预测，类似规划环评的评价方法，较少涉及对政策本身的评估。

2 市县级政策环评技术框架设计

2.1 政策环评的基本要求

政策环评首先要明确评价对象的范围，包括政策评价的政策层级、政策类型，并针对不同政策制定实施的时效性、影响程度和范围等，确定评价的等级和重点，然后启动评价程序，采取针对性方法评估政策的生态环境影响，并提出对策建议。结合现有法规政策以及前期研究，建议纳入政策环评的行政层级限定为市（县）级及以上，政策类型包括地方政府规章、部门规章、地方性法规条例、经济、技术相关的规划、计划和方案，以及有关规范性文件等[5-7]。在明确启动政策环评程序后，应围绕政策制定的过程，在不同阶段采取相应的评价工作。

（1）政策建议阶段。这部分主要由政策提出机关明确待解决的问题和政策实施后要实现的目标，然后开展问题筛选识别，建立生态环境问题诊断，并结合政策目标构建相关生态环境影响分析的指标体系。

（2）方案设计阶段。理论上政策方案应根据问题和目标设置方案内容，并设计多个备选方案。这一阶段政策环评主要根据方案内容设计政策的影响边界，影响因素、程度和持续性。在此基础上对方案进行比选，分析不同政策制定（或政策可能的影响）对区域环境质量、生态空间挤占、生态系统破坏以及环境风险的影响程度，同时对政策实施后的经济和环境成本、效益进行分析。

（3）政策出台及实施阶段。该阶段的政策环评工作主要在政策审批机关通过后，由政策发布部门组织实施。此阶段，政策环评依据此前分析结果形成政策调整优化的建议，并组织实施配套环境的相关政策（计划、规划、方案及有关工程措施），必要时对政策实施后的影响组织开展跟踪评价，并可作为政府政策评估的部分成果。政策环评的工作程序如图1所示。

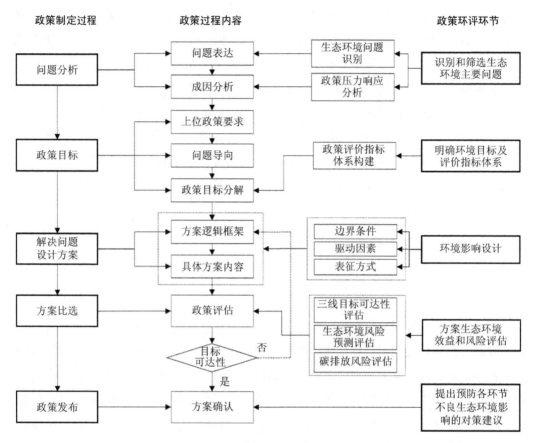

图 1　政策环评工作程序

2.2　市（县）级政策环评技术框架

根据德国、荷兰等欧盟国家，以及部分发展中国家[5]开展政策环评的实践经验，可以将政策环评在评价作用上分为政策影响型评价和政策设计型评价，前者适用于层级相对较低且具有具体实施内容的政策；后者更适用于层级相对较高，政策方向性和原则性较强的政策[8]。同时，考虑到我国现有政治制度的特点，政策环评既要科学论证政策的生态环境影响，也要凸显法治和时效要求，明确哪些评价过程可适当简化，哪些应充分论证，提高决策的科学性。

2.2.1　政策环评对象

根据《地方各级人民代表大会和地方各级人民政府组织法》《重大行政决策程序暂行条例》，由县级以上政府常务会议或全体会议讨论决定重大问题，形成重大决策。不同于国家和省级政府重大决策，市（县）级政府决策更强调时效性和操作性，具备较强的执行力，但整体统筹和多部门系统协作能力还需强化[9]，其本质上是对上级决策的贯彻落实。市（县）级政府具有重大决策程序执行权，其决策的可行性和科学性直接影响国家政策的实际落实情况（表1）。

表1　不同层级政策的执行特征

类型	政策尺度	政策稳定性	政策可操作性	政策系统性
国家级	宏观	强	弱	强
省级	中观	适中	适中	适中
市（县）级	中微观	较弱	强	较弱

相比于国家和省级政策，市（县）级政策对经济社会的影响更为直接，政策对生态环境的直接影响和间接影响都较为明显。政策评价的对象以市（县）级政府经济社会发展规划，政府及相关部门国土及资源开发利用政策（不包括规划）、产业发展及技术政策、行业价格和金融等政策为主。市（县）级的中长期经济和技术相关规划等政策的稳定性不高，容易因为上级政策调整、决策部门人事调整等使政策内容发生变化[10]，开展政策环评的不确定性较大，给出结论的时效性和操作性不强。

2.2.2　政策环评基本方法

根据政策的时效性和影响性，采取分级环境评价方法。①对于原则性政策，应简化评价，可仅做符合性分析，即与上层生态文明建设、生态环境法律法规及规划政策要求的符合性，以及与区域污染防治有关规划、计划方案及生态环境准入要求等的符合性。②对于政策时效相对较短（≤5 年）的规划、计划、方案或规范性文件，要提前介入，短期政策可仅评估政策实施后可能造成的直接或间接生态环境风险，以及经济和环境成本与效益等，并提出政策调整的对策措施。③对于中长期战略规划，要详细开展战略环评，按照常规政策环评程序开展评价工作（图1），并有效导入受政策影响的居民、企业及行业专家的意见。不同类型市（县）级政策的环境评价方法见表2。

表2　县级政策环评分级评价内容

政策类型	符合性分析	风险、成本及效益评估	全流程政策评价
指导性政策	√（△）		
短期政策	√（△）	√（〇/△）	
中长期政策			√（〇/△）

注："√"表示采用该方法，"〇"表示定量分析，"△"表示定性分析。

2.3　政策环评重点

上文介绍了政策评价的基本流程和市（县）级政策环评的主要方法，但是在实施过程中，地方政府及有关部门自上而下"机械"落实政策的现象较为常见，对地方自然环境禀赋、产业经济特点以及政策目标的合理性和可达性往往没有进行充分科学的论证。同时，在政策制定过程中存在系统统筹不足，横向协作偏少的问题。所以在进行市（县）级中长期政策的环境评价时，以采用定性和定量结合的分析方法评价政策影响为主，特别是针对近期政策可能产生的直接和间接生态环境影响，以及政策涉及环境要素的全周期影响，将政策溢出效应纳入考量[11,12]。其他政策设计影响，可在国家和省级政策评价过程中开展，相关问题在上层政策评价过程中有效化解。

3　山东省邹平市固体废物利用处置政策环评案例

3.1　评价区域

邹平市为山东省县级市，位于山东省中部偏北，市域面积 1 250 km^2。2020 年全市常住人口为 77.45 万人，三次产业结构占比为 5.5∶49.4∶45.1，正处于工业化后期阶段。2020 年全市工业增加值为 261.3 亿元，规模以上工业企业 305 家，全市支柱性产业为铝加工、钢铁和食品药品业，重工业占比高，投资驱动型产业占比高，能耗和资源消耗水平高。

2020 年，邹平市一般工业固体废物产生量为 1 826.7 万 t，主要来源于铝冶炼、钢铁冶炼、纺织和碳素等行业，一般工业固体废物产生量与工业产值具有明显正相关性，与 2010 年相比，2020 年一般工业固体废物产生量增长 2 倍，全市经济发展与环境污染尚未出现脱钩迹象。近年来，在山东省新旧动能转化战略推动下，高污染、高能耗（"两高"）产业规模和结构得到改善，重工业向精深加工方向发展，部分"两高"产能向清洁能源优势地区进行了转移。从整体来看，邹平市尚未完成工业转型，高新技术产业占比偏低，能源和资源依赖性较强，环境全面改善压力较大。

3.2　评价过程

本项目是对邹平市一般工业固体废物污染防治政策的评价。因为本项目要兼顾评价政策本身，所以评价对象不限于某一项工业固体废物污染防治政策，而是对全市工业固体废物污染防治系列"政策集"进行评价。评价产出一方面需要对现有政策与环境保护、生态文明建设的符合性进行评价，明确需要补充完善的配套政策要求；另一方面通过评价一般工业固体废物源头防控、过程控制和末端治理的全过程管理的环境、产业、金融、财税、土地等政策，明确不同场景应用下政策实施对生态环境的影响，并提出减缓环境影响的对策和建议。

3.2.1 政策设计评价

通过对山东省和邹平市一般工业固体废物污染防治政策进行定性分析，可知地方对固体废物的源头减量政策需求较大，特别是在 2020 年修订的《中华人民共和国固体废物污染环境防治法》提出了"推行绿色发展方式""任何单位和个人都应当采取措施，减少固体废物的产生量"等要求之后，但是有关源头减量的配套政策并不健全，缺乏绿色发展的激励政策，缺乏源头减量的产业和环境准入政策。在固体废物资源化利用方面，现有的税收优惠等财税政策并不能完全驱动一些利用价值偏低或技术要求高的工业固体废物的有效资源化利用。在末端治理政策上，相对危险废物，一般工业固体废物管理的关注度不高，特别是大宗固体废物的长期堆存风险管控的行政强制要求较少，监管难度较大。

3.2.2 政策影响评价

本项目对源头减量—处理处置—资源化利用全过程政策影响进行评价。分别采用对数平均迪氏（LMDI）指数法、成本—效益分析模型和环境风险评估方法对各环节政策实施的环境影响进行分析，根据源头减量政策的生态环境影响贡献情况，明确影响邹平市一般工业固体废物产生和削减潜力较大的行业类型。评价过程中考虑源头减量的经济、技术和环境成本及效益。在处理处置政策评价过程中，采用模糊数学方法建立风险评估模型，明确针对重点行业工业固体废物处理处置过程中存在的潜在环境风险。在末端资源化政策评价时，采用层次分析法（AHP），邀请行业、环境、经济等行业专家、相关部门管理者，以及其他利益相关方进行评价，明确不同行业固体废物资源化利用方案的优缺点。

邹平市在城市工业固体废物管理过程中，通过环境管制、循环经济发展等方面出台了系列环境和产业政策。通过政策评价，对"政策集"现有政策不同方案的生态环境影响进行了评估，明确了基线场景、强化固体废物管理和"无废城市"理想场景下的固体废物政策实施后对生态环境的影响。结合美丽中国建设要求下的中长期固体废物污染防治策略要求，以及对邹平市绿色循环低碳经济发展路径的分析，对全市产业优化、固体废物污染防治，以及全周期减量和资源化利用等政策提出对策建议，对该市下一步将要开展的系列工业固体废物重点项目的实施提出技术和政策方案建议。

3.2.3 对策建议

邹平市应结合资源禀赋和环境承载力状况，深度优化现有产业结构，延伸主导产业的产业链，培育技术服务型产业，提高附加值。围绕有色金属、黑色金属和食品医药等主导产业，发展循环经济产业，着力打造一批循环经济园区。在现有一般工业固体废物政策方面，强化生态环境准入政策应用，防止产废量大且难以资源化利用的项目进入该区域。健全精细化过程监管政策，加强环境、应急、执法等部门的协作，防范典型行业固体废物的环境风险。完善资源化利用政策，争取上级支持，利用"无废城市"建设契机，推进绿色（低碳）园区、工厂以及绿色建筑、绿色交通等实践主体建设，推进大宗固体废物的高附加值技术引进应用。加强绿色金融政策支持，先行先试，创新金融和税收政策机制，完善配套价格、补贴、税收等政策，前期通过政府引导扶持，解决技术和资金成本难题。加强循环经济产业体系建设，着力化解固体废物长期堆存风险。

4 讨论

随着政策环评的研究和实践的推进，人们对政策环评的作用形式和主要机制都有了新的认识。正如 Jansson 和 Gosling 提出的观点，政策环评逐步由一种相对严格的工作程序向政策框架转化，特别是对于高层级的战略计划等政策[13,14]。但是当前对基层政策开展环境评价的理论研究和实践还较少。通过本次县级市工业固体废物政策的评价研究，开展了"双线"工作方式，既对现有政策设计进行了评价，也对政策实施潜在生态环境影响进行了评价。根据初步成果可知，对于基层政策的评价应以政策实施的影响为评价重点，引导在市（县）级政府落实政策时采取绿色低碳循环的措施，促进地方可持续发展。同时要适当兼顾政策设计的评估，为今后国家完善环境影响评价体系提供一个视角，即通过市（县）层级政策生态环境影响分析，反馈纵向政策的连贯性、横向政策的完备性，为各级政府落实绿色发展理念，加强生态环境治理现代化建设提供依据。

参考文献

[1] 李天威. 政策环境评价理论方法与试点研究[M]. 北京：中国环境出版社，2017.

[2] Thomas B. Fischer，Ainhoa González. Handbook on strategic environmental assessment[M]. Cheltcnham：Edward Elgar，2021.

[3] González，A.，Thérivel，R.，Fry，J.，et al. Advancing practice relating to SEA alternatives[J]. Environmental Impact Assessment Review，2015，53：52-63.

[4] Bond，A.，Dusík，J. Impact assessment for the twenty first century：rising to the challenge[J]. Impact Assessment and Project Appraisal，2020，38（2）：94-99.

[5] 毛显强，李向前，涂莹燕，等. 农业贸易政策环境影响评价的案例研究[J]. 中国人口·资源与环境，2005（6）：40-45.

[6] 黄妍莺，白宏涛，徐鹤. 区域贸易规划环境影响评价的研究——以云南省德宏州为例[J]. 环境污染与防治，2015（5）：103-109.

[7]　耿海清，李天威，徐鹤. 我国开展政策环评的必要性及其基本框架研究[J]. 中国环境管理，2019，11（6）：23-27.

[8]　耿海清. 关于在重大行政决策事项中纳入环境考量的建议[J]. 环境保护，2020，48（9）：42-45.

[9]　庄汉. 我国政策环评制度的构建——以新《环境保护法》第 14 条为中心[J]. 中国地质大学学报（社会科学版），2015，15（6）：46-52.

[10]　占华. 政策不稳定性如何影响环境污染——基于地市级官员变更的实证检验[J]. 中国经济问题，2021（3）：76-89.

[11] Noble B F，Nwanekezie K. Conceptualizing strategic environmental assessment: principles，approaches and research directions[J]. Environmental Impact Assessment Review. 2016（62）：165–73.

[12]　胡佳. 区域环境治理中的地方政府协作研究[M]. 北京：人民出版社，2015.

[13] Jansson A. H. H. Strategic environmental assessment for transport in four Nordic countries，in H. Bjarnadóttir，Environmental Assessment in the Nordic Countries[R]. Nordregio，Stockholm. 2000：39-46.

[14] Gosling J. A. SEA and the planning process: four models and a report？ [C]. International Association for Impact Assessment（IAIA），Conference Proceedings，19th Annual Meeting，Glasgow. Fargo：IAIA，CD-Rom，1999.

能源政策环境影响评价研究

吴艺楠　李　冬　唐　微　李芳琪　陆俐呐

（生态环境部环境发展中心，北京 100029）

摘　要：本文以《2021 年能源工作指导意见》为对象开展政策环境影响评价，采用定性与定量相结合的方法开展能源政策生态环境影响识别与分析，从大气环境、生态环境、碳排放等维度评价了该政策可能造成的生态环境影响，结果表明该政策实施可导致全国 SO_2 排放量减少 57.84 万 t，NO_x 排放量减少 53.45 万 t，颗粒物排放量减少 91.47 万 t，二氧化碳排放量减少 1.12 亿 t，但同时也会对区域生态安全造成一定影响。现有评价方法尚不完全适用能源政策的评价，建议从评价对象、影响时间、开展频次、工作内容等方面进一步优化，同时将正向影响纳入政策环境影响评价范畴。

关键词：政策环境影响评价；能源政策；环境保护

Research on Environmental Impact Assessments of Energy Policies

Abstract：A policy environmental impact assessment was conducted for the "Guiding Opinions on Energy Work of 2021" and its ecological environmental impacts were identified. A combination of qualitative and quantitative methods was used to evaluate the policy impacts on the atmospheric environment，ecological environment，carbon emissions，etc. The results show that the implementation of the policy would reduce the national SO_2 emissions by 578 400 tons，NO_x emissions by 534 500 tons，particulate matter emissions by 914 700 tons，and carbon dioxide emissions by 112 million tons，while certain regional ecological security impacts could also occur. This study finds that the existing evaluation methods are not entirely applicable to energy policy environmental impact assessments. It is suggested that the evaluation methods can be optimized by modifying the evaluation objects，the time scale of impacts，the frequency of conducting an environmental impact assessment，the work content，etc，as well as by including positive impacts into the scope of policy environmental impact assessment.

Keywords：Policy Environmental Impact Assessment；Energy Policy；Environmental Protection

---

基金项目：重点区域和行业重大问题环境影响评价（144017000000200009）。

作者简介：吴艺楠（1992—），男，工程师，硕士研究生，主要从事环境影响评价研究。E-mail：wuyinan@edcmep.org.cn。

国内外众多学者对开展政策环评的重要意义已有较多论述[1-3]，在农业、机动车交通、贸易政策等领域也有相应案例研究[4-6]，但目前政策环评工作在我国仍处在起步阶段，案例类型仍不够丰富，评价技术方法不够完善。能源政策是政府在能源领域发挥作用的具体手段。当前我国仍存在统筹推进能源发展与生态环境保护不够有力，对能源重大工程、重大项目开发建设任务安排多，配套生态环境保护举措要求少等问题。针对能源政策开展生态环境影响分析，识别政策实施可能造成的生态环境问题，对完善政策环评技术方法和丰富案例类型有重要意义。本文基于生态环境部《经济、技术政策生态环境影响分析技术指南（试行）》（以下简称《指南》），对国家能源局《2021 年能源工作指导意见》（以下简称《意见》）展开分析和评价。

1　政策内容分析

本研究将《意见》内容系统梳理为能源生产、储运、消费、保障 4 个重点环节，具体内容见表 1。

表 1　《2021 年能源工作指导意见》主要内容

环节	政策	主要内容
能源生产	主要目标	全国能源生产总量达到 42 亿 tce 左右，石油产量 1.96 亿 t 左右，天然气产量 2 025 亿 m³ 左右，非化石能源发电装机力争达到 11 亿 kW 左右
	增强能源安全保障能力	积极推进以新能源为主题的新型电力系统建设，推动北京、上海、天津、重庆、广州、深圳等试点城市加强局部电网建设，加强应急备用和调峰电源能力建设
		加快推动对 30 万 kW 级和部分 60 万 kW 级燃煤机组灵活性改造
		开展全国新一轮抽水蓄能中长期规划，加快长龙山、荒沟等抽水蓄能电站建成投产，推进泰顺、奉新等抽水蓄能电站核准开工建设。稳步有序推进储能项目试点示范工作
		推动油气增储上产，确保勘探开发投资力度不减，强化重点盆地和海域油气基础地质调查和勘探，推动东部老油田稳产，加大新区产能建设力度
		加快页岩油气、致密气、煤层气等非常规资源开发
		夯实煤炭"兜底"作用，坚持"上大压小、优胜劣汰"，认真开展 30 万 t/a 以下煤矿分类处置工作，按照产能置换原则，有序核准一批具备条件的先进产能煤矿
		稳妥推进煤制油气产业高质量升级示范
		落实国家区域协调发展战略，有序推进跨区域跨省输电通道建设
	加快清洁低碳转型发展	2021 年风电、光伏发电量占全社会用电量比重达到 11% 左右
		扎实推进主要流域水电站规划建设，按期建成投产白鹤滩水电站首批机组
		在确保安全的前提下积极有序发展核电

环节	政策	主要内容
能源生产	加快清洁低碳转型发展	推动有条件的光热发电示范项目尽早建成并网
		研究启动在西藏等地的地热能发电示范工程
		有序推进生物质能开发利用，加快推进纤维素等非粮生物燃料乙醇产业示范
	加强能源国际合作	深化中欧智慧能源、氢能、风电、储能等能源技术创新合作，推动一批合作示范项目落地实施
	增强能源安全保障能力	积极推进东北、华北、西南、西北等"百亿方"级储气库群建设，抓好 2021 年油气产供销体系建设管道、地下储气库和 LNG 接收站等一批重大工程建设
储运	加快清洁低碳转型发展	加快建设陕北—湖北、雅中—江西等特高压直流输电通道，加快建设白鹤滩—江苏、闽粤联网等重点工程，推进白鹤滩—浙江特高压直流项目前期工作
	提升惠企利民水平	研究推进西南高寒地区清洁取暖改造，加大政策支持力度，加强电网、天然气管网等建设
消费	主要目标	煤炭消费比重下降到 56% 以下
		单位国内生产总值能耗降低 5% 左右。能源资源配置更加合理、利用效率大幅提高，风电、光伏发电等可再生能源利用率保持较高水平，跨区输电通道平均利用小时数提升 4 100 h 左右
	加快清洁低碳转型发展	积极推广综合能源服务，着力加强能效管理，加快充换电基础设施建设，因地制宜推进实施电能替代，大力推进以电代煤和以电代油，有序推进以电带气，提升终端用电气化水平
	提升惠企利民水平	因地制宜实施清洁取暖改造，建立健全清洁取暖政策体系，确保取暖设施安全稳定运行，实现北方地区清洁取暖率达到 70%
	增强能源安全保障能力	密切关注东北、"两湖一江"等地区煤炭供需形势变化，加强产运需调度，保持港口、电厂库存处在合理水平
保障	统筹能源与生态和谐发展	加强能源行业绿色标准建设和绿色技术创新，协调落实好能源资源开发和重大工程建设的生态环境保护工作，推动绿色生产
		督促煤矿企业严格落实煤矸石排放、林地占用、土地复垦等环境保护有关规定，依法依规组织生产
		积极推广煤矿充填开采先进经验，鼓励煤炭企业因地制宜应用煤矿充填开采技术
		对重点地区 30 万 kW 及以上热电联产供热半径 15 km 范围内的落后燃煤小热电完成关停整合
		因地制宜做好煤电布局和结构优化，稳妥有序推动输电通道配套煤电项目建设投产，从严控制东部地区、大气污染防治重点地区新增煤电装机规模，适度合理布局支撑性煤电。持续推动煤电节能减排改造

2　研究方法和技术路线

本研究采用定性与定量相结合的方法开展能源政策生态环境影响识别与分析，根据能源生产政策、储运政策、消费政策、保障政策等内容特点，综合识别政策对资源环境的影响途径和类型，同时分析能源相关上下游产业发展而可能产生的生态环境效应，通过专家打分法、矩阵分析法等进行生态环境影响分析，从大气环境影响、生态环境影响、碳排放等维度开展能源政策生态环境影响评价。技术路线见图1。

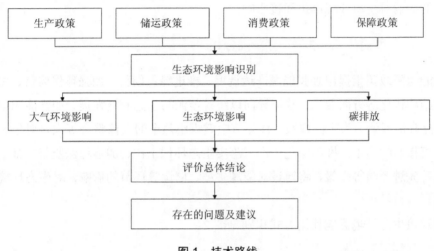

图1　技术路线

3　政策生态环境影响识别

3.1　能源生产政策对生态环境作用方式分析

能源生产环节政策指与石化能源产量指标、规划、勘探、建设开发、产业升级等方面相关的政策要求，政策导向以优化能源结构、控制化石能源生产总量、鼓励推动可再生能源开发为主。该环节中化石能源的勘探和开采、可再生能源电站建设、电力系统等项目建设或现有燃煤机组升级改造对生态环境的影响以直接影响为主。同时风电、光伏发电等可再生能源的推广和利用，上游机械设备制造、多晶硅等产业发展对生态环境的影响为该政策的间接影响。

3.2　能源储运政策对生态环境作用方式分析

能源储运环节政策指化石能源储运设施、输电通道、电网建设等方面的相关政策要求，政策导向以增强能源保障能力、加快重大工程建设为主。该环节储气库、LNG 接收站、特高压输电通道等工程的建设对生态环境的影响以直接影响为主。

3.3 能源消费政策对生态环境作用方式分析

能源消费环节政策指以能源消费结构、利用强度等为指标，提出提升终端电气化水平、实施取暖改造等相关要求，政策导向以加快能源清洁低碳转型为主的政策。该环节中实施取暖改造、加快充换电基础设施建设等项目建设对生态环境的影响以直接影响为主；优化能源消费结构指标的落实、推进以电带气等政策的实施，将通过能源生产、储运环节的影响对生态环境产生间接影响。

3.4 保障政策对生态环境作用方式分析

能源保障政策指提出加强能源产运调度、推进绿色创新、加强环保监督、做好能源布局和结构优化等方面要求，政策导向以统筹能源与生态和谐发展、加强能源创新能力建设、提升治理能力为主的政策。该环节中燃煤小热电的关停整合等项目对生态环境的影响以直接影响为主。推动绿色生产、落实生态环保工作、加强环保监督、推广煤矿填充开采等先进经验等政策，将通过对能源生产、储运等环节的影响，对生态环境产生间接影响。

该政策生态环境影响作用方式识别见图 2。

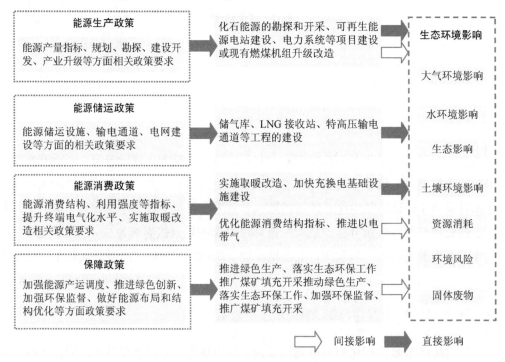

图 2　生态环境影响作用方式识别

4　政策环境影响评价总体结论

4.1　政策实施将有利于大气污染物减排

根据本研究预测，《意见》中通过约束煤炭消费比重、单位国内生产总值能耗北方地区清洁取暖率等指标对大气环境产生正向影响。煤炭消费比重下降将导致全国 SO_2 排放量减少 18.48 万 t，NO_x 排放量减少 14.38 万 t，颗粒物排放量减少 13.76 万 t。单位国内生产总值能耗下降将导致 SO_2 排放量下降 0.04 万 t，NO_x 排放量下降 1.07 万 t，颗粒物排放量下降 1.21 万 t，北方地区清洁取暖率上升将导致大气污染物 SO_2 排放量下降 39 万 t，NO_x 排放量下降 38 万 t，颗粒物排放量下降 76.5 万 t。累计看来，该政策实施将导致全国 SO_2 排放量减少 57.84 万 t，NO_x 排放量减少 53.45 万 t，颗粒物排放量减少 91.47 万 t。

4.2　政策实施可能对区域生态安全造成影响

《意见》中有序核准了一批先进产能煤矿、大力发展非化石能源、抽水蓄能电站建设、输电通道及油气管网建设工程，可能对生态环境造成不利影响。一是煤矿施工活动导致局部地区植被覆盖度减少、水土流失的加剧，露天开采、采煤沉陷将导致破坏原有自然植被和土地资源，使不同景观类型分布、斑块数、斑块密度、面积等属性发生变化；二是风、光电项目开发将导致破坏土地、植被资源和自然景观，尤其是地处西北内陆干旱荒漠区的风电基地生态系统极其脆弱，可能造成原有生态平衡的失调，此外，风电场还会对鸟类活动产生一定影响；三是抽水蓄能电站的建设大坝建设、库区蓄水淹没以及施工占地将会损毁区域内的植被，造成绿地面积的直接减少，使区域景观类型发生变化，影响河岸植被和区域水生态系统；四是输电通道及油气管网建设将导致部分土地被永久占用、现有植被被破坏，造成严重水土流失、山体石漠化，诱发崩塌，其中部分管线可能穿越自然保护区、风景名胜区等生态环境保护红线区域，对生态环境敏感区产生不利影响。

4.3　政策实施有利于碳减排工作

一方面，《意见》中提出煤炭消费比重下降到 56% 以下。根据《中华人民共和国 2020 年国民经济和社会发展统计公报》，2020 年能源消费总量为 49.8 亿 t 标准煤，其中煤炭消费比重为 56.8%。根据《中华人民共和国 2021 年国民经济和社会发展统计公报》，2021 年能源消费总量为 52.4 亿 t 标准煤，煤炭消费比重由 2020 年的 56.8% 下降至 56%，煤炭消费比重下降导致的碳排放量约为 1.12 亿 t。另一方面，部分新能源开发建设将导致碳排放量增加，如光伏产业上游的多晶硅产业。根据中国光伏行业协会预测，2021 年国内多晶硅产量约为 43 万 t，较 2020 年增长 3.4 万 t。1 万 t 多晶硅料的生产大致需要耗费 5 万～7 万 kW·h 电量，2021 年新增多晶硅产能将增加 23.8 万 kW·h 电量的消耗，增加碳排放量为 13.83 万 t。总体而言，《意见》的实施将大大减少我国碳排放总量。

5 存在的问题及建议

5.1 需进一步界定政策环评的评价对象范畴

本研究评价对象包含九个部分、七个方面具体举措，还有两项配套实施文件 [《关于 2021 年风电、光伏发电开发建设有关事项的通知》《2021 年各省（区、市）可再生能源电力消纳责任权重》]，导致评价内容较为细致繁冗，难以聚焦政策的主要环境影响，后续在其他政策评价试点实践中如何确定政策战略环境影响评价的内容和对象需要进一步探讨。

5.2 需进一步明确能源政策的评价机制

受国际能源形势、能源价格的影响，能源政策往往出台频率较高，灵活性较强，如本次评价的《意见》有效期仅为 1 年。现有工作方式无法判断部分政策条目的环境影响时间和程度，针对能源类政策数量较多、出台灵活的特点，需要进一步完善评价技术方法，建立适当的工作机制。建议进一步简化《指南》工作机制，聚焦主要生态环境影响开展评价。在总体对生态环境产生正向影响的结论下，开展同类政策打捆评价，适当简化政策环评的频次。

5.3 应将正向生态环境影响纳入政策环评评价范围

《意见》出台政策以优化能源结构、控制非再生能源、推进可再生能源发展为导向，经本次研究识别，《意见》对生态环境影响总体以有利影响为主。《指南》中提出"如不存在负面影响，可不进行生态环境影响分析"，能源政策往往具有两面性，既有正向的有利影响，也有负面的不利影响，需详细分析后判断生态环境影响的大小和强度，因此，建议将正向生态环境影响的评价内容纳入《指南》。

5.4 需进一步明确重大不利生态环境影响内涵

能源政策以目标和面上工程为核心，包含行业类型多，影响范围广，同时由于政策宏观性，缺乏具体的开发建设描述（如工程布局位置、布局规模等），导致生态环境影响识别以定性分析为主，难以按照《指南》要求清晰判断重大不利生态环境影响，《指南》附录 B 生态环境影响初步识别方法对此类宏观能源政策适用性、可操作性不强。

5.5　《指南》中工作内容应进一步简化

《指南》要求对政策进行回顾性分析，识别对领域内已显现生态环境影响的政策。经本文研究，认为此部分内容与重点评价内容重复，增加了能源政策环评中的工作量、延长了工作周期，且对于获得最终的评价结论作用不大；并且生态环境存在系统性和复杂性，难以将已显现的生态环境影响与某一特定政策进行联系，无法准确判断不确定性内容和影响程度，建议针对不同政策评价对象，进一步优化《指南》的工作内容，如政策回顾性分析、政策不确定性分析可以适当简化。

参考文献

[1]　庄汉. 我国政策环评制度的构建——以新《环境保护法》第 14 条为中心[J]. 中国地质大学学报（社会科学版），2015，15（6）：46-52.

[2]　Victor D.，P. Agamuthu. Policy trends of strategic environmental assessment in Asia[J]. Environmental Science & Policy，2014，41：63-76.

[3]　李天威. 《政策环境评价理论方法与试点研究》简介[J]. 环境影响评价，2018，40（2）：68.

[4]　胡云云，缪若妮，王萌. 试论农业政策的环境影响评价[J]. 中国环境管理干部学院学报，2014，24（1）：15-18，36.

[5]　朱洪，程杰. 机动车交通政策的环境影响评价技术研究[C]//新型城镇化与交通发展——2013 年中国城市交通规划年会暨第 27 次学术研讨会论文集. 2014，23-30.

[6]　吴玉萍，胡涛，毛显强，等. 贸易政策环境影响评价方法论初探[J]. 环境与可持续发展，2011，36（3）：35-40. DOI：10.19758/j.cnki.issn 1673-288x.2011.03.08.

湖南省绿色矿山建设政策生态环境影响分析案例研究及工作机制探讨

梁　栋　马　静　李秀兰　刘玉峰　刘建平

（长沙有色冶金设计研究院有限公司，长沙 410011）

摘　要：通过对湖南绿色矿山建设三年行动方案开展政策生态环境影响分析，总结了政策环评试点工作在评价对象选取、牵头单位工作开展和评价方法等方面存在的困难，并提出了对策和建议。对于下阶段政策环评试点工作，建议简化正向影响为主的政策环评，由政策制定部门牵头开展政策环评，并加大政策环评的政策宣传，建立良好的政策环评氛围。

关键词：绿色矿山；政策环评

Case Study and Working Mechanism Discussion on the Eco-environmental Impact Analysis of Green Mine Construction Policy in Hunan Province

Abstract：by having the policy eco-environmental impact analysis which based on the three-year action plan for the green mines construction in Hunan，this paper has summarized the difficulties in the selection of evaluation objects，the work of the leading department and the evaluation methods in the pilot work of the policy environmental impact assessment，and put forward countermeasures and suggestions. For the pilot work of the next-level policy EIA，it is recommended to simplify the policy EIA with a positive impact，and the policy-making department should take the lead in carrying out the policy EIA，and increase the publicity of the policy EIA to establish a good policy EIA atmosphere.

Keywords：Green Mine；Policy Environmental Impact Assessment

根据生态环境部工作安排，湖南省以《湖南省绿色矿山建设三年行动方案（2020—2022 年)》（以下简称《绿色矿山行动方案》）为评价对象，并辅以其他相关政策开展了政策生态环境影响分析。

作者简介：梁栋（1981—），男，学士，主要研究方向为环境影响评价。E-mail：243591246@qq.com。

1 政策生态环境影响分析

1.1 政策制定的背景

截至 2021 年年底，湖南生产型矿山已建成绿色矿山 193 家，其中 65 家纳入国家级绿色矿山名录。湖南矿产资源开发利用相对粗放，综合利用率较低，矿山企业规模偏小，矿产品深加工产品率低，产业链较短，历史遗留问题包袱重，矿业绿色发展水平不高，绿色勘查和示范区建设尚处于试点阶段，产业绿色转型升级进展偏慢。为加快推进绿色矿山建设工作，促进全省矿业转型绿色发展，构建绿色矿山发展长效机制，湖南省自然资源厅组织制定了《绿色矿山行动方案》。

1.2 政策分析

《绿色矿山行动方案》政策目标为"到 2022 年年底，全省生产矿山全部达到湖南省绿色矿山标准，并推荐一批省级示范矿山入选国家级绿色矿山，基本形成环境友好、高效节约、管理科学、矿地和谐的矿山绿色发展新格局"。政策内容主要包括调查摸底湖南省矿山现状，拟定湖南省绿色矿山建设名单。制定三年行动工作方案，包括编制绿色矿山建设方案和评审绿色矿山建设方案，推进绿色矿山建设，组织评估入库，最后建立绿色矿山管理长效机制。《绿色矿山行动方案》中涉及了"加强组织领导、严格考核评价、强化资金保障、规范第三方评估机构行为、加强宣传培训"等保障措施和制度。

通过对 2009 年至今我国和湖南省绿色矿山建设政策颁布和实施情况，以及对矿山生态环境状况及绿色矿山建设情况进行分析，初步识别《绿色矿山行动方案》可能存在的生态环境影响类型。《绿色矿山行动方案》充分考虑了湖南省绿色矿山现状和经济发展需求，总体上符合党中央、国务院关于生态文明建设和生态环境保护的决策部署，同时也符合相关部委和湖南省环保政策、产业政策发展方向。

1.3 政策生态环境影响分析

1.3.1 生态环境影响初步识别

结合政策分析结果，从调查摸底、制订方案、推动绿色矿山建设、组织评估入库和建立绿色矿山管理长效机制 5 个环节对生态环境影响进行初步识别，从环境质量、生态保护、资源消耗、应对气候变化 4 个方面识别该政策实施可能造成的生态环境影响（表1），判断本项政策鼓励矿山开展绿色矿山建设可能存在的不利生态环境影响。

表 1　政策的生态环境影响类型识别

一级指标	二级指标及其子指标		调查摸底	制订方案	推进绿色矿山建设		组织评估入库	建立绿色矿山管理长效机制
					建设期	建成后		
环境质量	大气污染物排放（如二氧化硫、氮氧化物、颗粒物、挥发性有机物、有毒有害物质和其他污染物）是否影响环境空气质量		否	是	是	是	否	是
	水污染物排放（如化学需氧量、氨氮、总磷、总氮、石油、重金属和其他污染物）是否影响地表水水质、地下水水质、近岸海域水质和海洋水质及饮用水水源安全	水污染物排放（如化学需氧量、氨氮、总磷、总氮、石油、重金属和其他污染物）是否影响地表水水质、地下水水质	否	是	是	是	否	是
		是否影响近岸海域水质和海洋水质	不适用	不适用	不适用	不适用	不适用	不适用
		是否影响饮用水水源安全	否	否	否	否	否	否
	农业化肥、农药等的施用是否影响土壤、地表水、地下水环境质量		否	否	否	否	否	否
	是否影响固体废物产生量、固体废物综合利用率，是否促进固体废物减量化和无害化，进而影响环境质量		否	是	是	是	否	是
生态保护	是否影响重点生态功能区和重要生态系统保护与修复		否	否	否	否	否	否
	是否影响生物多样性保护网络构建		否	是	是	是	否	是
	是否影响各类生态系统稳定性、生态服务功能和自然生态的完整性		否	是	是	是	否	是
资源消耗	是否促进资源节约集约利用，降低能源、水、土地消耗强度	是否促进资源节约集约利用	否	是	是	是	否	是
		是否降低能源消耗强度	否	是	是	是	否	是
		是否提高用水效率	否	是	是	是	否	是
		增加或者减少建设用地需求	否	是	是	是	否	是
		是否提高建设用地效率	否	是	是	是	否	是
		是否促进循环利用	否	是	是	是	否	是

一级指标	二级指标及其子指标	调查摸底	制订方案	推进绿色矿山建设		组织评估入库	建立绿色矿山管理长效机制
				建设期	建成后		
应对气候变化	是否影响温室气体排放	否	是	是	是	否	是
	是否增加水资源、农业、海岸带、生态系统等气候敏感领域的脆弱性	否	否	否	否	否	否

表 2　政策生态环境影响初步识别

影响因素		调查摸底	制订方案	推进绿色矿山建设		组织评估入库	建立绿色矿山管理长效机制
一级指标	二级指标及子指标			建设期	建成后		
环境质量	空气质量	/	+1	−1	+2	/	+1
	水环境质量	/	+1	−1	+2	/	+1
	土壤环境质量	/	+1	−1	+2	/	+1
	固体废物	/	+1	−1	+2	/	+1
生态保护	生态保护红线或生态空间	/	/	/	/	/	/
	生物多样性	/	+1	−1	+2	/	+1
	生态系统稳定性	/	+1	−1	+2	/	+1
	生态服务功能	/	+1	−1	+2	/	+1
资源消耗	资源节约集约利用 能源	/	+1	−1	+2	/	+1
	水资源	/	+1	−1	+2	/	+1
	土地资源	/	+1	−1	+2	/	+1
应对气候变化	温室气体排放量	/	+1	−1	+1	/	+1
	气候敏感领域的脆弱性	/	/	/	/	/	/

注："+"表示有利影响，"−"表示不利影响，"/"表示不产生影响；"3""2""1"分别表示重大影响、中等影响、轻微影响。

根据表 1 和表 2 生态环境影响初步判断，本项政策鼓励建设绿色矿山，从依法办矿、矿容矿貌、矿区生态环境保护、资源开发及综合利用、科技创新及数字化矿山和企业管理及矿地和谐等方面对绿色矿山进行评估，绿色矿山建设的政策不存在重大不利生态环境影响。

1.3.2　生态环境影响分析

矿山的开采将会产生显著的直接和间接生态环境影响。

（1）直接影响

绿色矿山建设生态环境直接影响见表 3。

表 3　生态环境直接影响

一级指标	二级指标	直接影响	
		绿色矿山建设期间	绿色矿山建成后
环境质量	空气质量	基建施工过程中产生的无组织排放扬尘	矿业活动产生的废气、粉尘得到有效控制，达到相关标准要求
		露天堆放的建材及裸露的施工区表层浮尘因天气干燥及大风，产生风力扬尘	临时用地及时恢复绿化，避免随风起尘
		施工及装卸车辆造成的扬尘	矿区道路硬化，矿区环境整洁美观
	水环境质量	施工期雨水径流悬浮物增加	配套建设排水沟、初期雨水池等污染防治设施
		对原处理措施整改过程中影响生产废水收集率及处理效果	矿山生产废水的收集率、处理率提高，对矿山所在区域的水环境影响也随之降低
		取弃土场淋溶水少量渗入地下水	尾矿库、排土场（废石堆场）等应建有雨水截（排）水沟，淋溶水经处理后回用或达标排放，达标率100%
	土壤环境质量	人为压实和地面硬化，土壤土层厚度将明显变薄	控制湖南省全省矿山总数在 3 000 个以内，提高大中型矿山比例至30%，逐步形成规模化、集约化发展格局
		土壤空隙度下降，土壤容重增加，土壤通气透水性将相应变差	矿区各功能区布局合理，所占用土地得到有效利用
		人为压实和地面硬化，地面不透水面积比例将显著增大，地表径流系数将相应变大	各种采矿活动严格控制在采区范围内，尽可能减少对原有的地表和土壤的破坏，开采结束后，及时做好现场清理、恢复工作
		建设用地及其周边区域的土壤中有机质、氮素含量和养分有效量将有所下降	保留采场剥离的表土层，复垦时及时回填，同时采取相应生物措施，因地制宜，因土种植，种植乡土植物，帮助土壤肥力的重建及土壤结构的改良
	固体废物	新增或规范化整改构（建）筑物施工产生建筑垃圾	矿山固体废物处置率达到100%
		全面提高固体废物处置率的前提下，处置的固体废物量可能增加	排土场、露天采场、废石堆场、尾矿库、工业广场、塌陷（沉陷）区及污染场地等生态环境保护与治理，符合相关标准或规定
		处置的固体废物量增加、不规范堆场整治等情况下固体废物堆场占地可能扩大	废石、尾砂、冶炼废渣开展回填或资源化利用

一级指标	二级指标	直接影响	
		绿色矿山建设期间	绿色矿山建成后
生态保护	生态保护红线或生态空间	禁止在生态保护红线内开采固体矿产，不占用生态红线	根据《湖南省矿产资源总体规划（2021—2025年）环境影响报告书（征求意见稿）》，全省生态红线、自然保护地、风景名胜区、基本农田、国家Ⅰ级公益林以及崩塌滑坡危险区、泥石流易发区等重要生态敏感区划为禁采区。绿色矿山建成后不涉及生态保护红线
	生物多样性	绿色矿山建设期间不会造成矿区生物丰度降低，对生物多样性影响较小	绿色矿山建成后矿山废弃地复垦率达到100%，提高矿山的绿化覆盖率，修复生态创面，增加矿区的生物多样性
	生态系统稳定性	绿色矿山建设临时用地短期内对局部植被会造成一定的影响，不会对区域生态系统稳定性产生影响	绿色矿山建成后矿区可绿化区域绿化覆盖率达100%，由矿业活动引发的矿山地质灾害得到有效的治理，消除安全隐患。将减轻矿业生产对区域生态系统的影响，对区域生态系统稳定性具有正向意义
	生态服务稳定性	生态服务主要包括涵养水源、保育土壤、碳汇服务、改善空气质量、维持生物多样性、提供景观游憩服务等。绿色矿山建设期间不会对区域生态服务稳定性产生影响	创建绿色矿山就是要体现矿山全生命周期的"资源、环境、经济、社会"综合效益最优化，绿色矿山建成后对于生态服务稳定性具有积极的促进作用
资源消耗	能源	绿色矿山建设过程中促进企业选用低能耗、环保能源	绿色矿山企业选用高效生产设备和装备，以节约电、柴油等能源
		绿色矿山建设过程中不会影响能源产品的结构	建立矿山生产全过程能耗核算体系，能耗指标符合湖南省绿色矿山标准及相关要求
	水资源	绿色矿山建设过程中，用水主要是洒水降尘、车辆清洗用水、绿化用水，除因蒸发损失外，生产用水全部循环使用，对矿区水资源消耗较小	绿色矿山建成后，各矿山企业生产用水优先沉淀后回用，起到节约水资源的作用
	土地资源		绿色矿山不占用基本农田、国家级公益林（Ⅰ级）等重要土地资源，并对现有位于重要生态敏感区的矿山关闭和限期退出，进一步优化了土地占地类型
		绿色矿山建设过程中，因土石方开挖和基建施工，可能导致水土流失量增加	严格执行"占一补一"的耕地补偿政策，通过复耕、荒地整治、后备土地开发、植被恢复补偿等手段，减缓矿山建设对土地资源的不良影响
			绿色矿山各功能区布局合理，所占用土地得到有效利用

一级指标	二级指标	直接影响	
		绿色矿山建设期间	绿色矿山建成后
应对气候变化	温室气体排放量	绿色矿山建设过程中，施工机械的燃油废气中产生少量 CO、NO_2、C_nH_m 等温室气体，施工机械为移动排放源，排放分散，且各个单体排气量较小，不会对区域气候产生影响	绿色矿山建成后，矿区环境整洁美观，矿业活动所产生的废气、粉尘得到有效控制，达到相关要求标准，裸露地表及时复垦，矿山废弃地复垦率达到 100%，在一定程度上可减缓矿山建设对气候变化的影响

从表 3 可以看出，《绿色矿山行动方案》的实施对生态环境影响主要分为两个时期，一是在绿色矿山建设期间，可能对矿区生态环境产生一定的负面影响，对于现有生产型矿山绿色矿山改造，主要表现在绿色矿山环境综合整治工程基建施工和土石方开挖时施工期的环境影响。对于新建生产型矿山，要求严格按照湖南省绿色矿山标准要求进行规划、设计、建设，正式投产满 1 年之日起 3 个月内，必须完成绿色矿山建设自评估报告并申报省级绿色矿山，新建生产型矿山绿色矿山建设的生态环境影响涵盖在矿山建设中；二是在绿色矿山建成后，矿产资源开发全过程实施科学有序开采，对矿区及周边生态环境扰动控制在可控制范围内，实现矿区环境生态化、开采方式科学化、资源利用高效化、管理信息数字化和矿区社区和谐化的矿山，对区域生态环境主要产生积极的正面影响。

（2）间接影响

《绿色矿山行动方案》针对湖南省内全部矿山企业进行摸底调查，促进各矿山企业编制绿色矿山建设方案，推进绿色矿山建设；在湖南省范围内拟定绿色矿山建设名单，对绿色矿山建设方案的编制提出要求，形成评审体系，加强动态管理。政策实施将推动湖南内矿区生态建设与生态修复，加大历史遗留矿山地质环境、废渣尾矿和矿区水土污染治理力度，改善矿区水土环境，实现矿区与周边自然环境相协调，土地基本功能和区域整体生态功能得到保护和恢复。

此外，由于中央和地方、地方和地方之间关于绿色矿山建设的先决条件并不完全一致，湖南省内绿色矿山建设期间，可能引起原来省内外销资源转变为需从省外引进等市场供需变化，从而对周边省市矿区生态环境产生间接影响。

（3）累积影响

累积影响主要是促使全省生产矿山全部达到湖南省绿色矿山标准，在这过程之中，不可避免地会出现优胜劣汰、适者生存的现象。因此，要把不符合绿色矿山建设标准的企业进行整改或者关停，实现资源的合理配置，将资源转移，帮助一些符合绿色矿山建设标准的企业扩大规模，集中发展，然后将成功的经验传播给其他正在发展的绿色矿山企业，这样就能够以强带弱，综合发展[1]。从而推动湖南省内绿色矿山规范体系的建立。

此外，因政策内容的不确定性和政策执行的不确定性，还可能产生相应的生态环境影响。按照《绿色矿山行动方案》要求，3 年内所有矿山企业全部落实绿色矿山要求，政策执行具有不确定性。绿色矿山建设和建设成果的维护均需要企业支出较高成本，如果矿业经济形势下滑，中小型矿山企业和整体效益下滑的老矿山可能存在专项资金保障问题，资金落实不到位可能影响绿色矿山生态环境保护的实际效果。当《绿色矿山行动方案》执行促使不符合环保要求的矿山进行关闭退出，也可能导致短期省内某种矿产资源量减产，对矿产资源市场供应产生影响；绿色矿山企业进行环境综合整治后，还可能导致矿产资源初级产品涨价，无法保障下游矿产资源加工企业的正常生产，进而造成部分下游生产企业建设的浪费，对当地的社会经济发展也将产生不利影响。

1.3.3　《湖南省绿色矿山建设评分细则》与国家相关政策对比分析

根据《湖南省绿色矿山建设评分细则》与国家环境保护总局发布的《矿山生态环境保护与污染防治技术政策》（环发〔2005〕109 号）文件对矿山生态环境保护与污染防治技术相关要求的比较，《湖南省绿色矿山建设评分细则》指标体系很多未提出具体指标要求，建议下一步绿色矿山建设评分细则里综合考虑相关环境管理政策指标要求（表 4）。

表 4　《湖南省绿色矿山建设评分细则》与国家相关政策对比分析

序号	《湖南省绿色矿山建设评分细则》评分标准	《矿山生态环境保护与污染防治技术政策》要求	分析结果
1	矿山企业配备了污水处理、废水综合利用或循环利用设备设施，并正常运行	新建、扩建、改建选煤和黑色冶金选矿的水重复利用率应达到 93%以上；新建、扩建、改建有色金属系统选矿的水重复利用率应达到 78%以上	湖南省政策对水重复利用率没有相应具体指标要求
2	水重复利用率无相应指标	大中型煤矿矿井水重复利用率力求达到 65%以上	湖南省政策对水重复利用率没有相应具体指标要求
3	矿山综合利用率符合或超过开发利用方案、采矿工程设计要求	已建立地面永久瓦斯抽放系统的大中型煤矿，其瓦斯利用率应达到当年抽放量的 90%以上	湖南省政策对瓦斯利用率没有相应具体指标要求
4	废石、尾砂、冶炼废渣开展回填或资源化利用	煤矸石的利用率达到 60%以上，尾矿的利用率达到 15%以上	湖南省政策对煤矸石的利用率、尾矿的利用率没有相应具体指标要求
5	矿山废弃地复垦率达到 100%	历史遗留矿山开采破坏土地复垦率达到 45%以上，新建矿山应做到边开采、边复垦，破坏土地复垦率达到 85%以上	湖南省政策对矿山废弃地复垦率高于环保政策要求

1.4 政策生态分析结论

《绿色矿山行动方案》旨在以绿色矿山建设方案为抓手，扎实推进湖南省绿色矿山建设，实现全省矿山矿区环境生态化、开采方式科学化、资源利用高效化、管理信息数字化及矿地关系和谐化，全面提升湖南省矿业发展质量和效益，实现当地经济社会发展、节能、生态环境保护的多赢，符合党中央、国务院关于生态文明建设和生态环境保护的决策部署。在《绿色矿山行动方案》实施过程中，绿色矿山建设将产生一定的生态环境影响，但在绿色矿山建成后，矿产资源开发全过程实施科学有序开采，将矿区及周边生态环境扰动控制在可控制范围内。同时，因政策内容和执行存在不确定性，可能造成额外的生态环境压力。为减缓可能的不利环境影响，建议：规范绿色矿山建设活动；加强地方性法规、标准与地方规范性文件相衔接[2]；完善资金保障政策和鼓励措施，完善落后产能退出激励机制；增强生态环境保障措施[3]；加强对绿色信贷和融资的支持。

2 试点工作中的主要问题与困难

2.1 关于评价对象选取

《绿色矿山行动方案》是积极响应国家绿色低碳发展的具体工作部署，优化资源利用格局与减缓环境影响的现实需要，也是对政策生态环境影响分析的有益探索。通过对政策生态分析，绿色矿山建成后，矿产资源开发全过程实施科学有序开采，将矿区及周边生态环境扰动控制在可控制范围内，对区域生态环境主要产生积极的正面影响。由于该政策在生态环境影响方面主要表现为正效应，因此，今后是否需要将此类政策作为政策生态环境影响分析的对象需进一步探讨。

2.2 关于试点牵头单位

由于《绿色矿山行动方案》政策环评试点牵头单位是湖南省生态环境厅，不是政策的制定部门。在政策环评实施过程中，作为政策制定部门的湖南省自然资源厅，对政策环境影响评价的作用和了解程度较少，认为政策的制定是湖南省自然资源厅内部行为，不需要对其进行政策环评，导致政策环评开展工作中相应资料提供和问题沟通不太顺畅。

2.3 关于具体评价方法

《绿色矿山行动方案》主要为定性指标，仅有"2022年年底，全省生产矿山全部达到湖南省绿色矿山标准"，没有具体的定量指标，对政策的环境影响难以准确量化。在政策生态环境影响分析过程中如何进行定量或半定量分析，存在难度。例如湖南省生产矿山全部达到湖南省绿色矿山标准，对生态的定量影响怎么确定。本次《绿色矿山行动方案》主要参考当地同类产业的规划环评和项目环评文件，定性分析《绿色矿山行动方案》产生的直接、间接和累积影响的范围和程度。

3　我国政策环评的实施建议

3.1　简化以正向影响为主的政策环评

对于正向生态环境影响是否纳入政策生态环境影响分析需进一步探讨，或对正向生态环境影响的政策环境影响分析或不存在重大不利生态环境影响的政策可不进行政策生态环境影响分析。例如《绿色矿山行动方案》政策，对区域生态环境明显产生积极的正面影响，不存在重大不利影响，根据《经济、技术政策生态环境影响分析技术指南》，可不进行生态环境影响分析。政策环评要按照"由易到难""具体到抽象"的原则对政策进行一定的筛选[4]。要对政策进行一个先期预断评价，加大力度对改变土地利用方式、大量消耗资源和能源的政策进行政策环评。

3.2　建议由政策制定部门牵头开展政策环评，生态环境部门咨询和指导

政策环评属于决策辅助工具，并不具有"一票否决"功能。建议我国在政策环评的推进过程中，也不宜过分强调生态环境部门的利益诉求，应主要由政策制定部门来牵头开展，生态环境部门可发挥咨询和指导作用。但在当前的政策环评推广阶段，生态环境部门可主动组织开展一些试点项目，以发挥示范效应[5]。例如《绿色矿山行动方案》政策环评，若由政策制定部门湖南省自然资源厅牵头开展，湖南省生态环境厅起指导作用，在政策制定过程中，考虑环境相关因素，使得政策环评顺利开展。

3.3　加大政策生态环境影响分析相关政策宣传

在政策生态环境影响的理念推广阶段，应加大政策生态环境影响分析的相关政策宣传。可以通过研讨、培训等多种手段，使政策决策部门的官员充分认识现有决策体系中环境考量的不足和开展政策环评的必要性，督促政策制定部门在政策制定过程中考虑环境相关因素，促进政策环评的顺利开展。同时，通过典型案例的报道和成功经验的宣传，逐步培养支持政策环评的舆论力量[5]。最终让政策环评成为决策部门的自觉行为。

参考文献

[1] 施亚琪. 新常态下中国绿色矿山建设政策与格局[J]. 能源与节能，2019，171（12）：73-74.

[2] 栗欣. 我国绿色矿山建设实践、问题及对策[J]. 矿产保护与利用，2015（3）：1-5.

[3] 谭金华. 绿色矿山及矿山安全环保政策解读[J]. 石材，2020（6）：11-25.

[4] 李攀，袁莉. 助推政策环评制度落实的建议[J]. 资源节约与环保，2017（11）：93-94.

[5] 耿海清. 国内外政策环评及我国政策环的推进建议[C]. 2014 中国环境科学学会学术年会（第四章）：1243-1247.

中国塑料污染管控政策环境评价研究

康爱林　　任丽军

（山东大学环境科学与工程学院，青岛 266237）

摘　要：塑料污染是一个全球性的环境问题。中国是世界上塑料生产和使用量最多的国家之一。为了应对塑料污染，自 20 世纪末起，我国政府颁布实施了一系列政策，逐步加强对一次性塑料制品的管控。本文回顾和分析了中国塑料污染控制政策，归纳出政策管控的重点产品、政策目标及实现路径；量化和预测了重点管控产品基准年（2020 年）和目标年（2025 年）的使用量，核算了重点产品生产的能源消耗量、水资源消耗量和碳排放量。研究发现，我国塑料污染管控政策针对的重点产品是以塑料袋、塑料餐具、快递塑料包装和农用地膜等为主的一次性塑料制品。预计 2025 年，这 4 类管控产品的使用量较基准年将分别变化-0.22%、139.37%、79.95%和 19.41%。一次性塑料餐具和快递塑料包装使用量激增，是未来塑料污染管控的关键。在可降解塑料替代的情景下，2025 年 4 类管控产品生产过程的能源消耗、水资源消耗和碳排放量将比零替代场景分别高 22.27%、1.37%和 12.02%，年累积塑料污染量低 25.66%。研究结果表明，我国塑料污染管控政策的制定应当注重发展循环经济模式，谨慎推广可降解塑料制品，提高塑料制品回用和回收率，减少一次性塑料制品的使用，力求实现塑料产业低碳和可持续发展。

关键词：政策环境评价；塑料污染管控

Research on Environmental Evaluation of China's Plastic Pollution Control Policies

Abstract：Plastic pollution is a global environmental problem. China is one of the countries with the largest plastic production and usage in the world. To deal with plastic pollution，the Chinese government has promulgated and implemented a series of policies to gradually strengthen the control of single-use plastic products since the end of the last century. This paper reviews and analyzes China's plastic pollution control policies，summarizes the key products，policy goals and implementation paths of policy control；quantifies and predicts the use of key products in the base year（2020）and target year

作者简介：康爱林（1996—），女，硕士研究生，主要研究方向是环境规划管理。E-mail：kangailin1996@163.com。

（2025），and calculates the energy consumption，water consumption and carbon emissions of key product production. The results of the study found that the key products the policies are disposable plastic products such as plastic bags，plastic tableware，express plastic packaging and agricultural mulch films. It is estimated that in 2025，the usage of these four types of controlled products will change by −0.22%，139.37%，79.95% and 19.41% respectively compared with the base year. The surge in the use of single-use plastic tableware and express plastic packaging is the key to future plastic pollution control. Under the scenario of degradable plastic replacement，the energy consumption，water consumption and carbon emissions in the production process of the four types of controlled products in 2025 will be 22.27%，1.37% and 12.02% higher than the zero-replacement scenario，and the cumulative plastic pollution will be 25.66% lower. The research results show that the formulation of China's plastic pollution control policies should focus on the development of a circular economy model，prudently promote degradable plastic products，improve the reuse and recycling rate of plastic products，reduce the use of disposable plastic products，and strive to achieve low-carbon and sustainable plastic industry as well as continuous development.

Keywords：Policy Environmental Impact Assessment；Plastic Pollution Control

1 绪论

塑料因其优越的使用性能和相对低廉的价格，成为世界上使用最广泛的材料之一。20 世纪 50 年代以来，塑料的使用量急剧增加，预计在未来的 20 年将再增加两倍[1]。广泛地使用塑料会给生态环境带来风险。一方面，塑料是以石油为原材料的化工产品，其提炼和生产的过程将消耗大量化石能源，并增加温室气体的排放[2]；另一方面，丢弃到环境中的塑料废物，将会给动植物构成威胁。鸟类、鱼类等动物误食塑料制品，可能会导致感染、饥饿、生殖能力下降甚至死亡[3-5]。塑料垃圾还会给农业、航运、渔业和旅游业等带来负面影响[6,7]。此外，环境中的塑料废物会在紫外线、风化等作用下变成微塑料，更加难以从环境中去除[8]。

为了应对塑料问题，世界各国纷纷出台了塑料污染管控政策。国际上对于塑料污染的管控集中在对一次性塑料制品和原生微塑料的管理上。德国最早在 1991 年就颁布了针对商场的塑料袋禁令[9]。丹麦从 1994 年开始对零售店的塑料袋征税[10]。南非在 2003 年采取了标准与收费相结合的方式对塑料袋进行管控[11]。孟加拉国是世界上第一个禁止塑料袋生产的国家[12]。对于原生微塑料的控制，主要是禁止在个人护理产品中添加塑料微珠。美国的康涅狄格州最早在 2015 年通过了法令，禁止销售和进口含有微塑料的产品[13]。英国、加拿大、荷兰等国也颁布实施了相关的政策[7]。

我国从 2010 年起成为世界上最大的塑料生产国。同时，我国也是世界上塑料使用量最多的国家之一[14]。20 世纪 90 年代起，我国政府陆续出台了一系列政策逐步加强对一次性塑料制品的管控。近年来，人民生活水平提高，以外卖、快递为代表的新业态快速崛起，随之而来的还有对塑料制品的大量需求，这给我国的塑料污染管控工作带来新的挑战。在此情形下，国家发展改革委联合多部门颁布了新的禁塑政策，为"十四五"期间的塑料污染管控工作制定了时间表，细化了任务图。

全国性政策的颁布和实施将会给生态环境带来影响，尤其与环境保护相关的政策，更与环境质量及资源利用息息相关。目前我国政策环境评价的实践方兴未艾，对我国塑料污染管控政策的环境影响进行综合的评价有利于为政策落实提供支持，也可以为政策环境评价方法框架的完善提供参考。

2　政策分析与现状调查

2.1　政策分析

20 世纪末，为了解决铁路沿线白色污染问题，我国颁布了针对塑料泡沫餐盒的禁令，规定在 2000 年年底全面禁止生产和使用一次性发泡塑料餐饮具。2007 年，国务院办公厅发布了《国务院办公厅关于限制生产销售使用塑料购物袋的通知》（国办发〔2007〕72 号），在全国实行购物袋有偿使用的制度。工信部在 2017 年制定了农用地膜行业的规范条件，国家质检总局在 2018 年 2 月发布了快递封装用品系列国家标准。我国塑料污染管控政策涉及的对象越来越广，塑料污染治理的体系越发完善。

近年来，以外卖、快递为代表的新零售业快速发展，塑料污染治理工作面临新的考验。企业、公众等参与塑料污染治理的意识亟待加强。在此情形下，2020 年 1 月国家发展改革委和生态环境部联合发布了《关于进一步加强塑料污染治理的意见》（以下简称《意见》），给我国一次性塑料制品控制规划了时间线，制定了任务表。《意见》对部分塑料制品生产、销售、使用和末端处理的全生命周期提出了管控措施，是在之前塑料污染管控政策基础之上的完善和升级（表1）。

表 1　《意见》中规定的禁止生产、销售的塑料制品及政策回顾

禁止生产、销售的塑料制品	政策回顾
禁止生产和销售厚度小于 0.025 mm 的超薄塑料购物袋	《关于限制生产销售使用塑料购物袋的通知》（2007 年 12 月）实行塑料购物袋有偿使用制度
禁止生产和销售厚度小于 0.01 mm 的聚乙烯农用地膜	——

禁止生产、销售的塑料制品	政策回顾
禁止以医疗废物为原料制造塑料制品	—
全面禁止废塑料进口	《关于全面禁止进口固体废物有关事项的公告》（2020年11月），禁止进口固体废物
禁止生产和销售一次性发泡塑料餐具	《淘汰落后生产能力、工艺和产品的目录（第一批）》（1999年1月）禁止生产一次性发泡塑料餐具。《产业结构调整指导目录（2011年本）》（2013年2月修订）解除一次性发泡塑料餐具禁令
禁止生产和销售一次性塑料棉签	—
禁止生产和销售含塑料微珠的日化产品	《产业结构调整指导目录（2019）》（2019年10月）禁止生产、销售含塑料微珠的日化产品

2020年7月，国家发展改革委等九部委颁布了《关于扎实推进塑料污染治理工作的通知》，对《意见》中提到的2020年、2022年、2025年3个时间点中的第一个时间点进行的阶段性目标进行部署。并对省级塑料污染管控工作做出了具体要求，提出了《相关塑料制品禁限管理细化标准（2020年版）》。2021年9月，国家发展改革委和生态环境部印发了《"十四五"塑料污染治理行动方案的通知》，进一步细化了中国塑料污染治理的任务和举措。

2.2　现状调查

2000—2020年，我国塑料制品的产量增加了7倍，但年增长率波动较大（图1）。2017年7月，国务院办公厅印发《禁止洋垃圾入境推进固体废物进口管理制度改革实施方案》，提出全面禁止洋垃圾入境。同年8月，环境保护部印发《固定污染源排污许可分类管理名录（2017年版）》，进一步加大对再生塑料产业的管控力度。加之中美贸易战的国际大背景，我国塑料制品代加工减少，综合导致2018年塑料制品产量大幅下降。可见政策和贸易环境会对塑料产量产生影响。

2020年，我国初级形态塑料产量为10 542.2万t，表观消费量为13 589.7万t；塑料制品生产量为7 603.2万t，消费量为9 087.8万t[15]。包装材料、纺织品、建筑材料、农用材料分别占总塑料制品消费量的30.1%、29.0%、16.6%和5.0%（图2）。废塑料产生量为6 000万t，包装材料废弃物最多，占41.8%；其次是纺织品，占29.1%。建筑材料塑料垃圾占比为3.6%，农用材料塑料垃圾占比为6.9%[15]。回收再生量为1 600万t，再生率为26.7%。被遗弃到环境中的废塑料量为100万t，占清运量的1.67%，比2019年降低了5.33%[16]。

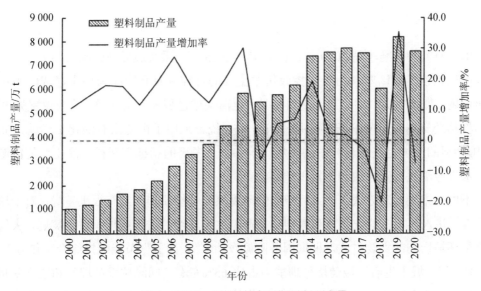

图 1　2000—2020 年中国塑料制品产量

数据来源：国家统计局。

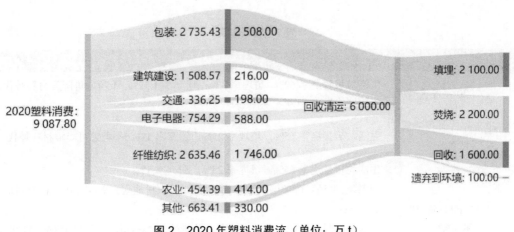

图 2　2020 年塑料消费流（单位：万 t）

数据来源：中国塑料加工工业协会、Luan 等[15]。

　　全国每制造 1 t 塑料制品，平均能耗为 0.27 t 标准油，其中电力 500 kW·h。同类产品中，PVC 塑料制品的能耗最高，其次是 PS 和 ABS 塑料制品，PE 和 PP 塑料制品能耗相当，都相对较低。就生产端而言，塑料制品能耗、水耗及碳排放综合影响由高到低依次是日用塑料品、薄膜塑料、包装塑料[2]。

3 政策实施情景与环境影响预测

本文研究的基准年是 2020 年，目标年为 2025 年，系统边界是中国大陆。通过分析政策可以识别出我国塑料污染管控政策中主要的管控场景和物品为城市建成区不可降解塑料袋、餐饮外卖中的一次性塑料餐具、电商快递包装和农用薄膜，情景设置见表 2。为了将传统塑料和可降解塑料进行比较，本文统一采用了由北京石油化工学院发布的《中国塑料的环境足迹评估》中的环境影响参数。考虑的指标有塑料产品生产的能源消耗、水资源消耗、碳排放和年累积塑料污染量。

不同的末端处理方式下，用后塑料的环境风险的性质和对象有很大差异。对于填埋和丢弃，进入环境中的宏塑料和微塑料是影响生态环境的主要载体；对于焚烧，大气污染将是环境影响的主要方式。根据国务院颁发的《"十四五"节能减排综合工作方案》，到 2025 年，城市生活垃圾焚烧处理能力占比 65%左右。同时垃圾填埋率和遗弃率将降低。考虑垃圾分类回收政策的推广及堆肥化等其他末端处置占比的增加，2025 年我国城市生活垃圾填埋率按照 25%计算，废塑料遗弃率按照 1%计算。本文所述的年累积塑料污染量为塑料产品填埋量和遗弃量相加，并减去可降解材料的用量。

表 2　情景设置

情景名称	情景设置
2020 年现状	生活垃圾焚烧率 62%，填埋率 33%，遗弃率 1.32%。不考虑可降解材料替代，农膜回收率为 81.4%
2025 年零替代情景（情景一）	生活垃圾焚烧率 65%，填埋率 25%，遗弃率 1%。不考虑可降解材料替代
2025 年材料替代/减量情景（情景二）	生活垃圾焚烧率 65%，填埋率 25%，遗弃率 1%； 塑料袋：城镇可降解塑料袋替代率为 30%，农村地区为 9%，替代材料为 PBAT 和 PLA； 一次性塑料餐具：一次性塑料餐具总量的 30%被可降解材料 PBAT 和 PLA 替代； 快递塑料包装：在规范包装样式的情况下，部分塑料用品用量减少 30%； 农用薄膜：30%农膜由可降解材料 PBAT 替代；总体回收率为 85%

3.1 重点产品管控政策的环境影响分析及预测

（1）塑料袋

塑料购物袋使用频率高，耐用性差，难以分拣回收，是塑料垃圾的主要来源。面对塑料袋消费的挑战，《意见》做出规定，在 2022 年和 2025 年分步实现不可降解塑料袋在全部地级市主要零售场所禁止使用，并鼓励有条件的城乡接合部、乡镇和农村在集市等场所停用不可降解塑料袋。据《中国塑料的环境足迹评估》统计，中国家庭年均消费大宗塑料 82 kg，其中超市购物场景塑料袋占 18%[2]。根据第七次全国人口普查数据，我国户均 2.62 人，人均塑料袋消费量按 5.64 kg/a 计，则 2020 年我国塑料袋消费量为 796.4 万 t。根据育娲人口智库[17]的预测结果，2025 年我国人口为 140 900 万人。假设在人均塑料袋消费量不变的情况下，2025 年，我国塑料袋消费量为 794.7 万 t。根据在电商平台的调研结果，目前一次性塑料袋的原材料主要是 PE。可降解塑料袋的材料分为完全可降解和部分可降解，前者主要是 PLA+PBAT，后者种类较多，有光降解材料、生物基 PE 和其他生物基材料。根据减少塑料污染的目标，本研究将未来一次性塑料袋的主要替代材料设定为 PLA+PBAT。根据《中国塑料的环境足迹评估》中的环境足迹系数计算得出，在材料替代情景下，塑料购物袋整体的生产能耗和碳排放量较零替代将分别提高 16.5% 和 6.8%，水消耗将降低 0.29%。假定进入环境中的可降解塑料袋完全降解，则在材料替代情景下，2025 年的年累积塑料污染量将比 2020 年减少 115.67 万 t，比零替代场景减少 23.69%。能源消耗和碳排放量大的主要原因是 PBAT 树脂在生产过程中的能耗因子和碳排放因子较高。PBAT 在化工产业链中位于三烯三苯的下游。其化石基原料的格局没有取得突破性进展，所以生产单位质量的 PBAT 产品的环境需求较传统的 PP、PE 树脂高。

（2）一次性塑料餐具

我国外卖行业于 2009 年萌芽，2014 年实现了爆发式增长。2020 年，即时配送行业消费者规模达到 5.06 亿人次，同比增速稳定在 20% 左右；年订单量超过 200 亿单，增速保持在 25% 左右[18]，其中餐配比例为 70%。在 SPSS 统计分析软件中使用时间序列模型对即时配送行业订单量进行预测，推荐模型为 ARIMA（0，2，0），R^2 为 0.991，预测得 2025 年即时配送行业订单量为 547 亿单。餐配订单按照占比 70% 计算可得 2025 年外卖订单量为 382.9 亿单。

温宗国等[19]根据原始订单大数据分析、商家实地调研和包装样品分析等方式，得出北京市每份外卖订单中塑料制品合计 60.2 g/单。以此为全国外卖塑料使用均值，则 2020 年全国外卖消耗的不可降解塑料量为 96.3 万 t；2025 年预计消耗塑料量为 230.5 万 t。按照"地级以上城市餐饮外卖领域不可降解一次性塑料餐具消耗强度下降 30%"的政策目标，2025 年预计使用 161.3 万 t 塑料餐具、69.2 万 t 可降解餐具。

根据在电商平台的调研结果，一次性塑料餐具的主要原料是 PP，可降解餐具的替代材料比较广泛，有甘蔗纸浆、玉米淀粉、PLA 和木材。使用完全可降解材料 PBAT 和 PLA 作为替代材料，则 2025 年，在材料替代情景下，一次性餐具生产过程的能耗、水消耗和碳排放量将比零替代情景下分别增加 18.63%、4.68% 和 8.24%，年累积塑料污染量将减少 30%。

（3）快递塑料包装

随着互联网的发展，网络购物已成为人们日常生活中不可或缺的一部分。2020 年，全国实物商品网上零售额达 97 590 亿元，占社会消费品零售总额的比重为 24.9%[20]。人均快递量从 2008 年的 1.1 件增长到 2020 年的 59 件。根据国家邮政局发布的《"十四五"邮政业发展规划》，预计到 2025 年，邮政业年业务收入超过 1.8 万亿元，邮政业日均服务用户超过 9 亿人次，快递业务量超过 1 500 亿件[21]。

根据环保机构"摆脱塑缚"的调研报告，我国快递包装以瓦楞纸箱和塑料袋为主，其中塑料袋类包装约占 33.5%[22]。2018 年，我国快递行业共消耗塑料类包装材料 85.34 万 t，年快递量为 507.10 亿件，则平均每件快递使用塑料类 17 g。2025 年预计快递量为 1 500 亿件，在无政策管控的情况下，需使用塑料 251.96 万 t。"禁塑"政策规定，2025 年全国范围邮政快递网点禁止使用不可降解的塑料包装袋、塑料胶带、一次性塑料编织袋等。如果全行业都严格执行此禁令，则 2025 年快递业一次性塑料用量将减少 201.79 万 t。由于该禁令仅针对全国邮政快递网点，对于其他快递公司尚未有严格的禁令，所以在禁令全国平均执行率为 30% 的情况下，2025 年快递业的一次性塑料用量也将能减少 60.54 万 t，但仍将产生 49.77 万 t 累积塑料污染。

一次性塑料使用量减少的同时，可循环快递包装将成为其替代品。根据政策规划目标，2025 年"可循环快递包装应用规模达到 1 000 万个"。京东、苏宁和顺丰等电商平台和快递公司曾进行过共享快递盒的推广。共享快递箱的材质是 PP 塑料，可以循环多次使用。以苏宁的 2.0 版共享快递箱为例，单个快递箱重 50 g，实际上可以有效循环 60 次。根据环保机构"摆脱塑缚"的测算结果，2018 年我国快递包装全生命周期碳排放达到了 1 303.10 万 tCO_2eq，平均每件快递包装为 0.26 $kgCO_2eq$。制造一个 50 gPP 塑料周转箱，在使用 30% 再生料的情况下，碳排放仅 0.14 $kgCO_2eq$[2]。按照投放量 1 000 万个，循环 60 次计算，则使用循环快递箱可以减少碳排放 15.28 万 t。2025 年预计快递量为 1 500 亿件，循环快递箱仅占到总快递量的 0.4%。循环快递箱将有很大的发展空间。

（4）农用薄膜

自 20 世纪 60 年代起，我国开始生产和使用农用薄膜。目前，我国农作物覆膜比例在 12.7% 左右[23]。农用薄膜主要可以分为棚膜和地膜两类，2019 年棚膜和地膜分别占总农用薄膜使用量的 42.73% 和 57.27%[24]。相比而言，棚膜更容易被回收和再利用，地膜更容易被遗弃到环境中。我国对农用薄膜的政策规定有：限制地膜最低厚度为 0.01 mm，鼓励建立农用薄膜回收利用体系，推广抗老化、长寿命农用薄膜等。

从 2015 年开始，我国农业薄膜使用量呈现出下降趋势，其主要原因有农作物总播种面积略有下降，有效期长的农用薄膜开始普及，农业技术提高等。农用薄膜使用量与农作物播种面积之间有显著的相关关系（$P<0.05$），随着我国耕地红线政策以及农村耕地补贴的深入推行，我国耕地面积有望回升，也使得农用薄膜消耗量回升。据中国塑料加工工业协会农用薄膜专业委员会预测，"十四五"期间农用薄膜行业平均增长率预计为3%的水平。假设2021—2025年，农用薄膜中可降解塑料的渗透率可逐步达到30%。则预计到2025年，我国农用薄膜使用量为287.49万t；传统塑料农用薄膜使用量为201.24万t，可降解农用薄膜使用量为86.25万t。

塑料农用薄膜2019年的回收率为81.4%，2025年政策目标回收率为85%。根据企业环评报告，PE再生过程损失率为6.4%。据Zhang等[25]估算结果，我国农用薄膜每年会有18.6%留在农田中，0.92%塑料碎片会经过水的侵蚀进入水环境中。据此预测，2025年，我国不可降解农业薄膜使用量比2019年减少39.52万t，年累积塑料污染量共减少16.18万t。

地膜的主要材料是PE，可降解替代材料主要使用PBAT。在此材料替代情景下，2025年农用薄膜生产过程能耗、水耗和碳排放量将比零替代增加200.74%、62.01%和116.89%，年累积塑料污染减量29.99%。可见，在现有可降解材料生产工艺的情景下，提高农用薄膜回收率将更有利于减污降碳。

3.2　综合评价与分析

预计2025年，上述4类重点管控产品总塑料需求量为1 564.64万t。塑料袋的使用量比其他3种的总和还多（图3），因此其生产能耗和废弃量最高，需要重点关注。同时，由于一次性餐具和快递包装中塑料使用量的激增，致使塑料废弃量增长迅猛，是未来塑料污染的重要来源。

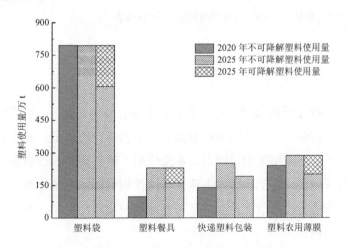

图3　重点管控产品2020年使用量及2025年预测使用量

随着我国垃圾分类回收的推广和生活垃圾焚烧率的提高，到 2025 年，在无可降解塑料替代的情况下，年累积到环境中的塑料垃圾也将比基准年减少 5.09%。如果使用完全可降解材料进行替代，相比于零替代场景，虽然年累积塑料污染量能减少 25.66%，但是生产过程的能耗、水消耗和碳排放量将比零替代场景下分别增加 22.27%、1.37%和 12.02%（图 4）。可见在现有的生产技术水平下，提高生活垃圾焚烧率和回收率的策略要比推广可降解塑料更优。

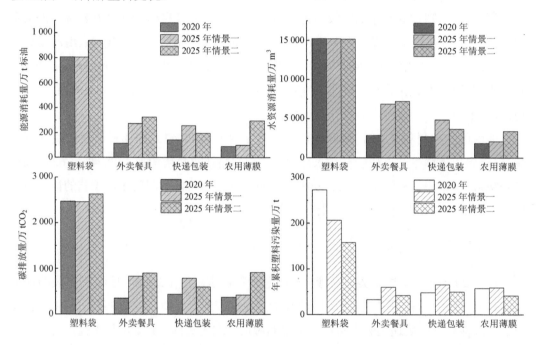

图 4　重点管控产品能源消耗量、水资源消耗量、碳排放量及年累积塑料污染量

注：情景一为零替代场景，情景二为使用完全可降解材料进行替代场景。

3.3　不确定性分析

本文中环境影响分析和预测中的不确定性主要有两个来源。一是塑料制品生产阶段的环境足迹计算。目前，关于传统塑料制品的环境影响评价较多，而关于可降解材料的研究比较缺乏。为了保证结果的可比性，本文使用了单一来源的影响参数，具有不确定性。二是产品的预测值。由于我国尚未建立一次性塑料制品的统计数据库，加之新冠肺炎疫情的影响，疫情防控背景下一次性塑料制品的使用量与往年之间会有差异，致使结果更难以量化和预测。

4　结果讨论与政策建议

我国塑料污染管控政策重点关注的领域是塑料购物袋、餐饮外卖、快递包装和农用薄膜。对于上述领域中不可降解的一次性塑料制品，政策条文中多次提到推广使用生物基制品和可降解塑料制品作为替代。而在实际生活中，由于缺乏强制执行的标准和处罚规定，生物基和可降解制品良莠不齐，真伪难辨。根据欧洲生物协会的统计结果，2019 年，全球可降解材料中产能最高的是淀粉基、PLA 和 PBAT 3 种材料。其中淀粉基材料的研究时间较长，最早占有可降解市场。但是由于全淀粉基塑料的成本高，因而现有的淀粉基产品大多是淀粉与其他材料的混合体。商家追逐成本最小化的情况下，将淀粉与不可降解的树脂进行混合，得到部分可降解的产品。这种半淀粉基的材料分解产生的碎片更难以回收再利用，且更容易泄漏到环境中。

值得警醒的是，在塑料领域，"可降解"并不等同于低环境影响。塑料的本质碳龄、在产品链中的位置，加上后端处理处置方式，共同决定着其全生命周期的环境绩效。根据电商平台调研结果，目前，可降解产品的平均价格比传统塑料制品高出约 3 倍。根据前文中政策管控产品的环境影响分析结果，在当前的生产工艺下，以 PLA 和 PBAT 为代表的可降解塑料生产过程中能源消耗、水资源消耗和碳排放量比传统塑料要高。同时，在现有的末端处理能力下，适合于可降解材料的堆肥化处理占生活垃圾无害化处理的比例较低，可降解产品同传统塑料制品一起被送到焚烧厂和填埋场进行处理，并不能发挥其降解优势。因此，推广可降解产品仍需全面评估。盲目推行可能会对消费者造成误导，也不利于实现协同减污降碳的目标。

由本文计算结果可知，采用共享和循环利用的方式有利于降低资源消耗，减少塑料污染。例如使用共享快递盒和提高农用薄膜的回收率。对于共享快递箱而言，按政策目标投放 1 000 万个，循环 60 次计算，可以减少碳排放 15.28 万 t。2025 年预测快递量 1 500 亿个，循环快递箱的使用前景还将更加广阔。对于农用薄膜领域，如将农用薄膜的回收率从 81.4%提高到 85%，即使在农用薄膜使用量提高 19%的情况下，生产所需的能耗、水耗和碳排放量的变化也仅为 10%左右。对于塑料袋，如果一个传统塑料袋被循环使用 3 次，其平均资源消耗将减少 66.7%，将其正确投放到末端处理系统中，可以减少塑料的环境泄漏。因此，比起材料替代，建立健全物质循环利用的模式是对环境更加友好的思路。

综上所述，建议未来的塑料污染管控政策在制定的过程中，首先，需要严格考量可降解材料的环境影响，制定相关的标准，谨慎进行推广；其次，需要结合垃圾分类等环保政策，加大力度提倡塑料回收和循环利用，鼓励健全相应的经营模式，促进形成完备的产业链；最后，对塑料末端处理处置环节的环境影响进行综合评估，降低塑料泄漏量，减小塑料垃圾焚烧过程的不良环境影响。最终实现减污降碳协同增效的目标。

参考文献

[1] Jiang X，Wang T，Jiang M，et al. Assessment of plastic stocks and flows in China：1978—2017[J]. Resources Conservation and Recycling，2020，161.

[2] 北京石油化工学院. 中国塑料的环境足迹评估[R]. 2020.

[3] Mallory M L. Marine plastic debris in northern fulmars from the Canadian high Arctic[J]. Marine Pollution Bulletin，2008，56（8）：1501-1504.

[4] Waluda C M，Staniland I J. Entanglement of antarctic fur seals at Bird Island，South Georgia[J]. Marine Pollution Bulletin，2013，74（1）：244-252.

[5] Huang Z，Weng Y，Shen Q，et al. Microplastic：A potential threat to human and animal health by interfering with the intestinal barrier function and changing the intestinal microenvironment[J]. Science of the Total Environment，2021，147365.

[6] Jang Y C，Hong S，Lee J，et al. Estimation of lost tourism revenue in Geoje Island from the 2011 marine debris pollution event in South Korea[J]. Marine Pollution Bulletin，2014，81（1）：49-54.

[7] Xanthos D，Walker T R. International policies to reduce plastic marine pollution from single-use plastics （plastic bags and microbeads）：A review[J]. Marine Pollution Bulletin，2017，118（1-2）：17-26.

[8] Constant M，Alary C，De Waele I，et al. To what extent can micro- and macroplastics be trapped in sedimentary particles？ A case study investigating dredged sediments[J]. Environmental Science and Technology，2021.

[9] Ritch E，Brennan C，Macleod C. Plastic bag politics：modifying consumer behaviour for sustainable development[J]. International Journal of Consumer Studies，2009，33（2）：168-174.

[10] Convery F，Mcdonnell S，Ferreira S. The most popular tax in Europe？ Lessons from the Irish plastic bags levy[J]. Environmental & Resource Economics，2007，38（1）：1-11.

[11] Hasson R，Leiman A，Visser M. The economics of plastic bag legislation in South Africa[J]. South African Journal of Economics，2007，75（1）：66-83.

[12] Raha U K，Kumar B R，Sarkar S K. Policy Framework for Mitigating Land-based Marine Plastic Pollution in the Gangetic Delta Region of Bay of Bengal—A review[J]. Journal of Cleaner Production，2021，278.

[13] Dauvergne P. The power of environmental norms：marine plastic pollution and the politics of microbeads[J]. Environmental Politics，2018，27（4）：579-597.

[14] Wang B，Li Y. Plastic bag usage and the policies：A case study of China[J]. Waste Management，2021，

126：163-169.

[15] Luan X，Cui X，Zhang L，et al. Dynamic material flow analysis of plastics in China from 1950 to 2050[J]. Journal of Cleaner Production，2021，327.

[16] 每日经济新闻. 去年废塑料总体回收率仅 26.7%，行业大力推动易回收性，高性能再生塑料需求有望爆发式增长[Z/OL]. 2021. http：//www.nbd.com.cn/articles/2021-07-22/1851042.html.

[17] 育娲人口智库. 中国人口预测[Z/OL]. 2022. http：//www.yuwa.org.cn/forecast.

[18] CFLP，美团配送，罗兰贝格. 2020 中国即时配送行业发展报告[R]. 2021.

[19] 温宗国，张宇婷，傅岱石. 基于行业全产业链评估一份外卖订单的环境影响[J]. 中国环境科学，2019，39（9）：4017-4024.

[20] 中国互联网络信息中心. 中国互联网络发展状况统计报告（第 47 次）[R]. 中国网信网，2021.

[21] 国家邮政局. "十四五" 邮政业发展规划[Z/OL]. 2021. http：//www.spb.gov.cn/hd/zxft_15555/xwfbh/202112/t20211228_4108605.html.

[22] 绿色和平，摆脱塑缚. 中国快递包装废弃物产生特征与管理现状[R]. 2019.

[23] 严昌荣. 我国农田地膜残留污染的解决之道在哪儿？[Z/OL]. 中国农业科学院农业环境与可持续发展研究所，2020. https：//caas.cn/xwzx/zjgd/307556.html.

[24] 马占峰. 中国塑料工业年鉴[M]. 北京：中国轻工业出版社，2018.

[25] Zhang Q Q，Ma Z R，Cai Y Y，et al. Agricultural plastic pollution in China: Generation of plastic debris and emission of phthalic acid esters from agricultural films[J]. Environmental Science and Technology，2021，55（18）：12459-12470.

基于"预警+保障"评价模式的我国城乡一体化政策环评实践

刘小丽[1] 耿海清[1] 徐 鹤[2] 赵 慈[3] 吕红亮[4] 李天威[5]

（1. 生态环境部环境工程评估中心，北京 100012；2. 南开大学，天津 300350；
3. 中国环境科学研究院，北京 100012；4. 中国城市规划设计研究院，北京 100037；
5. 生态环境部生态环境执法局，北京 100006）

摘 要：对政策进行环境影响评价是从源头预防环境污染和生态破坏的有效手段。开展城乡一体化政策环境评价研究，遵循"预警+保障"的政策环境评价模式，结合典型区域调查，从利益相关方、政策实施及制度保障 3 个层面分析经济社会、生态环境效应及主要问题，预警不同类型城乡一体化的环境风险，提出对策和建议。本文有助于破解城乡一体化推进过程中的资源环境制约、城乡发展不平衡等问题，也是对我国政策环评模式、程序和方法的进一步拓展。

关键词：政策环境评价；城乡一体化；预警；保障

The Practice of Chinese Urban and Rural Integration Policy Environmental Assessment Based on the "Warning-Guarantee" Assessment Model

Abstract：Environmental impact assessment of policies is an effective means to prevent environmental pollution and ecological destruction form the source. We carry out the integration of urban and rural policy environment evaluation research，with following the "Warning-Guarantee" Policy Environment Assessment Model，combined with the typical regional survey，from stakeholders，policy and institutional guarantee three aspects analysis of economic society and ecological environment effect and main problems of risk early warning of different types of urban and rural integration environment，and put forward countermeasures and Suggestions. This study is helpful to solve the problems such as resource and environment constraints and imbalance between urban and rural development in the

基金项目：环境保护部重大经济政策环境评价财政专项（2110203）。
作者简介：刘小丽（1977—），女，研究员，博士，主要研究方向为政策、战略环境评价、固体废物处理处置等。
E-mail：liuxl@acee.org.cn。

process of promoting urban-rural integration，and it is also a further expansion of the models，procedures and methods of Chinese Policy Environmental Assessment.

Keywords：Policy Environment Assessment；Urban-rural Integration；Warning；Guarantee

在我国，政策上的不确定性是造成生态环境问题的重要原因之一。因此，对政策进行环境影响评价，特别是对经济活动影响较大、改变土地利用方式、大量消耗资源和能源、可能对生态环境产生影响的具体政策进行评价，具有重要的现实意义。从国内国际理论与实践来看，政策环境评价尚未形成统一、完整的理论和技术方法体系。从国际战略环境评价实践发展趋势来看，目前政策环境评价技术理论方法基本形成了两个流派：一是基于传统环境影响评价的理论技术方法，该方法是将传统的项目环评的理论方法应用到政策环评中；二是以制度为核心的理论技术方法，该方法将政策环境影响评价与决策制度结合。2014 年，环境保护部组织开展了"重大经济政策环境评价"试点研究，在以上两种方法的基础上，提出了"预警+保障"的政策环境评价模式，利用该模式进一步开展政策环境评价，对完善我国政策环评方法、体系和实践具有重要意义。在我国这样一个城乡二元结构根深蒂固，农村经济社会相对落后，农业人口过多，城乡差别较大的国家，推进城乡一体化显得尤为重要，但在城乡一体化推进过程中也出现了生态破坏、资源短缺、城市环境污染等问题。开展城乡一体化政策环境评价研究，预警政策实施以及保障制度不足带来的生态环境风险，提前预防环境污染和生态破坏，有助于破解城乡一体化推进过程中的资源环境制约，推动城乡生态文明建设。

1 研究方法

1.1 "预警+保障"评价模式

根据政策环境评价与政策过程的关系，政策环境评价聚焦重大环境问题和制度问题，对政策制定和实施发挥预警和保障两个方面的关键作用。所谓"预警"，指的是评价政策实施可能带来的环境影响，通过适当修正可用以政策环境评价的方法主要包括清单法、矩阵法、叠图法等；所谓"保障"是将环境因素和可持续性纳入决策过程，评估制度能否有效及时地管理环境风险。"预警+保障"政策环境评价模式的具体过程：首先，针对拟议政策或政策集合，开展广泛的政策搜集和政策梳理，并对各类政策进行范畴划分和深入分析。在此基础上，初步确定需要重点评价的政策领域。其次，针对该重点政策领域，结合利益相关者访谈和现状资源环境问题分析确定具体的评价对象。确定具体的评价对象，就需要深入研究与该政策相关的资源环境现状，并预测拟议政策实施有可能导致的重大资源环境问题。结合资源环境问题背后的政策原因分析和识别利益相关者的重大关切，筛选出该政策实施后应该重点关注的环境保护优先事项。最后，针对环境保护优先事项，提出防范资源环境风险的政策优化建议，从而发挥从决策源头防范资源环境风险的作用（图1）。

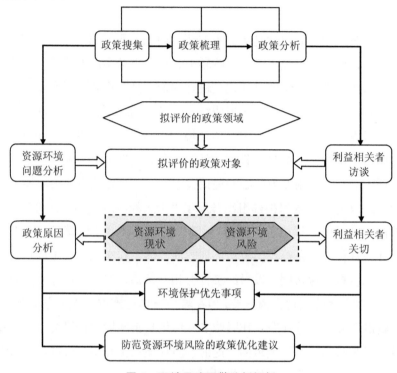

图 1　环境风险预警分析框架

1.2　研究内容及方法

研究内容包括 5 个部分。

（1）政策分析及识别：梳理城乡一体化相关政策，明确政策目标、政策构成、政策工具、作用机制、实施途径、政策效果、政策不足、政策趋势，分析政策有效性影响因素，识别城乡一体化进程中出现的典型资源环境问题和利益相关方，根据政策主要资源环境影响识别结果，结合利益相关方访谈及调查，明确评价重点。采用的研究方法包括文献检索、资料收集、案例考察与研究、历史研究、比较研究、SWOT 分析等。

（2）利益相关方分析：分析利益相关方的主要利益诉求以及对政策的制定和实施带来的影响及影响范围、影响机制、影响途径，以及主要利益相关方对政策实施可能产生的影响和由此可能带来的生态环境风险和资源压力。采用的研究方法包括文献调研、问卷调查、专家访谈、头脑风暴法等。

（3）政策资源环境效应及生态环境风险分析：分析城乡一体化典型区域资源环境效

应，实施的潜在不利环境影响及可能导致的生态环境风险。本部分运用 DPSIR 模型从社会保障一体化、经济发展一体化、生态空间一体化 3 个方面构建城乡一体化评价的指标体系，并结合熵权法计算所选取指标的权重，对选取的指标进行赋权，计算城乡一体化综合评价指标。

（4）制度保障分析：通过对我国城乡一体化保障制度的分析，采用 SWOT 分析方法评估现行的政策和制度存在的问题、制度体系对政策目标的保障程度。

（5）提出政策优化及保障制度完善的对策和建议。

具体研究思路如图 2 所示。

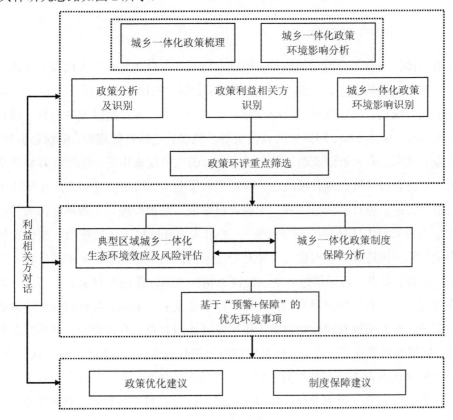

图 2　研究思路

2　城乡一体化发展政策

2.1　城乡一体化类型

改革开放以来，我国农村面貌发生了巨大的改变，但城乡二元结构没有发生根本改变，城乡发展差距不断拉大的趋势没有扭转。党的十八大明确提出了实施城乡一体化发展战略，党的十九大进一步提出振兴乡村战略，并在实践中进一步完善城乡一体化政策体制机制。中央和地方也设立了多个城乡一体化建设试点，为因地制宜地开展城乡一体化建设积累了不少发展经验。根据城乡一体化过程中驱动力、城乡互动方式及空间扩张方式的不同，将我国目前一些典型的城乡一体化发展类型归纳总结为"以城带乡""乡镇企业带动""城乡互动"型，并分别选取北京、苏南、成都 3 个城市（地区）作为典型案例进行生态环境效应及风险分析。鉴于以上 3 个典型城市（地区）城乡一体化发展都具有"以城带乡、乡镇企业带动和城乡互动"的特征，在确定类型归属时我们按照 3 种因素在城乡一体化中发挥的作用程度而确定。

2.2 城乡一体化政策构成

城乡一体化没有出台专门的政策，通过对与城乡一体化发展相关政策的梳理，国家对城乡一体化发展从空间、生态、经济和社会多个层面提出了政策要求。针对空间层面，主要包括城乡规划、市场流通和基础设施建设 3 个方面，包括坚持城乡规划一体化，从城乡发展目标、总体布局、功能分区以及重要基础设施进行统筹规划，以规划引领发展；引导资金、技术、人才资源流动，健全城乡统一的生产要素市场；加快统筹城乡基础设施建设，加快农村基础设施升级改造。针对生态层面，从污染治理和人居环境两个方面提出要求，包括实施农村清洁工程，加强农村垃圾、污水处理和土壤环境治理等；颁布了《关于改善农村人居环境的指导意见》，要求大力开展村庄环境整治，加快农村环境综合整治，稳步推进宜居乡村建设。针对经济层面，从产业发展、金融服务和乡村旅游 3 个方面提出了要求，包括推进农业供给侧结构性改革，推进农村第一、第二、第三产业融合发展，构建农产品流通网络；支持乡镇企业发展，金融、财政和社会资源更多地向农村配置，不断推进农村税费改革；积极发展休闲农业、乡村旅游、森林旅游和农村服务业，拓展农村非农就业空间，以及发展都市现代农业。针对社会层面，从社会保障、医疗卫生和文化教育 3 个方面提出了要求，包括建立健全农业社会化服务体系，健全农村新型合作医疗制度，改善农村医疗卫生状况，推行农村义务教育经费保障机制等。

3 城乡一体化主要的生态环境效应及风险预警

结合政策分析、利益相关方分析、保障措施分析以及典型案例分析等方法，分析城乡一体化存在的主要生态环境效应和风险。

3.1 城乡一体化主要政策生态环境风险

从空间、生态、经济和社会 4 个层面分析城乡一体化对生态环境的效应及影响。在生态层面，城乡一体化主导的污染治理、人居环境改善等政策对生态环境产生正效应。

完善农村社会保障体系是城乡一体化政策社会层面的一项重要内容，其中提升农村医疗卫生、文化教育水平等政策可能会引起农村地区兴建医院、学校等，而医疗、文化设施的建设和使用，可能增加"三废"的排放量以及对水资源和土地资源的占用，但这种影响是局部的且相对较小。空间和经济层面产生的生态环境效应和影响较为复杂，以下进行详细论述。

（1）空间层面

在空间层面，城乡一体化推进过程中要求对城乡发展目标、总体布局、功能分区以及重要基础设施进行统筹规划。但在政策实施过程中如果不能实现科学布局、严格监管，对生态环境可能存在以下潜在不利影响：①城市建设用地规模增加，占用耕地，影响粮食安全。在城乡一体化政策指导下农村发展进入新阶段，若不能科学规划，处理好工业化、城镇化与农业现代化的关系，开发建设通常会大量占用耕地，造成耕地的流失。②改变当地农民生产经营方式，造成农村居住用地闲置浪费。随着城乡一体化的推进，乡镇企业大力发展，越来越多的农村劳动力选择去乡镇企业务工或进城，大量耕地无人耕种或无力耕种，造成耕地抛荒，与此同时大量农民搬迁到城镇居住后，宅基地和旧住宅闲置。据统计，我国约有2亿亩农村宅基地，其中10%～20%闲置，部分地区闲置率高达30%。在土地流转机制不健全的情况下，造成土地资源浪费。③占用生态空间，破坏生态系统稳定性。在城乡一体化发展过程中，盲目地开发建设会在一定范围和程度上改变原有生态斑块、廊道等的性质和结构，改变生态过程和自然生态景观，对区域生态体系、山水格局等造成潜在影响，影响生态系统稳定性和生物多样性。

当然，严格按照遵循国家对生态文明建设的要求，对城乡一体化政策下的土地利用机制进行科学引导，积极探索生态文明视角下的城镇空间发展架构，在统筹城乡发展的基础上强化各规划与生态环境保护、资源合理利用等的融合与衔接，界定开发边界，有效配置土地资源，某种程度上能够降低对生态环境的影响，有利于生态环境的保护，主要体现在：①城乡一体化要求加强土地开发管制，有利于生态环境保护。城乡一体规划的空间布局要求在规划全域进行"四区"划定，对环境敏感的禁建区加以保护，对允许适度开发的限制区进行引导性限制，建立有效的空间管制体系，从城乡的整体利益和长远利益出发，实现资源的合理利用和经济社会的可持续发展。②有利于实现农村耕地集约化，提高土地利用效率。在城乡一体化发展过程中，围绕缩小城乡居民收入和生活水平差距，提高农业综合生产能力、促进农民增收的目标，各地积极推进农村承包经营权有序流转，加快农业经营方式转变，发展土地集约化经营，提高耕地利用效率。③农村宅基地复垦增加耕地面积，减少城乡建设用地总量。城乡一体化政策大力支持乡镇企业的发展，随着乡镇企业的崛起，大量农村劳动力转入城镇从事第二、第三产业，越来越多的农村居民进入城镇定居，农村宅基地闲置后复垦为耕地，从总体上减少了城乡的建设用地。④城乡统筹治理环境问题，有利于生态环境质量的全面提升。

（2）经济层面

在经济层面，产业政策通过影响产业结构、改变经济投入产出方式间接对环境产生影响，不同的产业政策和经济增长类型对环境也会产生不同的影响。城乡一体化政策要求推进农村第一、第二、第三产业融合发展，鼓励工商资本、社会资本和外资投入农业，将会改变农村的生态结构、生产方式和生产技术，从而产生不同的资源环境影响。总体来看，城乡一体化的产业政策可能在以下几个方面对生态环境产生有利和不利影响。

有利于农业面源污染治理。城乡一体化政策要求加大农业供给侧结构性改革，走高效、产品安全、资源节约、环境友好的农业现代化道路，会产生一定的环境效益。在城乡一体化政策指引下，乡镇、农村大量劳动力外出务工，种植业和养殖业所占比重下降，化肥、农药的施用量逐渐降低，同时，发展现代化农业对土地资源的集约化利用也有利于农业活动中对化肥、农药使用的监管，降低农业面源污染。

不利影响包括两个方面：①可能会增加低端污染型产业比重，增加生态环境风险。城乡一体化政策支持乡镇企业发展，可能会导致乡镇企业遍地开花，如果不加强对企业数量、布局、工艺技术水平的管理，会引起资源能源消耗、污染排放、生态敏感区占用等生态环境问题，且在农村发展过程中农产品集中度被提高，可能在一定程度上降低区域生物多样性，增加农业生物灾害发生的风险。②将带来更多的能源资源消耗，加大资源环境压力。随着城乡一体化的发展，乡镇企业的发展、农村各类设施的兴建，需要配套各类基础设施，消耗水、电等资源和能源，若循环经济发展滞后，则会加大资源环境压力。

此外，金融政策对资金流向的引导也会对环境产生间接影响，若政策引导资金流向节约资源技术开发和生态环境保护产业，引导企业生产注重绿色环保，则有益于可持续发展，对生态环境产生有利影响，反之，则产生不利影响。

3.2　典型区域主要环境风险

选取 DPSIR 模型构建我国城乡一体化环境风险评价的指标体系，通过评价指标体系，对我国不同类型的城乡一体化发展模式进行评价。北京、苏南、成都 3 个典型研究区域代表了 3 种类型的城乡一体化发展方式，3 种城乡一体化发展类型有各自的特点和环境风险（表 1）。

表 1　不同城乡一体化类型环境风险对比

类型	主要环境问题	主要原因分析	环境风险预测
"以城带乡"型	垃圾围城，城市病问题严重，雾霾等空气问题严重，人工建筑覆被替代生态系统覆被，生态环境质量下降，水资源紧缺	城镇化推动建设用地无序扩张，大城市人口聚集带来巨大资源与能源消耗压力	整体趋势向好发展。北京市的配套措施在一定程度上控制了环境问题的产生，如北京市的环保治理投资高于其他典型地区
"乡镇企业带动"型	水污染问题，固体废物、工业废气等工业污染物排放问题	工业体量大，前期工业污染严重；水系密集，分布复杂；乡镇企业分布散乱，集中处理难度大	城乡一体化环境风险将减小，系统的安全性提高。工业进园区等举有效地治理了污染。还是需要注重水污染、工业污染的控制和治理
"城乡互动"型	雾霾等大气问题严重，生态保护形势严峻	地理位置特殊，空气不易流通扩散；机动车保有量不断增加，尾气排放压力增大；农家乐等生态旅游对生态环境的影响	城乡一体化环境风险将增大。成都市积极促进农家乐等生态旅游，农业带动型的城乡一体化发展类型易引起建设用地占耕地比重持续扩张、农家乐易引起生态用地遭人为破坏风险加大等问题

4　保障制度分析

结合城乡一体化政策，从空间管制、环境保护、经济发展和公共服务 4 个政策方向进行了保障制度现状分析。空间管制方面，城乡规划法对城乡统筹提出了要求，城市规划区范围内实行城乡统一规划管理，对城乡基础设施统一规划；环境保护方面，宏观上有生态功能区划等的统筹；微观上有土地利用规划中的"三区三线"，城镇环境基础设施向农村延伸；经济发展方面，通过户籍制度改革和农村土地流转推进城乡统一要素市场的建立，创建农村产业融合发展示范园；公共服务方面，建立统一的城乡居民基本养老保险制度，制定了"十三五"国家基本公共服务清单，各地结合自身情况积极推进。

环境保障制度建设方向及其可行性分析结合本文政策分析部分，通过专家打分的方式开展 SWOT 分析，对城乡一体化政策实施过程中环境保护工作面临的优势、劣势、机遇和挑战分别进行了识别。分别从"优势/机遇"和"劣势/挑战"中各选 4 项通过专家打分识别的最为关键因素，作为制度建设的重点考量因素。对于"优势/机遇"，4 项需要重点考虑的因素分别是"加强城乡土地开发管制，有利于生态环境保护""城乡统筹治理环境问题，有利于生态环境质量的全面提升""农村环保力度加大，有利于环境污染治理"和"现代化农业的发展有利于农业面源污染治理"。"劣势/挑战"中需要考虑的 4 个关键选项分别是"占用生态空间，对生态敏感区造成环境破坏""可能会增加低端污染型产业比重，影响环境质量""城乡发展空间布局改变，对区域生态安全格局造成影响"以及"将带来更多的能源资源（水、电等）消耗，加大资源环境压力"。针对制度建设需要重点考虑的以上 8 个因素，通过调查问卷再开展两轮专家判断。根据专家判断的得分高低，进一步筛选出城乡一体化发展制度建设需要最优先考虑的因素。从"驱动因素"和"制约因素"中各取两个，分别是"加强城乡土地开发管制，有利于生态环境保护""城乡统筹治理环境问题，有利于生态环境质量的全面提升"和"可能会增加低端污染型产业比重，影响环境质量""将带来更多的能源资源消耗，加大资源环境压力"。

5　结论与建议

针对保障制度分析部分筛选出的 4 项关键制度，结合制度现状，提出进一步完善建议：①对于"加强城乡土地开发管制，有利于生态环境保护"这一项，考虑我国目前已经在城乡规划层面提出了城乡统筹的要求，国家在市（县）层面正在开展"多规合一"试点，并且还有"三区三线"等诸多"红线"能够发挥空间约束作用，认为应该通过顶层设计整合和优化各类空间管制措施，进一步完善城乡空间规划制度。②对于"城乡统筹治理环境问题，有利于生态环境质量的全面提升"这一项，从环境保护的角度而言，需要将城市的环境保护制度、组织和基础设施向农村延伸，实现城乡环境保护协同治理。为此，亟须建立环境保护城乡协同治理制度。③对于城乡一体化"可能会增加低端污染型产业比重，影响环境质量"的问题，认为从产业梯度转移规律来看的确存在这种风险。要防止该问题的出现，需要建立城乡一体的环境监测制度，并通过严格的环境质量考核来倒逼地方政府和企业提高污染防治水平，防止区域环境质量恶化。④对于城乡一体化"将带来更多的能源资源消耗，加大资源环境压力"的问题，认为随着乡镇经济实力的增强和更多承接城市地区的产业转移，这种压力必然会出现。在此过程中，为了防止当地环境质量恶化，需要建立起农村散乱污企业的退出机制。通过淘汰散乱污企业，为环境相对友好的产业进入腾出空间。

除制度方面的建议以外，在政策制定和实施过程中，应充分权衡各个利益相关者的经济社会和环境利益，将其反映在政策实施过程中，以最大限度地减少政策实施导致的环境问题。为此，一要强化地方政府环境政绩考核，确保政策信息多渠道公开，提供利益相关者充分获取信息的渠道，增进政府与利益相关者的对话沟通。二要加强企业环境责任意识，提高环境信息透明度，鼓励企业改变以谋求利润为指标的生产方式，建立以绿色发展为核心的考核体系，进一步推动企业环境绩效机制。三要提高农民环境权意识，鼓励农民参与环境管理，广泛参与到政策制定和实施过程中。

"预警+保障"的政策环评模式既考虑了政策实施后可能导致的重大资源环境问题，

同时也考虑了制度应对拟议政策实施后可能导致的重大资源环境问题的应对能力，并在评价过程中考虑利益相关方的诉求和影响，充分发挥社会公众的参与作用。该模式将政策实施受利益相关者的影响、政策实施带来的生态环境影响和制度保障不足的影响均予以考虑，充分展示了政策环境评价源头预防的作用，对完善我国政策环境评价理论和实践具有重要的意义。

参考文献

[1]　李天威. 政策环境评价理论方法与试点研究[M]. 北京：中国环境出版社，2017.

[2]　张强. 中国城乡一体化发展的研究与探索[J]. 中国农村经济，2013（1）：15-23.

[3]　吴根平. 我国城乡一体化发展中基本公共服务均等化的困境与出路[J]. 农业现代化研究，2014，35（1）：33-37.

[4]　宋志军，朱战强. 北京城郊农业区城乡一体化的演变和评价[J]. 经济地理，2013，33（1）：149-154，159.

[5]　王朝华. 北京城乡经济社会一体化发展的实现途径[J]. 经济界，2013（1）：51-56.

[6]　李香兰. 成都市统筹城乡发展　推进城乡一体化的经验与启示[J]. 理论研究，2015（1）：29-33.

[7]　康永超. 城乡一体化的苏南模式及其创新[J]. 常州大学学报（社会科学版），2013，14（4）：56-60.

[8]　任平，周介铭，张果. 成都市区域城乡一体化进程评价研究[J]. 四川师范大学学报（自然科学版），2006（6）：747-751.

我国政策环评试点经验总结与下阶段工作探讨

耿海清　李南锟　李　苗　安镝霏　刘大钧

（生态环境部环境工程评估中心，北京 100012）

摘　要： 我国推进政策环评工作既是落实依法治国基本方略的需要，也是环境治理体系现代化的需要，更是探索政策环评理论方法的需要。为此，2021 年生态环境部在全国组织实施了第一批政策环评试点项目，迄今已经基本完成。这些试点丰富了我国政策环评模式，探索了政策环评方法，提升了决策参与能力，培育了政策环评队伍，取得了很好的成效。但也存在一些问题，主要有政策制定部门参与度不高，政策环评理论方法研究不够，试点成果的决策影响力不足等。为了进一步做好试点工作，下阶段应增强政策制定部门参与试点工作的动力，提高试点工作对决策过程的影响力，扩展政策环评试点工作的广度与深度，同时加大政策环评的宣传和交流力度。

关键词： 政策环评；试点；经验；探讨

Summary of China's Policy Strategic Environmental Assessment Pilot and the Suggestions for Next Stage

Abstract： Policy Strategic Environmental Assessment in China is not only important for the implementation of the basic strategy of governing the country according to law，but also important for the modernization of the environmental governance system and the construction of theoretical and methods system. In order to promote the Policy SEA in China，the Ministry of Ecology and Environment conducted the first batch of policy SEA pilot projects nationwide in 2021，which have been basically completed so far. These pilots have enriched China's policy SEA modes，explored policy SEA methods，improved decision-making participation capabilities，and cultivated policy SEA teams. However，there are also some problems，mainly including the low participation of policy-making departments，insufficient research on the methods，and insufficient decision-making influence. In order to enhance the pilot work in next stage，suggestions have been brought forward as followings：1）to improve the participation motivation of the policy-making department；2）to improve the influence of

基金项目：生态环境部重大经济技术政策生态环境影响分析试点（2110203）。
作者简介：耿海清（1974—），男，博士，研究员，主要从事政策环境影响评估研究。E-mail：davisghq@sina.com。

the pilot work on the decision-making process；3）to expand the breadth and depth of the policy SEA pilot work；4）and to improve the publicity and communication of policy SEA.

Keywords：Policy Strategic Environmental Assessment；Pilot；Experience；Suggestion

    2021 年生态环境部在全国组织开展了全国首批政策环评试点项目,旨在探索适合我国国情的政策环评组织机制、理论方法和决策参与方式。自试点工作开展以来,相关部门和技术单位积极尝试,形成了一些宝贵经验,但也存在不少问题,需要认真研究解决。

1 政策环评试点工作背景

1.1 是落实依法治国基本方略的需要

    1997 年党的十五大正式确立了依法治国、建设社会主义法治国家的基本方略。2004 年国务院颁布了《全面推进依法行政实施纲要》(国发〔2004〕10 号),提出了建设法治政府的目标,并把依法行政作为依法治国的主要抓手。随后,我国行政决策程序不断优化,直至党的十八届四中全会正式把"公众参与、专家论证、风险评估、合法性审查、集体讨论决定"确定为重大行政决策法定程序。在此背景下,2019 年《重大行政决策程序暂行条例》正式出台,其中第十二条规定:"决策承办单位根据需要对决策事项涉及的人财物投入、资源消耗、环境影响等成本和经济、社会、环境效益进行分析预测"。这一法规不仅为我国开展政策评估奠定了法规基础,而且为政策环评提供了直接依据。因此,开展政策环评是我国落实依法治国的重要抓手。然而目前来看从法律规定到部门职责再到管理程序和实践仍然具有相当距离,需要通过试点探索来逐步规范和明晰。

1.2 是环境治理体系现代化的需要

    决策科学化是国家治理体系和治理能力现代化的核心要义,从决策源头预防重大资源环境问题是决策科学化的必然要求,也是构建现代环境治理体系的重要着力点[1-3]。对政策开展事前环境影响评估,可以在政策方案形成伊始就纳入生态文明建设要求,有效预防环境风险,最大限度地减少政策实施的资源环境代价。同时,开展政策环评可以充分发挥专家学者、社会公众和相关管理机构的作用,调动各方面力量共同参与政府决策,在提高政策制定质量的同时减少后续执行阻力。对此,2020 年中共中央、国务院联合发布的《关于构建现代环境治理体系的指导意见》已经提出了明确要求。从制度建设的角度来看,迄今我国环境影响评价制度的法定对象仅限于建设项目和部分规划,尚未覆盖公共政策,这一状况必须尽快改变。总体来看,在政策正式发布之前开展环境影响评估,对于我国环境治理体系和治理能力现代化建设具有重要意义。

1.3   是探索政策环评理论方法的需要

政策环评在国际上没有统一模式，有的将环境影响纳入政策评估过程中，与社会、经济等影响并列，如欧盟的影响评估；有的将其纳入环评制度，属于传统环境影响评价模式在政策层面的应用，如美国、加拿大等国家的环境影响评价对象就包含了政策[4-6]；此外还有一些其他做法。对于我国而言，由于与西方国家的决策体制明显不同，因此很难套用国外的政策环评模式。在技术层面，尽管 2020 年生态环境部印发了《经济、技术政策生态环境影响分析技术指南（试行）》（以下简称《指南》），提出了我国政策环评工作的一般性框架和指引，但尚未包含具体技术方法、适用条件等。同时，由于我国的政策制定过程复杂、政策类型多样，其本身的适用性也有待验证优化。总体来看，现阶段我国亟须加大政策环评试点探索力度，推进理论方法研究。

2   政策环评试点主要成效

2021 年 8 月生态环境部正式在全国启动了政策环评试点工作，首批共包括了 12 个正式试点项目和 5 个储备试点项目。这些试点涵盖了多种政策类型，既有行业政策，也有区域政策和贸易政策等，极大地扩展了我国政策环评实践。

2.1   丰富了政策环评模式

试点项目大多采用了《指南》推荐的评价模式，并结合具体政策进行了优化和创新，对《指南》的适用性进行了验证，也为下一步广泛开展政策环评提供了评价模式新思路。例如，稀土发展政策环评的评价对象是行政法规，评价单位针对该条例以制度建设为主的特点，探索使用了基于行业资源环境问题归因，以制度为核心的评价模式；污水资源化利用政策环评创新性地引入范围界定环节，提出以一致性分析、协同性分析、可行性分析及实施绩效分析为核心指标的评价流程，建立了资源利用类政策环评总体技术框架；数据中心政策环评试点初步探索了数字经济领域政策环评的评价模式，特别是针对碳排放问题，提出了节能降碳对策，初步形成了一套可行的技术体系。其他试点也都根据评价对象特点，不同程度地进行了模式和方法创新，为今后开展同类政策环评积累了经验。

2.2   探索了政策环评方法

各试点项目将回归模型、系统分析、分层全息分解、情景分析、对比分析、全生命周期评价等多种方法纳入政策环评技术方法体系，并使用了 Nvivo、SimaPro 等软件模型，丰富了政策环评技术方法体系。例如，江苏交通高质量发展政策环评针对交通运输领域多目标综合性政策，引入目标树方法解析政策目标的层级关系，通过分级全息分解把多目标系统划分为各类子系统；可再生能源政策环评首次使用了 Nvivo 软件对政策工具进行直观的统计分析；海水淡化政策环评针对海水淡化产业具有完整工艺链条的特点，采用了全生命周期法开展目标政策环境影响分析；新能源汽车产业政策环评利用国际主流生命周期评价软件 SimaPro 9.0 开展了公交车辆生产过程能源消耗和温室气体排放量核算。其他试点也都结合政策特点探索使用了适用技术方法，丰富了政策环评方法库。

2.3　提升了决策参与能力

推动生态环境保护工作早期介入综合决策、辅助政策制定部门科学决策是政策环评的目的之一，迄今部分单位在决策参与方面也进行了有益探索。一是早期介入，在政策发布实施前开展评价工作，充分发挥源头预防作用，如稀土政策环评、江苏省交通高质量发展政策环评等都是在政策发布之前就介入开展。二是与政策制定部门建立了常态化沟通联络机制，通过调研、座谈、咨询、实地走访等方式，加强了与政策制定部门、行业部门等的沟通对接，及时掌握政策制定背景，对政策产生的生态环境影响把握更加准确，如浙江自由贸易试验区开发建设政策环评建立了跨部门（生态环境部门、商务部门以及园区管委会）多层级（省、市两级）的工作机制。三是形成了相关成果和政策建议文稿，如固体废物利用处置政策环评编制形成了问题清单，为政策后续制、修订等工作发挥了反馈和支撑作用。

2.4　培育了政策环评队伍

我国政策环评尚处于起步阶段，虽已有一定的法规基础，但政策制定主体对政策环评的理解和认识普遍不深，工作积极性和主动性不强，了解和专门从事政策环评的人员队伍更是少之又少。本轮试点组建了由 19 名专家组成的顾问指导专家组，负责对试点工作进行指导，协助评估试点工作方案、指导相关成果完善、开展交流和研讨，及时研究解决试点工作中遇到的问题。同时组建了由 13 名专家组成的责任专家组，牵头开展试点技术工作，负责相关技术支撑。经统计，本次试点涉及全国 9 省（市）、10 余部门，其中技术参与单位 22 家，参与人员超过 200 人，工作期间，各团队主动摸索、开拓创新，积极对接政策相关单位，共开展调研、座谈近百次，工作过程中对政策环评的理念、思路和工作要求等有了更加清楚的认识。通过本次政策环评试点，初步培育了政策环评管理和技术队伍，对于进一步推进政策环评工作大有裨益。

3 政策环评试点存在的主要问题

3.1 政策制定部门的参与度不高

根据《中华人民共和国环境保护法》《重大行政决策程序暂行条例》等法规要求，参考国外通行做法，政策环评应由政策制定部门牵头，联合生态环境等相关部门共同开展[7,8]。然而在实际工作中，普遍存在生态环境部门"唱独角戏"、政策制定部门参与度不高的问题。究其原因，一是我国政策制定部门对政策环评认识普遍不足，甚至担心会对其权力或工作形成制约，因此对开展政策环评试点工作并不积极。例如，在试点项目遴选阶段，某省生态环境厅曾经正式发文在全省范围内征集试点项目，但最后没有政策制定部门愿意主动参与。二是政策制定部门对政策环评的任务目标、技术体系和工作机制不熟悉、不了解，也不清楚具体评估工作如何开展。即便参与到试点工作中，工作内容也是以配合生态环境部门提供相关材料为主，与承担政策环评工作主体的职责要求相去甚远。

3.2 政策环评理论方法研究不够

本次试点的各技术单位在技术方法上虽然有所创新，但系统性不强、没有形成合适的技术方法体系。具体表现在：一是技术方法多样性不足，在环境影响分析方面仍以情景分析、对比分析、成本效益分析、全生命周期评价等环评领域的常规方法为主。二是对方法的适用性探索不强，大部分试点仍倾向于使用趋势判断和定性评价，定量及半定量方法相对较少且科学性、适用性有待评估。此外，各试点总体缺少对政策实施后重点区域环境质量、敏感目标、人体健康影响的定量分析。三是大多套用了规划环评和项目环评的技术方法，没有与我国复杂的决策体系和具体决策需求相结合，创新形成适合政策环评特点的技术方法。四是存在机械套用政策环评技术指南的问题。《指南》只是一个框架指引，并未包含预测评价方法，部分项目过分套用技术指南结构框架，对具体技术方法的研究反而不足。

3.3 试点成果的决策影响力不足

政策环评的最终目的是从生态环境保护角度出发影响最终决策，因此决策影响力是其成功与否的主要判断标准[9,10]。然而，从各试点项目的实施情况来看，普遍存在重"技术研究"轻"决策影响"的倾向。具体而言，一是大部分政策在开展试点工作时已经发布，因此试点工作事实上属于事中或事后评估，错过了政策出台前的最佳"窗口期"，难以发挥源头预防作用；二是在成果出口方面，大部分试点只重视评估报告的进度和质量，对参与综合决策重视不足；三是各试点在初步成果形成后很少能够向政策制定部门报送决策支持报告，对相关决策的影响较小；四是对外宣传交流力度不够。总体来看，各试点单位通过文章、报刊等媒体间接影响政策的实践不多。

4　下阶段政策环评工作建议

4.1　增强决策部门参与试点工作的动力

随着我国决策科学化、民主化、法治化水平的提高，在政策出台前开展包括环境影响在内的事前评估势在必行。例如，《国务院办公厅关于加强行政规范性文件制定和监督管理工作的通知》（国办发〔2018〕37 号）已经明确提出："起草行政规范性文件，要对有关行政措施的预期效果和可能产生的影响进行评估"。为了提高政策环评工作实效，在下阶段政策环评试点工作中，亟须提高政策制定部门的参与度。对此，可考虑从以下几个方面入手：一是可以将政策环评试点纳入地方政府相关考核工作中；二是结合环评"放管服"改革，对于政策环评试点中涉及的规划和重大项目，可以对规划环评和项目环评内容简化；三是下阶段可推动地方政府出台相关法规文件，将开展政策环评作为部分重大经济、技术类政策出台前的必要程序。

4.2　提高试点工作对决策过程的影响力

为推动政策环评更好地发挥决策参与作用，下阶段应加强其决策参与能力。一是在政策对象选择上应优先选择那些尚处于研究制定阶段的政策，做到早期介入，并强化"决策参与"目标导向，力争对政策制定部门优化政策发挥实质性支撑作用；二是强化"短、平、快"的工作模式，在评估过程中也要适应好政策制定周期短的现状，聚焦重点、快速评估，避免出现政策环评工作尚未完成，政策就要发布的尴尬局面；三是加强与政策制定部门的沟通对接，在了解相关政策需求的同时，及时向政策制定部门反馈研究成果，也可以通过向制定部门领导汇报、报送政策研究报告等多种形式来影响决策制定；四是通过宣传发声形成舆论压力，可以考虑曝光那些因决策失误造成重大资源环境影响的案例，对决策部门施加压力，同时组织各试点单位和专家学者通过报纸、期刊、网络等媒体广泛宣传政策环评的理念、经验、作用和国内外的成功案例。

4.3　扩展政策环评试点的广度与深度

通过扩展政策环评试点的广度和深度，可以进一步增强其示范作用。在广度上要适当增加政策环评试点评价对象类型，一方面在政策形式上可以涵盖行政法规、规章、规范性文件、以目标指标为主的规划以及技术标准，特别是那些对生态环境可能产生直接影响的规范性文件和技术标准；另一方面在政策类型上可以进一步增加区域政策、贸易政策、财税政策、技术政策、空间政策等，扩展政策涉及的社会经济领域。在深度上，一是应强化技术方法研究，力求建立适合我国国情的政策环评理论方法体系，形成一套系统全面的指标体系和推荐算法，重点是针对不同类型政策的适用方法；二是深化工作模式探索，在总结归纳第一批试点成果的基础上，进一步从政策对象选择、重点评估内容、对接沟通方式、工作主体责任和最终成果形式等方面探索建立相关工作机制。

4.4 加大政策环评的宣传交流力度

政策制定部门对政策环评工作普遍心存疑虑的一个重要原因就是了解不够，因此下阶段应加强宣传交流力度。具体而言，一是要做好宣传工作，要把政策环评试点过程当作宣传政策环评的过程，引导社会各界加强对此项工作的关注度；二是要加强交流，既包括管理部门之间的经验交流，也包括专家学者之间的学术交流，通过交流来增进共识，明晰工作机制和工作重点；三是要加大培训力度；对于培训对象，不仅要包括省级生态环境管理部门的相关人员和政策制定部门的管理人员，而且要包含政策环评技术人员和政策制定技术人员。此外，还应加强专家队伍的培训，使其及时了解政策环评试点工作的目的和要求，更好地发挥指导作用。总体来看，政策环评在我国仍属于新生事物，今后应把宣传、交流和培训工作放在重要位置来抓。

参考文献

[1] 黄润秋. 推进生态环境治理体系和治理能力现代化[J]. 环境保护，2021，49（9）：10-11.

[2] 郇庆治. "十四五"时期生态文明建设的新使命[J]. 人民论坛，2020（31）：42-45.

[3] 石磊，秋婕. "十四五"时期生态环境重大制度政策创新的思考[J]. 中国环境管理，2019，11（3）：57-59.

[4] Victor Dennis，Agamuthu P. Policy trends of strategic environmental assessment in Asia[J]. Environmental Science & Policy，2014，41（8）：63-76.

[5] Dilek U，Richard C. Strategy，context and strategic environmental assessment[J]. Environmental Impact Assessment Review，2019，79（11）：174-182.

[6] Logue C，Werner C，Douglas M. Practitioners' perspectives on health in strategic environmental assessment of spatial planning policies in Scotland[J]. Public Health，2022，202（1）：49-51.

[7] Keith B Belton. Improving regulatory impact analysis[J]. Regulation，2017，40（1）：7-9.

[8] World Bank. Strategic Environmental Assessment in Policy and Sector Reform[M]. Washington DC：

Word Bank，2011.

[9]　耿海清. 决策中的环境考量——制度与实践[M]. 北京：中国环境出版社，2017.

[10]　应晓妮，吴有红，徐文舸，等. 政策评估方法选择和指标体系构建[J]. 宏观经济管理，2021（4）：40-47.